高海拔地区 10kV 配网
不停电作业指导书

国网西藏电力有限公司设备管理部
国网西藏电力有限公司电力科学研究院　组编

U0254095

中国电力出版社
CHINA ELECTRIC POWER PRESS

内 容 提 要

2014 年，国网西藏电力有限公司联合中国电力科学院等 5 家单位开展"国家电网公司提升配网不停电作业能力关键技术研究"项目，对西藏高海拔地区配网不停电作业关键技术做了深入研究。

本手册对西藏高海拔（4500m 及以下）地区特殊环境下 4 类 38 项 10kV 配网不停电作业的作业安全参数、作业流程等做了规范和统一，为西藏高海拔地区开展配网不停电作业提供了依据。

本手册可供高海拔地区从事配电网作业相关工作人员学习使用。

图书在版编目（CIP）数据

高海拔地区 10kV 配网不停电作业指导书 / 国网西藏电力有限公司设备管理部，国网西藏电力有限公司电力科学研究院组编. —北京：中国电力出版社，2024.5
ISBN 978-7-5198-8782-7

Ⅰ. ①高… Ⅱ. ①国… ②国… Ⅲ. ①高原–配电系统–带电作业 Ⅳ. ①TM727

中国国家版本馆 CIP 数据核字（2024）第 070339 号

出版发行：中国电力出版社
地　　址：北京市东城区北京站西街 19 号（邮政编码 100005）
网　　址：http://www.cepp.sgcc.com.cn
责任编辑：罗　艳（010-63412315）
责任校对：黄　蓓　郝军燕
装帧设计：张俊霞
责任印制：石　雷
印　　刷：三河市万龙印装有限公司
版　　次：2024 年 5 月第一版
印　　次：2024 年 5 月北京第一次印刷
开　　本：787 毫米×1092 毫米　16 开本
印　　张：21.75
字　　数：495 千字
印　　数：0001—1500 册
定　　价：98.00 元

《高海拔地区 10kV 配网不停电作业指导书》
编 委 会

组编单位　国网西藏电力有限公司设备管理部

国网西藏电力有限公司电力科学研究院

主　　任　赵多青

副 主 任　赵保华　刘　超　巴桑次仁　拉　贵

主　　编　宁首先　达瓦珠久

副 主 编　王大飞　尼玛石达

参　　编　苏志林　杨浩亮　蔡得龙　石润玉　侯万能

车小春　吴耀华　杨德山　马　良　赵文陶

邓　江　张恒志　韩玉清　范远梅　赵　帅

王新新　米　玛　马连杰　达娃普赤　徐鹏林

顿　珠　索朗顿珠　李佳昊　徐江慧　张　衡

温彦斌　洛桑平措　拉巴次仁　赵得胜　罗　洋

前　言

2014 年，国网西藏电力有限公司联合中国电力科学研究院等 5 家单位开展"国家电网公司提升配网不停电作业能力关键技术研究"项目，对西藏高海拔地区配网不停电作业关键技术做了深入研究，部分研究成果已被 Q/GDW 10520—2016《10kV 配网不停电作业规范》引用，本作业指导书参照现有标准和项目研究成果，对西藏高海拔（4500m 及以下）地区特殊环境下 4 类 38 项 10kV 配网不停电作业的作业安全参数、作业流程等做了规范和统一，为西藏高海拔地区开展配网不停电作业提供了依据。

本作业指导书在编写过程中得到了中国电力科学研究院有限公司唐盼，国网北京市电力公司昌平供电公司王月鹏，国网浙江省电力公司培训中心周明杰，国网山东省电力公司枣庄供电公司朱宜东，国网山东省电力公司日照供电公司郑泽超，国网安徽省电力有限公司淮北供电公司刘韧强，国网福建省电力有限公司福州供电公司杨程，国网江苏省电力有限公司常州供电分公司章立，国网江苏省电力有限公司淮安供电分公司张冬，浙江华电电力建设有限公司李志等单位专家的大力支持，在此表示衷心的感谢！

由于编写人员水平有限，本手册难免存在不足或疏漏之处，恳请广大读者批评指正。

编　者

2024 年 3 月

目　录

第一章 概　　述

配网不停电作业是以实现用户的不停电或短时停电为目的，采用多种方式对设备进行检修的作业。国家电网公司提出"1135 新时代配电管理思路"（坚持以客户为中心，以提升供电可靠性为主线，强化配电网标准化建设、精益化运维、智能化管控，努力打造结构好、设备好、技术好、管理好、服务好的一流现代化配电网公司先后组织实施了新一轮农村电网改造升级工程和城市配电网供电可靠性提升工程，开展 10 个世界一流城市配电网建设，启动县域配电网供电可靠性管理提升行动计划，全面加强停电数据质量管理，确保可靠性指标唯真唯实，供电可靠性管理工作取得积极成效），坚持以客户为中心，以提升供电可靠性为主线，大力推进配网不停电作业高质量发展，全面提升用户供电可靠性和服务质量，不停电作业作为提升供电可靠性的重要措施，在西藏地区推广发展已成为必然趋势。

用户停电原因主要来自配电网改造和计划检修，为解决用户正常用电需求与电网计划停电之间的矛盾，配网不停电作业已经成为减少用户停电时间、提高供电可靠性的重要举措。随着不停电作业技术的发展，作业项目越来越多，复杂性也越来越高，这对作业的标准化和规范化提出了更高的要求。

目前，国网西藏电力在推广配网不停电作业过程中面临两方面问题：一是西藏部分地区海拔虽然在 3000m 以下，考虑大气压强、温湿度、光照辐射等因素还是和平原地区差异较大，参照平原地区存在一定的风险性；二是西藏地区配网不停电作业技术应用正处于发展的初期阶段，各地区自行制定相应作业规范和作业流程，缺乏规范性和统一性，不利于西藏地区不停电作业发展。

本作业指导书规范了西藏高海拔地区配网不停电作业流程，统一了各项作业安全参数，编制了成套标准化作业指导书，为西藏高海拔地区推进标准化配网不停电作业提供了技术保障。

第一节 作 业 安 全 参 数

本节参照 GB/T 18857《配电线路带电作业技术导则》，考虑西藏地区大气压强、温湿度、光照辐射等因素的影响，统一规定了西藏海拔 4500m 及以下地区最小安全距离等 7 项作业安全参数，详见表 1-1。

表 1-1　　　西藏海拔 4500m 及以下地区 10kV 配网不停电作业安全参数

序号	项目	作业安全参数（m）	备注
1	最小安全距离	0.60	
2	相地最小安全距离	0.60	
3	绝缘操作杆最小有效绝缘长度	0.90	
4	绝缘承力工具、绝缘绳索最小有效绝缘长度	0.60	
5	绝缘遮蔽用具重合距离	0.20	
6	绝缘斗臂车绝缘臂伸出最小绝缘长度	1.20	
7	绝缘斗臂车金属部分与带电体距离	1.10	

第二节 项 目 分 类

（1）依据 Q/GDW 10520—2016《10kV 配网不停电作业规范》，配网不停电作业方式可分为绝缘杆作业法、绝缘手套作业法和综合不停电作业法。实际运用时也可将多种作业方法综合使用，以增大配网不停电作业的适用范围，提高作业的安全性。

（2）10kV 配网不停电作业项目按照作业难易程度，可分为四类 31 个项目，部分项目细分为多个子项，共编制 38 份作业指导书，项目分类见表 1-2。

1）第一类为临近带电体作业和简单绝缘杆作业法项目。临近带电体作业项目包括修剪树枝、拆除废旧设备及一般缺陷处理等；简单绝缘杆作业法项目包括更换避雷器、清除异物、断接引线等。

2）第二类为简单绝缘手套作业法项目，包括断接引线、更换直线杆绝缘子及横担、不带负荷更换柱上开关设备等。

3）第三类为复杂绝缘杆作业法和复杂绝缘手套作业法项目。复杂绝缘杆作业法项目包括更换直线绝缘子及横担等；复杂绝缘手套作业法项目包括带负荷更换柱上开关设备、直线杆改耐张杆、带电撤立杆、带电断接空载电缆引线等。

4）第四类为综合不停电作业项目，包括带负荷直线杆改耐张杆并加装柱上开关或隔离开关、不停电更换柱上变压器、旁路作业检修架空/电缆线路、临时取电给移动箱变供电等。

表 1-2 10kV 配网不停电作业项目分类

序号	常用作业项目	指导书编号	常用作业子项目	作业类别	作业方式
1	普通消缺及装拆附件	001	绝缘杆作业法修剪树枝、清除异物、拆除废旧设备及普通消缺	第一类	绝缘杆作业法
2	带电更换避雷器	002	绝缘杆作业法更换避雷器	第一类	绝缘杆作业法
3	带电断引流线	003	绝缘杆作业法断跌落式熔断器上引线	第一类	绝缘杆作业法
		004	绝缘杆作业法断分支线路引线	第一类	绝缘杆作业法
4	带电接引流线	005	绝缘杆作业法接跌落式熔断器上引线	第一类	绝缘杆作业法
		006	绝缘杆作业法接支接线路引线	第一类	绝缘杆作业法
5	普通消缺及装拆附件	007	绝缘手套作业法清除异物、加装或拆除接地环、驱鸟器、故障指示器及附件	第二类	绝缘手套作业法
6	带电辅助加装或拆除绝缘遮蔽	008	绝缘手套作业法带电加装或拆除设备套管	第二类	绝缘手套作业法
7	带电更换避雷器	009	绝缘手套作业法更换避雷器	第二类	绝缘手套作业法
8	带电断引流线	010	绝缘手套作业法断跌落式熔断器上引线	第二类	绝缘手套作业法
		011	绝缘手套作业法断耐张线路引线	第二类	绝缘手套作业法
		012	绝缘手套作业法断支接线路引线	第二类	绝缘手套作业法
9	带电接引流线	013	绝缘手套作业法接跌落式熔断器上引线	第二类	绝缘手套作业法
		014	绝缘手套作业法接支接线路引线	第二类	绝缘手套作业法
		015	绝缘手套作业法接耐张线路引线	第二类	绝缘手套作业法
10	带电更换熔断器	016	绝缘手套作业法更换跌落式熔断器	第二类	绝缘手套作业法
11	带电更换直线杆绝缘子	017	绝缘手套作业法更换直线杆绝缘子	第二类	绝缘手套作业法

续表

序号	常用作业项目	指导书编号	常用作业子项目	作业类别	作业方式
12	带电更换直线杆绝缘子及横担	018	绝缘手套作业法更换直线杆绝缘子及横担	第二类	绝缘手套作业法
13	带电更换耐张杆绝缘子串	019	绝缘手套作业法更换耐张绝缘子串	第二类	绝缘手套作业法
14	带电更换柱上开关或隔离开关	020	绝缘手套作业法更换柱上开关或隔离开关	第二类	绝缘手套作业法
15	带电更换直线杆绝缘子	021	绝缘杆作业法更换直线杆绝缘子	第三类	绝缘杆作业法
16	带电更换直线杆绝缘子及横担	022	绝缘杆作业法更换直线杆绝缘子及横担	第三类	绝缘杆作业法
17	带电更换耐张绝缘子串及横担	023	绝缘手套作业法更换耐张绝缘子串及横担	第三类	绝缘手套作业法
18	带电组立或撤除直线电杆	024	绝缘手套作业法组立或撤除直线电杆	第三类	绝缘手套作业法
19	带电更换直线电杆	025	绝缘手套作业法更换直线电杆	第三类	绝缘手套作业法
20	带电直线杆改终端杆	026	绝缘手套作业法直线杆改终端杆	第三类	绝缘手套作业法
21	带负荷更换熔断器	027	绝缘手套作业法带负荷更换熔断器	第三类	绝缘手套作业法
22	带负荷更换柱上开关或隔离开关	028	绝缘手套作业法带负荷更换柱上开关或隔离开关	第三类	绝缘手套作业法
23	带负荷直线杆改耐张杆	029	绝缘手套作业法直线杆改耐张杆	第三类	绝缘手套作业法
24	带电断空载电缆线路与架空线路连接引线	030	带电断空载电缆线路与架空线路连接引线	第三类	绝缘手套作业法
25	带电接空载电缆线路与架空线路连接引线	031	带电接空载电缆线路与架空线路连接引线	第三类	绝缘手套作业法
26	带负荷直线杆改耐张杆并加装柱上开关或隔离开关	032	绝缘手套作业法直线杆开分段改耐张加装柱上开关	第四类	综合不停电作业法
27	不停电更换柱上变压器	033	综合不停电作业更换杆上变压器	第四类	综合不停电作业法
28	旁路作业检修架空线路	034	综合不停电作业旁路作业检修架空线路	第四类	综合不停电作业法
29	旁路作业检修电缆线路	035	旁路作业检修电缆线路	第四类	综合不停电作业法

序号	常用作业项目	指导书编号	常用作业子项目	作业类别	作业方式
30	旁路作业检修环网箱	036	旁路作业检修环网箱	第四类	综合不停电作业法
31	从环网箱（架空线路）等设备临时取电给环网箱、移动箱变供电	037	从环网箱临时取电给移动箱变供电	第四类	综合不停电作业法
		038	从架空线路设备临时取电给环网柜供电	第四类	综合不停电作业法

第三节　作　业　流　程

（1）现场勘察。现场作业前带电作业相关部门组织进行现场勘察和风险分析，确认是否具备作业条件，并审定作业方法、安全措施和人员、工器具及车辆配置。

（2）带电作业工作票。工作负责人根据现场勘察情况，及时规范填写带电作业工作票，工作票在经工作签发人签发后方可执行。需停用重合闸的，应注明线路的双重名称，联系设备管理单位提前2个工作日向调度部门提交停用重合闸申请。

（3）作业指导书。作业人员依据规程规定，结合作业现场具体情况，每次作业对应编制一份规范的现场标准化作业指导书。

（4）现场复勘。核对双重命名，检查现场装置条件、环境条件等符合带电作业要求，应进行天气及环境检测。

（5）工作许可。现场开工前工作负责人应向调度值班员申请不停电作业许可，在得到调度值班员许可后，工作负责人方可许可开工。

（6）现场站班会。工作负责人进行"三交三查"（交任务、交安全、交措施，查工作着装、查精神状态、查个人安全用具）和人员分工，绝缘工器具现场检测以及绝缘斗臂车空斗试操作。作业人员登杆或进入绝缘斗前，应穿戴好个人绝缘防护用品。

（7）作业过程。

1）作业人员进入作业位置后，按照作业要求对线路、设备等进行验电、测流等检测。

2）检测合格后应对作业区域内作业人员可能接触的线路、设备采取绝缘遮蔽及隔离措施。

3）作业人员应严格按照标准化作业指导书要求，规范开展作业，工作负责人应时刻掌握作业进展情况。

（8）工作完成。作业人员在作业完成后，检查线路、设备装置无遗留物，设备运行良好，得到工作负责人许可后退出作业位置。

（9）工作负责人应再次确认检查无误后，向调度值班员汇报配网不停电作业工作结束。停用重合闸的作业项目应及时申请恢复线路重合闸。

（10）现场工作结束后，工作负责人 3 个工作日内完成归档工作，完善带电作业记录等相关信息。

（11）现场作业应严格执行相关规程规范，确保作业现场安全。作业规范性引用文件如下（注日期的引用文件仅该日期对应的版本适用于本手册，不注日期的引用文件，其最新版本适用于本手册）：

GB/T 18857《配电线路带电作业技术导则》

GB/T 34577—2017《配电线路旁路作业技术导则》

Q/GDW 10520—2016《10kV 配网不停电作业规范》

Q/GDW 10799.8—2023《国家电网有限公司电力安全工作规程 第 8 部分：配电部分》

第二章 第一类作业项目

第一节 普通消缺及装拆附件

001 绝缘杆作业法修剪树枝、清除异物、拆除废旧设备及普通消缺

1. 范围

本现场标准化作业指导书规定了使用绝缘斗臂车采用绝缘杆作业法带电修剪 10kV ××线××号杆至××号杆间线路通道树枝和在 10kV ××线××号杆带电清除异物、拆除废旧设备及普通消缺的工作步骤和技术要求。

本现场标准化作业指导书适用于使用绝缘斗臂车采用绝缘杆作业法带电修剪 10kV ××线××号杆至××号杆间线路通道树枝和在 10kV ××线××号杆带电清除异物、拆除废旧设备及普通消缺。

2. 人员组合

本项目需要 4 人。

2.1 作业人员要求

√	序号	责任人	资质	人数
	1	工作负责人	应具有 3 年以上的配电带电作业实际工作经验，熟悉设备状况，具有一定组织能力和事故处理能力，并经工作负责人的专门培训，考试合格	1
	2	斗内电工（1 号和 2 号）	应通过配网不停电作业专项培训，考试合格并持有上岗证	2
	3	地面电工	应通过 10kV 配电线路专项培训，考试合格并持有上岗证	1

2.2 作业人员分工

√	序号	责任人	分工	责任人签名
	1		工作负责人	
	2		1 号斗内电工	
	3		2 号斗内电工	
	4		地面电工	

3. 工器具

领用绝缘工器具应核对工器具的使用电压等级和试验周期，并应检查外观完好无损。

工器具运输，应存放在专用的工具袋、工具箱或工具车内；金属工具和绝缘工器具应分开装运。

3.1 装备

√	序号	名称	规格/编号	单位	数量	备注
	1	绝缘斗臂车		辆	1	

3.2 个人安全防护用具

√	序号	名称	规格/编号	单位	数量	备注
	1	绝缘安全帽	10kV	顶	2	
	2	绝缘手套	10kV	双	2	
	3	防护手套		双	2	
	4	斗内绝缘安全带		副	2	
	5	护目镜		副	2	
	6	普通安全帽		顶	4	

3.3 绝缘遮蔽工具

√	序号	名称	规格/编号	单位	数量	备注
	1	导线遮蔽罩	10kV	只	若干	根据实际情况配置

3.4 绝缘工具

√	序号	名称	规格/编号	单位	数量	备注
	1	绝缘绳		根	1	
	2	绝缘操作杆	10kV	根	若干	根据具体工作内容配置
	3	绝缘套管安装工具	10kV	套	1	根据不同作业项目配置
	4	绝缘毯夹钳	10kV	把	2	
	5	故障指示器安装工具	10kV	套	1	
	6	驱鸟器安装工具	10kV	套	1	
	7	绝缘套筒操作杆	10kV	根	1	根据绝缘子螺母直径配置

3.5　仪器仪表

√	序号	名称	规格/编号	单位	数量	备注
	1	验电器	10kV	套	1	
	2	绝缘电阻检测仪	2500V	只	1	
	3	风速仪		只	1	
	4	温、湿度计		只	1	
	5	对讲机		套	若干	根据情况决定是否使用

3.6　其他工具

√	序号	名称	规格/编号	单位	数量	备注
	1	防潮苫布		块	1	
	2	个人常用工具		套	1	绝缘柄或绝缘包覆
	3	安全遮栏、安全围绳		副	若干	根据具体工作区域范围配置
	4	标示牌	"从此进出！"	块	1	根据实际情况使用对应标示牌
	5	标示牌	"在此工作！"	块	2	
	6	路障	"前方施工，车辆慢行"	块	2	

3.7　材料

√	序号	名称	规格/编号	单位	数量	备注
	1	干燥清洁布		块	若干	

4. 危险点分析及安全控制措施

√	序号	危险点	安全控制措施	备注
	1	人身触电	1）作业人员必须穿戴齐全合格的个人绝缘防护用具（绝缘手套、绝缘安全帽、防护手套等），使用合格适当的绝缘工器具； 2）严格按照遮蔽顺序（由近至远、由低到高、先带电体后接地体）进行遮蔽，绝缘遮蔽组合应保持不少于 0.2m 的重叠； 3）人体对带电体安全距离不小于 0.6m，绝缘操作杆有效绝缘长度不小于 0.9m； 4）斗臂车需可靠接地； 5）斗内作业人员严禁同时接触不同电位物体； 6）修剪树枝、清除异物、拆除废旧设备时，防止树枝等触及带电体	

续表

√	序号	危险点	安全控制措施	备注
	2	高空坠落、物体打击	1）斗内作业人员必须系好绝缘安全带，戴好绝缘安全帽； 2）使用的工具、材料等应用绝缘绳索传递或装在工具袋内，禁止乱扔、乱放； 3）现场除指定人员外，禁止其他人员进入工作区域，地面电工在传递工具、材料不要在作业点正下方，防止掉物伤人； 4）执行《带电作业绝缘斗臂车使用管理办法》； 5）作业现场按标准设置防护围栏，加强监护，禁止行人入内； 6）斗臂车绝缘斗升降过程中注意避开带电体、接地体及障碍物。绝缘斗升降、移动时应防止绝缘臂被过往车辆刮碰，绝缘斗位置固定后绝缘臂应在围栏保护范围内	

5. 作业程序

5.1 开工准备

√	序号	作业内容	步骤及要求
	1	现场复勘	工作负责人核对工作线路双重命名、杆号
			工作负责人检查环境是否符合作业要求： 1）平整结实； 2）地面倾斜度不大于 7°或斗臂车说明书规定的角度
			工作负责人检查线路装置是否具备不停电作业条件： 1）作业段电杆杆根、埋深、杆身质量是否满足要求； 2）作业段架空线路与需要修剪的树枝之间的垂直距离或水平距离不应小于 0.6m
			工作负责人检查气象条件（不需现场检查，但需在工作许可时汇报）： 1）天气应良好，无雷、雨、雪、雾； 2）风力：不大于 5 级； 3）气相对湿度不大于 80%
			工作负责人检查工作票所列安全措施是否完备，必要时在工作票上补充安全技术措施
	2	执行工作许可制度	工作负责人与调度联系，确认许可工作
			工作负责人在工作票上签字
	3	召开现场站班会	工作负责人宣读工作票
			工作负责人检查工作班组成员精神状态、交代工作任务进行分工、交代工作中的安全措施和技术措施
			工作负责人检查班组各成员对工作任务分工、安全措施和技术措施是否明确
			班组各成员在工作票和作业指导书上签名确认
	4	停放绝缘斗臂车	斗臂车驾驶员将绝缘斗臂车位置停放到适当位置： 1）停放的位置应便于绝缘斗臂车绝缘斗达到作业位置，避开附近电力线和障碍物。并能保证作业时绝缘斗臂车的绝缘臂有效绝缘长度； 2）停放位置坡度不大于 7°

续表

√	序号	作业内容	步骤及要求
	4	停放绝缘斗臂车	斗臂车操作人员支放绝缘斗臂车支腿： 1）不应支放在沟道盖板上； 2）软土地面应使用垫块或枕木； 3）支腿顺序应正确（"H"型支腿的车型，应先伸出水平支腿，再伸出垂直支腿；在坡地停放，应先支"前支腿"，后支"后支腿"）； 4）支撑应到位，车辆前后、左右呈水平
			斗臂车操作人员将绝缘斗臂车可靠接地： 1）接地线应采用有透明护套的不小于 $16mm^2$ 的多股软铜线； 2）临时接地体埋深应不少于 0.6m
	5	布置工作现场	工作负责人组织班组成员设置工作现场的安全围栏、安全警示标志： 1）安全围栏的范围应考虑作业中高空坠落和高空落物的影响以及道路交通，必要时联系交通部门； 2）围栏的出入口应设置合理； 3）警示标志应包括"从此进出""在此工作"等，道路两侧应有"前方施工，车辆慢行"标示或路障
			班组成员按要求将绝缘工器具放在防潮苫布上： 1）防潮苫布应清洁、干燥； 2）工器具应按定置管理要求分类摆放； 3）绝缘工器具不能与金属工具、材料混放
	6	工作负责人组织班组成员检查工器具	班组成员逐件对绝缘工器具进行外观检查： 1）检查人员应戴清洁、干燥的手套； 2）绝缘工具表面不应破损或有裂纹、变形损坏，操作应灵活； 3）个人安全防护用具和遮蔽、隔离用具应无针孔、砂眼、裂纹； 4）检查斗内专用绝缘安全带，并作冲击试验
			班组成员使用绝缘电阻检测仪分段检测绝缘工具的表面绝缘电阻值： 1）测量电极应符合规程要求（极宽2cm，极间距2cm）； 2）正确使用（自检、测量）绝缘电阻检测仪（应采用点测的方法，不应使电极在绝缘工具表面滑动，避免刮伤绝缘工具表面）； 3）绝缘电阻值不得低于 $700M\Omega$
			绝缘工器具检查完毕，向工作负责人汇报检查结果
	7	检查绝缘斗臂车	斗内电工检查绝缘斗臂车表面状况：绝缘斗、绝缘臂应清洁、无裂纹损伤
			斗内电工试操作绝缘斗臂车： 1）试操作应空斗进行； 2）试操作应充分，有回转、升降、伸缩的过程。确认液压、机械、电气系统正常可靠、制动装置可靠
			绝缘斗臂车检查和试操作完毕，斗内电工向工作负责人汇报检查结果
	8	斗内电工进入绝缘斗臂车绝缘斗	斗内电工穿戴好个人安全防护用具： 1）个人安全防护用具包括绝缘安全帽、绝缘手套（带防穿刺手套）、防护手套等； 2）工作负责人应检查斗内电工个人防护用具的穿戴是否正确
			斗内电工携带工器具进入绝缘斗，工具和人员重量不得超过绝缘斗额定载荷
			斗内电工将斗内专用绝缘安全带系挂在斗内专用挂钩上

5.2 作业过程

√	序号	作业内容	步骤及要求
	1	进入带电作业区域	斗内电工经工作负责人许可后，操作绝缘斗臂车，进入带电作业区域，绝缘斗移动应平稳匀速，在进入带电作业区域时： 1）绝缘臂在仰起回转过程中应无大幅晃动现象； 2）绝缘斗下降、上升的速度不应超过 0.4m/s； 3）绝缘斗边沿的最大线速度不应超过 0.5m/s； 4）转移绝缘斗时应注意绝缘斗臂车周围杆塔、线路等情况，绝缘臂的金属部位与带电体和地电位物体的距离大于 1.1m； 5）进入带电作业区域作业后，绝缘斗臂车绝缘臂的有效绝缘长度不应小于 1.2m
	2	验电	在工作负责人的监护下，使用验电器确认作业现场无漏电现象。应注意： 1）验电时，必须戴绝缘手套； 2）验电前，应验电器进行自检，确认是否合格（在保证安全距离的情况下也可在带电体上进行）； 3）验电时，电工应与邻近的构件、导体保持足够的距离； 4）如横担等接地构件有电，不应继续进行
	3	设置绝缘遮蔽隔离措施	获得工作负责人的许可后，斗内电工转移绝缘斗合适工作位置，按照"由近至远、从下到上、先带电体后接地体"的原则对三相架空导线进行绝缘遮蔽隔离。应注意： 1）绝缘遮蔽隔离措施应严密、牢固，绝缘遮蔽组合的重叠距离不得小于 0.2m； 2）斗内电工在设置绝缘遮蔽隔离措施时，动作应轻缓并保持足够安全距离，并注意控制导线的晃动幅度
	4	绝缘斗臂车移位	斗内电工降至地面，收起绝缘斗臂车支腿。绝缘斗臂车司机将绝缘斗臂车移位到修剪树枝的合适位置处，重新按照要求支放支腿，并将绝缘斗臂车接地
	5	修剪树枝、清除异物、拆除废旧设备及普通消缺	获得工作负责人的许可后，斗内电工根据工作内容开展相应的修剪树枝、清除异物、拆除废旧设备及普通消缺等工作，作业时应注意： 1）作业人体与带电体之间不得小于 0.6m 的安全距离； 2）作业时，严禁人体同时触及两个不同的电位； 3）绝缘操作杆的有效绝缘长度不得小于 0.9m； 4）作业完毕，注意检查是否符合标准； 5）每操作完一项应及时对其带电部位恢复绝缘遮蔽，再操作另一项； 6）异物中如有金属物，应先清除金属物
	6	拆除绝缘遮蔽措施	获得工作负责人的许可后，斗内电工转移绝缘斗至合适工作位置，按照与设置绝缘遮蔽隔离措施相反的顺序拆除绝缘遮蔽措施： 1）拆除遮蔽措施应按"由远至近、从上到下、先接地体后带电体"的顺序进行； 2）斗内电工在拆除绝缘遮蔽隔离措施时，动作应轻缓，保持足够安全距离，并注意控制架空导线的晃动幅度
	7	撤离	斗内电工撤出带电作业区域。撤带电作业区域时： 1）应无大幅晃动现象； 2）绝缘斗下降、上升的速度不应超过 0.4m/s； 3）绝缘斗边沿的最大线速度不应超过 0.5m/s
			下降绝缘斗返回地面、收回绝缘臂时应注意绝缘斗臂车周围杆塔、线路等情况

6. 工作结束

√	序号	作业内容	步骤及要求
	1	工作负责人组织班组成员清理工具和现场	绝缘斗臂车各部件复位，收回绝缘斗臂车支腿
			工作负责人组织班组成员整理工具、材料。将工器具清洁后放入专用的箱（袋）中。清理现场，做到"工完、料尽、场地清"
	2	工作负责人召开收工会	工作负责人组织召开现场收工会，进行工作总结和点评工作： 1）正确点评本项工作的施工质量； 2）点评班组成员在作业中的安全措施的落实情况； 3）点评班组成员对规程的执行情况
	3	办理工作终结手续	工作负责人向调度汇报工作结束，并终结工作票

7. 验收记录

记录检修中发现的问题	
存在问题及处理意见	

8. 现场标准化作业指导书执行情况评估

评估内容	符合性	优		可操作项	
		良		不可操作项	
	可操作性	优		修改项	
		良		遗漏项	
存在问题					
改进意见					

第二节　带电更换避雷器

002　绝缘杆作业法更换避雷器

1. 范围

本现场标准化作业指导书规定了使用绝缘斗臂车采用绝缘杆作业法带电更换 10kV ××线××号杆避雷器的工作步骤和技术要求。

本现场标准化作业指导书适用于绝缘杆作业法带电更换 10kV ××线××号杆避雷器。

2. 人员组合

本项目需要 4 人。

2.1 作业人员要求

√	序号	责任人	资质	人数
	1	工作负责人	应具有 3 年以上的配电带电作业实际工作经验，熟悉设备状况，具有一定组织能力和事故处理能力，并经工作负责人的专门培训，考试合格	1
	2	斗内电工	应通过配网不停电作业专项培训，考试合格并持有上岗证	2
	3	地面电工	应通过 10kV 配电线路专项培训，考试合格并持有上岗证	1

2.2 作业人员分工

√	序号	责任人	分工	责任人签名
	1		工作负责人	
	2		1 号斗内电工	
	3		2 号斗内电工	
	4		地面电工	

3. 工器具

领用绝缘工器具应核对工器具的使用电压等级和试验周期，并应检查外观完好无损。

工器具运输，应存放在专用的工具袋、工具箱或工具车内；金属工具和绝缘工器具应分开装运。

3.1 个人安全防护用具

√	序号	名称	规格/编号	单位	数量	备注
	1	绝缘安全帽	10kV	顶	2	
	2	绝缘手套	10kV	双	2	
	3	防护手套		双	2	
	4	斗内绝缘安全带		副	2	
	5	护目镜		副	2	
	6	普通安全帽		顶	4	

3.2 绝缘遮蔽工具

√	序号	名称	规格/编号	单位	数量	备注
	1	导线遮蔽罩	10kV	根	若干	根据实际情况配置
	2	绝缘毯	10kV	块	若干	根据实际情况配置
	3	绝缘毯夹	10kV	只	若干	根据实际情况配置

3.3 绝缘工具

√	序号	名称	规格/编号	单位	数量	备注
	1	绝缘斗臂车		辆	1	
	2	绝缘传递绳		根	1	
	3	绝缘操作杆	10kV	副	若干	
	4	棘轮扳手操作杆		副	若干	

3.4 仪器仪表

√	序号	名称	规格/编号	单位	数量	备注
	1	验电器	10kV	支	1	
	2	高压发生器	10kV	只	1	
	3	绝缘电阻检测仪	2500V	只	1	
	4	温、湿度计		只	1	
	5	风速仪		只	1	
	6	对讲机		套	若干	根据情况决定是否使用

3.5 其他工具

√	序号	名称	规格/编号	单位	数量	备注
	1	防潮苫布		块	1	
	2	个人常用工具		套	若干	
	3	安全遮栏、安全围绳		副	若干	
	4	标示牌	"从此进出!"	块	1	根据实际情况使用对应标示牌
	5	标示牌	"在此工作!"	块	2	
	6	路障	"前方施工,车辆慢行"	块	2	

3.6 材料

√	序号	名称	规格/编号	单位	数量	备注
	1	避雷器		只	3	
	2	避雷器上桩头螺母		只	若干	
	3	干燥清洁布		块	若干	

4. 危险点分析及安全控制措施

√	序号	危险点	安全控制措施	备注
	1	人身触电	1）作业人员必须穿戴齐全合格的个人绝缘防护用具（绝缘手套、绝缘安全帽、防护手套等），使用合格适当的绝缘工器具； 2）严格按照不停电作业操作规程中的遮蔽顺序（由近至远、由低到高、先带电体后接地体）进行遮蔽，绝缘遮蔽组合应保持不少于 0.2m 的重叠； 3）人体对带电体安全距离不小于 0.6m，绝缘操作杆有效绝缘长度不小于 0.9m； 4）斗臂车需可靠接地； 5）斗内作业人员严禁同时接触不同电位物体； 6）避雷器高压引线拆除后，作业人员更换避雷器时应戴绝缘手套，并保持与带电体保持安全距离带电体	
	2	高空坠落、物体打击	1）斗内作业人员必须系好绝缘安全带，戴好绝缘安全帽； 2）使用的工具、材料等应用绝缘绳索传递或装在工具袋内，禁止乱扔、乱放； 3）现场除指定人员外，禁止其他人员进入工作区域，地面电工在传递工具、材料不要在作业点正下方，防止掉物伤人； 4）执行《带电作业绝缘斗臂车使用管理办法》； 5）作业现场按标准设置防护围栏，加强监护，禁止行人入内； 6）斗臂车绝缘斗升降过程中注意避开带电体、接地体及障碍物。绝缘斗升降、移动时应防止绝缘臂被过往车辆刮碰，绝缘斗位置固定后绝缘臂应在围栏保护范围内	

5. 作业程序

5.1　开工准备

√	序号	作业内容	步骤及要求
	1	现场复勘	工作负责人核对工作线路双重命名、杆号
			工作负责人勘察环境是否符合作业要求：地面平整结实
			工作负责人检查线路装置是否具备不停电作业条件： 1）作业段电杆杆根、埋深、杆身质量是否满足要求； 2）避雷器引下线应连接良好。如引下线连接不良，应在更换避雷器前进行紧固，确保避雷器接地端及避雷器横担处于地电位； 3）避雷器外观无明显放电痕迹。如避雷器炸裂或明显的放电痕迹，不应进行本项作业
			工作负责人检查气象条件（不需现场检查，但需在工作许可时汇报）： 1）天气应良好，无雷、雨、雪、雾； 2）风力：不大于 5 级； 3）气相对湿度不大于 80%
			工作负责人检查工作票所列安全措施是否完备，必要时在工作票上补充安全技术措施
	2	执行工作许可制度	工作负责人与调度联系，确认许可工作
			工作负责人在工作票上签字

续表

✓	序号	作业内容	步骤及要求
	3	召开现场站班会	工作负责人宣读工作票
			工作负责人检查工作班组成员精神状态、交代工作任务进行分工、交代工作中的安全措施和技术措施
			工作负责人检查班组各成员对工作任务分工、安全措施和技术措施是否明确
			班组各成员在工作票和作业指导书上签名确认
	4	布置工作现场	工作负责人组织班组成员设置工作现场的安全围栏、安全警示标志： 1）安全围栏的范围应考虑作业中高空坠落和高空落物的影响以及道路交通，必要时联系交通部门； 2）围栏的出入口应设置合理； 3）警示标示应包括"从此进出""在此工作"等，道路两侧应有"前方施工，车辆慢行"标示或路障
			班组成员按要求将绝缘工器具放在防潮苫布上： 1）防潮苫布应清洁、干燥； 2）工器具应按管理要求分类摆放； 3）绝缘工器具不能与金属工具、材料混放
	5	工作负责人组织班组成员检查工器具	班组成员逐件对绝缘工器具进行外观检查： 1）检查人员应戴清洁、干燥的手套； 2）绝缘工具表面不应有裂纹、变形损坏，操作应灵活； 3）个人安全防护用具和遮蔽、隔离用具应无针孔、砂眼、裂纹； 4）检查斗内专用绝缘安全带外观，并作冲击试验
			班组成员使用绝缘电阻检测仪分段检测绝缘工具的表面绝缘电阻值： 1）测量电极应符合规程要求（极宽2cm、极间距2cm）； 2）正确使用（自检、测量）绝缘电阻检测仪（应采用点测的方法，不应使电极在绝缘工具表面滑动，避免刮伤绝缘工具表面）； 3）绝缘电阻值不得低于700MΩ
			绝缘工器具检查完毕，向工作负责人汇报检查结果
	6	检查绝缘斗臂车	斗内电工检查绝缘斗臂车表面状况：表面清洁、无裂痕，榫卯接续牢固无松动
			检查完毕，向工作负责人汇报检查结果
	7	检查（新）避雷器	地面电工检查避雷器的铭牌参数及试验合格报告，并用绝缘高阻表检测其绝缘电阻不小于1000MΩ
	8	停放绝缘斗臂车	斗臂车驾驶员将绝缘斗臂车位置停放到适当位置： 1）停放的位置应便于绝缘斗臂车绝缘斗达到作业位置，避开附近电力线和障碍物。并能保证作业时绝缘斗臂车的绝缘臂有效绝缘长度； 2）停放位置坡度不大于7°
			斗臂车操作人员支放绝缘斗臂车支腿： 1）不应支放在沟道盖板上； 2）软土地面应使用垫块或枕木； 3）支腿顺序应正确（"H"型支腿的车型，应先伸出水平支腿，再伸出垂直支腿；在坡地停放，应先支"前支腿"，后支"后支腿"）； 4）支撑应到位。车辆前后、左右呈水平

续表

√	序号	作业内容	步骤及要求
	8	停放绝缘斗臂车	斗臂车操作人员将绝缘斗臂车可靠接地： 1）接地线应采用有透明护套的不小于 16mm² 的多股软铜线； 2）临时接地体埋深应不少于 0.6m
	9	斗内电工穿戴个人安全防护用具	1 号和 2 号斗内电工穿戴好个人安全防护用具： 1）个人安全防护用具包括绝缘安全帽、绝缘手套（戴防穿刺手套）、防护手套等； 2）工作负责人应检查斗内电工个人防护用具的穿戴是否正确

5.2 作业过程

√	序号	作业内容	步骤及要求
	1	进入带电作业区域	斗内电工经工作负责人许可后，操作绝缘斗臂车，进入带电作业区域，绝缘斗移动应平稳匀速，在进入带电作业区域时： 1）绝缘臂在仰起回转过程中应无大幅晃动现象； 2）绝缘斗下降、上升的速度不应超过 0.4m/s； 3）绝缘斗边沿的最大线速度不应超过 0.5m/s； 4）转移绝缘斗时应注意绝缘斗臂车周围杆塔、线路等情况，绝缘臂的金属部位与带电体和地电位物体的距离大于 1.1m； 5）进入带电作业区域作业后，绝缘斗臂车绝缘臂的有效绝缘长度不应小于 1.2m
	2	验电	在工作负责人的监护下，使用验电器确认作业现场无漏电现象。应注意： 1）验电时，必须戴绝缘手套； 2）验电前，应验电器进行自检，确认是否合格（在保证安全距离的情况下也可在带电体上进行）； 3）验电时，电工应与邻近的构件、导体保持足够的距离； 4）如横担等接地构件有电，不应继续进行
	3	拆除近边相避雷器引线	在工作负责人的监护下，斗内电工拆除近边相避雷器引线。拆除的方法如下： 1）用绝缘操作杆锁住避雷器上桩头的高压引线； 2）用棘轮扳手操作杆拆除避雷器上桩头接线螺栓； 3）将避雷器高压引线固定在同相电缆终端引线上。 应注意： 1）斗内电工应与带电体保持的空气距离不小于 0.6m（此距离不包括人体活动范围）； 2）绝缘操作杆的有效绝缘长度不小于 0.9m； 3）固定避雷器高压引线时，应注意相位正确，并控制好与邻近异电位的导体或构件之间的距离，避免发生"相对地"或"相间"短路； 4）防止高空落物
	4	拆除远边相避雷器引线	在工作负责人的监护下，斗内电工按照与近边相相同的方法和要求拆除远边相避雷器高压引线
	5	拆除中间边相避雷器引线	在工作负责人的监护下，斗内电工按照与近边相相同的方法和要求拆除中间相避雷器高压引线

续表

√	序号	作业内容	步骤及要求
	6	更换避雷器	斗内电工更换三相避雷器。 应注意： 1）斗内电工离带电体的安全距离不应小于 0.6m（此距离不包括人体活动范围）； 2）防止高空落物。 避雷器的安装质量和工艺应符合要求： 1）避雷器外观无损伤； 2）避雷器的接地引下线应安装牢固； 3）避雷器应排列整齐，高低一致
	7	搭接中间相避雷器引线	在工作负责人的监护下，斗内电工搭接中间相避雷器引线。搭接的方法如下： 1）用绝缘操作杆将避雷器高压引线从电缆终端引线上取下后，将高压引线接线端子套入到避雷器接线螺栓上； 2）用棘轮扳手操作杆紧固螺丝。 避雷器引线的安装工艺应符合要求： 1）引线应平直，无金钩、灯笼或散股现象； 2）避雷器引线应搭接牢固，且线夹垫片整齐无歪斜； 3）引线与地电位构件保持足够的距离； 应注意： 1）绝缘操作杆的有效绝缘长度不小于 0.9m； 2）防止高空落物
	8	搭接远边相避雷器引线	在工作负责人的监护下，斗内电工按照与中间相相同的方法和要求，搭接远边相避雷器高压引线
	9	搭接近边相避雷器引线	在工作负责人的监护下，斗内电工按照与中间相相同的方法和要求，搭接近边相避雷器高压引线
	10	工作验收	斗内电工撤出带电作业区域 斗内电工检查施工质量： 1）杆上无遗漏物； 2）装置无缺陷符合运行条件； 3）向工作负责人汇报施工质量
	11	撤离杆塔	斗内电工操作绝缘斗臂车返回地面

6. 工作结束

√	序号	作业内容	步骤及要求
	1	工作负责人组织班组成员清理工具和现场	工作负责人组织班组成员整理工具、材料。将工器具清洁后放入专用的箱（袋）中。清理现场，做到"工完、料尽、场地清"
	2	工作负责人召开收工会	工作负责人组织召开现场收工会，做工作总结和点评工作： 1）正确点评本项工作的施工质量； 2）点评班组成员在作业中的安全措施的落实情况； 3）点评班组成员对规程的执行情况
	3	办理工作终结手续	工作负责人向调度汇报工作结束，并终结工作票

7. 验收记录

记录检修中发现的问题	
存在问题及处理意见	

8. 现场标准化作业指导书执行情况评估

评估内容	符合性	优		可操作项	
		良		不可操作项	
	可操作性	优		修改项	
		良		遗漏项	
存在问题					
改进意见					

第三节 带电断引流线

003 绝缘杆作业法断跌落式熔断器上引线

1. 范围

本现场标准化作业指导书规定了绝缘杆作业法带电断 10kV××线××号杆跌落式熔断器上引线的工作步骤和技术要求。

本现场标准化作业指导书适用于绝缘杆作业法带电断 10kV××线××号杆跌落式熔断器上引线。

2. 人员组合

本项目需要 4 人。

2.1 作业人员要求

√	序号	责任人	资质	人数
	1	工作负责人	应具有 3 年以上的配电带电作业实际工作经验，熟悉设备状况，具有一定组织能力和事故处理能力，并经工作负责人的专门培训，考试合格	1
	2	杆上电工（1 号和 2 号）	应通过配网不停电作业专项培训，考试合格并持有上岗证	2
	3	地面电工	应通过 10kV 配电线路专项培训，考试合格并持有上岗证	1

2.2 作业人员分工

√	序号	责任人	分工	责任人签名
	1		工作负责人	
	2		1号杆上电工	
	3		2号杆上电工	
	4		地面电工	

3. 工器具

领用绝缘工器具应核对工器具的使用电压等级和试验周期，并应检查外观完好无损。

工器具运输，应存放在专用的工具袋、工具箱或工具车内；金属工具和绝缘工器具应分开装运。

3.1 个人安全防护用具

√	序号	名称	规格/编号	单位	数量	备注
	1	绝缘安全帽	10kV	顶	2	
	2	绝缘手套	10kV	双	2	
	3	防护手套		双	2	
	4	斗内绝缘安全带		副	2	
	5	护目镜		副	2	
	6	普通安全帽		顶	4	

3.2 绝缘遮蔽工具

√	序号	名称	规格/编号	单位	数量	备注
	1	导线遮蔽罩	10kV	根	若干	根据实际情况配置
	2	横担绝缘子组合遮蔽罩	10kV	块	2	
	3	柱式绝缘子遮蔽罩	10kV	只	2	

3.3 绝缘工具

√	序号	名称	规格/编号	单位	数量	备注
	1	绝缘操作杆		副	1	设置绝缘遮蔽罩用
	2	绝缘锁杆		副	1	
	3	绝缘断线杆		副	1	
	4	绝缘绳	ϕ12mm	根	1	

3.4　仪器仪表

√	序号	名称	规格/编号	单位	数量	备注
	1	验电器	10kV	支	1	
	2	绝缘电阻检测仪	2500V	只	1	
	3	风速仪		只	1	
	4	温、湿度计		只	1	
	5	对讲机		套	若干	根据实际情况选用

3.5　其他工具

√	序号	名称	规格/编号	单位	数量	备注
	1	脚扣		副	2	
	2	防潮苫布		块	1	
	3	个人常用工具		套	1	绝缘柄或绝缘包覆
	4	安全遮栏、安全围绳		副	若干	
	5	标示牌	"从此进出！"	块	1	根据实际情况使用对应标示牌
	6	标示牌	"在此工作！"	块	2	
	7	路障	"前方施工，车辆慢行"	块	2	

3.6　材料

√	序号	名称	规格/编号	单位	数量	备注
	1	干燥清洁布		块	若干	

4. 危险点分析及安全控制措施

√	序号	危险点	安全控制措施	备注
	1	人身触电	1）作业人员必须穿戴齐全合格的个人绝缘防护用具（绝缘手套、绝缘安全帽、防护手套等），使用合格适当的绝缘工器具； 2）严格按照不停电作业操作规程中的遮蔽顺序（由近至远、由低到高、先带电体后接地体）进行遮蔽，绝缘遮蔽组合应保持不少于 0.2m 的重叠； 3）人体对带电体安全距离不小于 0.6m（此距离不包括人体活动范围），绝缘操作杆有效绝缘长度不小于 0.9m； 4）断跌落式熔断器上引线之前，应使用操作杆断开跌落式熔断器并取下跌落式熔丝管	

续表

√	序号	危险点	安全控制措施	备注
	2	高空坠落、物体打击	1）斗内作业人员必须系好绝缘安全带，戴好绝缘安全帽； 2）使用的工具、材料等应用绝缘绳索传递或装在工具袋内，禁止乱扔、乱放； 3）现场除指定人员外，禁止其他人员进入工作区域，地面电工在传递工具、材料不要在作业点正下方，防止掉物伤人； 4）执行《带电作业绝缘斗臂车使用管理办法》； 5）作业现场按标准设置防护围栏，加强监护，禁止行人入内	

5. 作业程序

5.1 开工准备

√	序号	作业内容	步骤及要求
	1	现场复勘	工作负责人核对工作线路双重命名、杆号
			工作负责人检查线路装置是否具备不停电作业条件： 1）作业段电杆杆根、埋深、杆身质量是否满足要求； 2）跌落式熔断器熔管已取下； 3）跌落式熔断器负荷侧已挂好接地线，具备防倒送电的措施
			工作负责人检查气象条件（不需现场检查，但需在工作许可时汇报）： 1）天气应良好，无雷、雨、雪、雾； 2）风力：不大于5级； 3）气相对湿度不大于80%
			工作负责人检查工作票所列安全措施是否完备，必要时在工作票上补充安全技术措施
	2	执行工作许可制度	工作负责人与调度联系，确认许可工作
			工作负责人在工作票上签字
	3	召开现场站班会	工作负责人宣读工作票
			工作负责人检查工作班组成员精神状态、交代工作任务进行分工、交代工作中的安全措施和技术措施
			工作负责人检查班组各成员对工作任务分工、安全措施和技术措施是否明确
			班组各成员在工作票和作业指导书上签名确认
	4	布置工作现场	工作负责人组织班组成员设置工作现场的安全围栏、安全警示标志： 1）安全围栏的范围应考虑作业中高空坠落和高空落物的影响以及道路交通，必要时联系交通部门； 2）围栏的出入口应设置合理； 3）警示标示应包括"从此进出""在此工作"等，道路两侧应有"前方施工，车辆慢行"标示或路障
			班组成员按要求将绝缘工器具放在防潮苫布上： 1）防潮苫布应清洁、干燥； 2）工器具应按定置管理要求分类摆放； 3）绝缘工器具不能与金属工具、材料混放

续表

√	序号	作业内容	步骤及要求
	5	工作负责人组织班组成员检查工器具	班组成员逐件对绝缘工器具进行外观检查： 1）检查人员应戴清洁、干燥的手套； 2）绝缘工具表面不应有裂纹、变形损坏，操作应灵活； 3）个人安全防护用具和遮蔽、隔离用具应无针孔、砂眼、裂纹
			班组成员使用绝缘电阻检测仪分段检测绝缘工具的表面绝缘电阻值： 1）测量电极应符合规程要求（极宽 2cm、极间距 2cm）； 2）正确使用（自检、测量）绝缘电阻检测仪（应采用点测的方法，不应使电极在绝缘工具表面滑动，避免刮伤绝缘工具表面）； 3）绝缘电阻值不得低于 700MΩ
			绝缘工器具检查完毕，向工作负责人汇报检查结果
	6	登杆	杆上电杆穿戴好绝缘安全帽、绝缘衣（披肩），并由工作负责人检查
			杆上电工对安全带、后备保护绳、脚扣进行冲击试验并检查。应注意：冲击试验的高度不应高于 0.5m
			获得工作负责人的许可后，杆上电工携带绝缘传递绳及工具袋登杆。应注意： 1）工具袋内，绝缘手套与金属工具、材料等应分开存放；绝缘传递绳应整捆背在 2 号杆上电工身上； 2）杆上电工应逐次交错登杆，1 号杆上电工的位置高于 2 号杆上电工； 3）登杆过程应全程使用安全带，不得脱离安全带的保护，防止高空坠落

5.2 作业过程

√	序号	作业内容	步骤及要求
	1	进入带电作业区域	杆上电工登杆至离带电体（跌落式熔断器上接线柱）2m 左右时，调整好各自的站位，再电杆上绑好后备保护绳，并戴好绝缘手套。应注意： 1）后备保护绳应稍高于安全带，起到高挂低用的作用，但不能挂在横担上； 2）进入带电作业区域后，不能随意摘下绝缘手套
	2	验电	在工作负责人的监护下，使用验电器确认作业现场无漏电现象。应注意： 1）验电时，必须戴绝缘手套； 2）验电前，应验电器进行自检，确认是否合格（在保证安全距离的情况下也可在带电体上进行）； 3）验电时，电工应与邻近的构件、导体保持足够的距离； 4）如横担等接地构件有电，不应继续进行
	3	设置绝缘遮蔽隔离措施	1 号杆上电工用绝缘操作杆按照"从下到上，由近及远"的原则，设置（中相引线两侧）两边相绝缘遮蔽隔离措施。应注意： 1）每边相的绝缘遮蔽措施的设置部位及其顺序依次为：横担、支持绝缘子和导线； 2）1 号杆上电工应与带电体（跌落式熔断器上接线柱）保持足够的距离（大于 0.6m），绝缘操作杆的有效绝缘长度（绝缘操作杆"手持部位"至跌落式熔断器上接线柱之间的长度减去中间金属连接的长度）应大于 0.9m； 3）绝缘遮蔽应严实、牢固，导线遮蔽罩间重叠部分应大于 0.2m； 4）防止高空落物

续表

√	序号	作业内容	步骤及要求
	4	断单只跌落式熔断器侧上引线	在工作负责的监护下，1号和2号杆上电工配合断开单只跌落式熔断器侧上引线。断引方法如下： 1）2号杆上电工用绝缘锁杆夹持住引线上部； 2）1号杆上电工，在引线与主导线并行搭接的弯折处，用绝缘断线杆将引线剪断； 3）2号杆上电工用绝缘锁杆控制引线向装置外侧拉开，1号杆上电工用绝缘断线杆将引线从跌落式熔断器上接板处剪断。 应注意： 1）杆上电工与跌落式熔断器上接线柱的距离应大于0.6m。为保证1号杆上电工的安全距离，在断开引线上部时，1号杆上电工应在跌落式熔断器的横担对侧； 2）绝缘工具的有效绝缘长度（"跌落式熔断器上接线柱"到绝缘杆"手持部位"的长度减去中间的金属接续长度）应大于0.9m； 3）防止高空落物。 引线断开后的施工工艺和质量应满足要求： 1）主导线上遗留的引线应尽量少； 2）剪断引线时应防止损伤主导线
	5	断另边相跌落式熔断器上引线	在工作负责的监护下，1号和2号杆上电工调整好站位，按照相同的步骤和要求断开另边相跌落式熔断器上引线
			1号杆上电工用绝缘操作杆调整好主导线上的绝缘遮蔽隔离措施。绝缘遮蔽措施应严密牢固，绝缘遮蔽组合的重叠部分不少于0.2m
	6	断中间相跌落式熔断器上引线	在工作负责的监护下，1号和2号杆上电工调整好站位，按照相同的步骤和要求断开中间相跌落式熔断器上引线
	7	撤除绝缘遮蔽隔离措施	1号杆上电工用绝缘操作杆按照与设置绝缘遮蔽措施相反的顺序，撤除两边相绝缘遮蔽隔离措施。应注意： 1）1号杆上电工应与带电体保持足够的距离（大于0.6m），绝缘操作杆的有效绝缘长度应大于0.9m； 2）防止高空落物
	8	工作验收	杆上电工检查施工质量： 1）杆上无遗漏物； 2）装置无缺陷符合运行条件； 3）向工作负责人汇报施工质量
	9	撤离杆塔	杆上电工逐次交错下杆。应注意： 1）下杆前，2号电工应先收起绝缘传递绳背在身上； 2）下杆时应全程使用安全带，防止高空坠落

6. 工作结束

√	序号	作业内容	步骤及要求
	1	工作负责人组织班组成员清理工具和现场	工作负责人组织班组成员整理工具、材料。将工器具清洁后放入专用的箱（袋）中。清理现场，做到"工完、料尽、场地清"

续表

√	序号	作业内容	步骤及要求
	2	工作负责人 召开收工会	工作负责人组织召开现场收工会，做工作总结和点评工作： 1）正确点评本项工作的施工质量； 2）点评班组成员在作业中的安全措施的落实情况； 3）点评班组成员对规程的执行情况
	3	办理工作终结手续	工作负责人向调度汇报工作结束，并终结工作票

7. 验收记录

记录检修中发现的问题	
存在问题及处理意见	

8. 现场标准化作业指导书执行情况评估

评估内容	符合性	优		可操作项	
		良		不可操作项	
	可操作性	优		修改项	
		良		遗漏项	
存在问题					
改进意见					

004　绝缘杆作业法断分支线路引线

1. 范围

本现场标准化作业指导书规定了绝缘杆作业法带电断 10kV××线××号杆（无跌落式熔断器的）支接线路引线的工作步骤和技术要求。装置结构为主导线三角形排列的架空单回路 90°T 接的架空分支线路。

本现场标准化作业指导书适用于绝缘杆作业法带电断 10kV××线××号杆支接线路引线。

2. 人员组合

本项目需要 4 人。

2.1　作业人员要求

√	序号	责任人	资质	人数
	1	工作负责人	应具有 3 年以上的配电带电作业实际工作经验，熟悉设备状况，具有一定组织能力和事故处理能力，并经工作负责人的专门培训，考试合格	1

续表

√	序号	责任人	资质	人数
	2	杆上电工（1号和2号）	应通过配网不停电作业专项培训，考试合格并持有上岗证	2
	3	地面电工	应通过10kV配电线路专项培训，考试合格并持有上岗证	1

2.2　作业人员分工

√	序号	责任人	分工	责任人签名
	1		工作负责人	
	2		1号杆上电工	
	3		2号杆上电工	
	4		地面电工	

3. 工器具

领用绝缘工器具应核对工器具的使用电压等级和试验周期，并应检查外观完好无损。

工器具运输，应存放在专用的工具袋、工具箱或工具车内；金属工具和绝缘工器具应分开装运。

3.1　个人安全防护用具

√	序号	名称	规格/编号	单位	数量	备注
	1	绝缘安全帽	10kV	顶	2	
	2	绝缘手套	10kV	双	2	
	3	防护手套		双	2	
	4	绝缘衣（披肩）	10kV	件	2	
	5	安全带		副	2	
	6	后备保护绳		副	2	
	7	护目镜		副	1	
	8	普通安全帽		顶	4	

3.2　绝缘遮蔽工具

√	序号	名称	规格/编号	单位	数量	备注
	1	导线遮蔽罩	10kV	根	若干	根据实际情况配置
	2	横担绝缘子组合遮蔽罩	10kV	块	2	
	3	柱式绝缘子遮蔽罩	10kV	只	2	

3.3 绝缘工具

√	序号	名称	规格/编号	单位	数量	备注
	1	绝缘操作杆		副	1	设置绝缘遮蔽罩用
	2	绝缘锁杆		副	1	
	3	绝缘断线杆		副	1	
	4	绝缘绳	$\phi 12mm$	根	1	

3.4 仪器仪表

√	序号	名称	规格/编号	单位	数量	备注
	1	验电器	10kV	支	1	
	2	高压发生器	10kV	只	1	
	3	绝缘电阻检测仪	2500V	只	1	
	4	风速仪		只	1	
	5	温、湿度计		只	1	
	6	对讲机		套	若干	根据情况决定是否使用

3.5 其他工具

√	序号	名称	规格/编号	单位	数量	备注
	1	脚扣		副	2	
	2	防潮苫布		块	1	
	3	个人常用工具		套	1	绝缘柄或绝缘包覆
	4	安全遮栏、安全围绳		副	若干	
	5	标示牌	"从此进出！"	块	1	根据实际情况使用对应标示牌
	6	标示牌	"在此工作！"	块	2	
	7	路障	"前方施工，车辆慢行"	块	2	

3.6 材料

√	序号	名称	规格/编号	单位	数量	备注
	1	干燥清洁布		块	若干	

4. 危险点分析及安全控制措施

√	序号	危险点	安全控制措施	备注
	1	人身触电	1）作业人员必须穿戴齐全合格的个人绝缘防护用具（绝缘手套、绝缘安全帽、防护手套等），使用合格适当的绝缘工器具； 2）严格按照不停电作业操作规程中的遮蔽顺序（由近至远、由低到高、先带电体后接地体）进行遮蔽，绝缘遮蔽组合应保持不少于 0.2 的重叠； 3）人体对带电体安全距离不小于 0.6m，绝缘操作杆有效绝缘长度不小于 0.9m； 4）断分支引线之前，应通过测量引线电流确认分支线处于空载状态； 5）断分支引线时，应采取防摆动措施，要保持引线与人体、邻相及接地体的之间的安全距离	
	2	高空坠落、物体打击	1）斗内作业人员必须系好绝缘安全带，戴好绝缘安全帽； 2）使用的工具、材料等应用绝缘绳索传递或装在工具袋内，禁止乱扔、乱放； 3）现场除指定人员外，禁止其他人员进入工作区域，地面电工在传递工具、材料不要在作业点正下方，防止掉物伤人； 4）作业现场按标准设置防护围栏，加强监护，禁止行人入内	

5. 作业程序

5.1 开工准备

√	序号	作业内容	步骤及要求
	1	现场复勘	工作负责人核对工作线路双重命名、杆号
			工作负责人检查线路装置是否具备不停电作业条件： 1）作业段电杆杆根、埋深、杆身质量是否满足要求； 2）分支线 1 号杆的跌落式熔断器熔管已取下； 3）分支线 1 号杆的跌落式熔断器负荷侧已挂好接地线，具备防倒送电的措施
			工作负责人检查气象条件（不需现场检查，但需在工作许可时汇报）： 1）天气应良好，无雷、雨、雪、雾； 2）风力：不大于 5 级； 3）气相对湿度不大于80%
			工作负责人检查工作票所列安全措施是否完备，必要时在工作票上补充安全技术措施
	2	执行工作许可制度	工作负责人与调度联系，确认许可工作
			工作负责人在工作票上签字
	3	召开现场站班会	工作负责人宣读工作票
			工作负责人检查工作班组成员精神状态、交代工作任务进行分工、交代工作中的安全措施和技术措施
			工作负责人检查班组各成员对工作任务分工、安全措施和技术措施是否明确
			班组各成员在工作票和作业指导书上签名确认

续表

√	序号	作业内容	步骤及要求
	4	布置工作现场	工作负责人组织班组成员设置工作现场的安全围栏、安全警示标志： 1）安全围栏的范围应考虑作业中高空坠落和高空落物的影响以及道路交通，必要时联系交通部门； 2）围栏的出入口应设置合理； 3）警示标示应包括"从此进出""在此工作"等，道路两侧应有"前方施工，车辆慢行"标示或路障
			班组成员按要求将绝缘工器具放在防潮苫布上： 1）防潮苫布应清洁、干燥； 2）工器具应按定置管理要求分类摆放； 3）绝缘工器具不能与金属工具、材料混放
	5	工作负责人组织班组成员检查工器具	班组成员逐件对绝缘工器具进行外观检查： 1）检查人员应戴清洁、干燥的手套； 2）绝缘工具表面不应破损或有裂纹、变形损坏，操作应灵活； 3）个人安全防护用具和遮蔽、隔离用具应无针孔、砂眼、裂纹
			班组成员使用绝缘电阻检测仪分段检测绝缘工具的表面绝缘电阻值： 1）测量电极应符合规程要求（极宽 2cm、极间距 2cm）； 2）正确使用（自检、测量）绝缘电阻检测仪（应采用点测的方法，不应使电极在绝缘工具表面滑动，避免刮伤绝缘工具表面）； 3）绝缘电阻值不得低于 700MΩ
			绝缘工器具检查完毕，向工作负责人汇报检查结果
	6	登杆	杆上电杆穿戴好绝缘安全帽、绝缘衣（披肩），并由工作负责人检查
			杆上电工对安全带、后备保护绳、脚扣进行冲击试验并检查。应注意：冲击试验的高度不应高于 0.5m
			获得工作负责人的许可后，杆上电工携带绝缘传递绳及工具袋登杆。应注意： 1）工具袋内，绝缘手套与金属工具、材料等应分开存放；绝缘传递绳应整捆背在 2 号杆上电工身上； 2）杆上电工应逐次交错登杆，1 号杆上电工的位置高于 2 号杆上电工； 3）登杆过程应全程使用安全带，不得脱离安全带的保护，防止高空坠落

5.2 作业过程

√	序号	作业内容	步骤及要求
	1	进入带电作业区域	杆上电工登杆至离带电体（支接线路下层导线）2m 左右时，调整好各自的站位，再电杆上绑好后备保护绳，并戴好绝缘手套。应注意： 1）后备保护绳应稍高于安全带，起到高挂低用的作用，但不能挂在横担上； 2）进入带电作业区域后，不能随意摘下绝缘手套

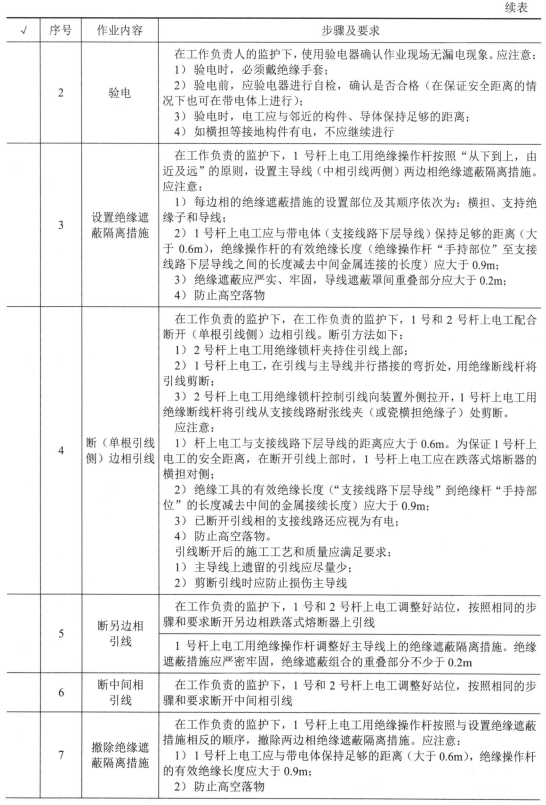

√	序号	作业内容	步骤及要求
	2	验电	在工作负责人的监护下，使用验电器确认作业现场无漏电现象。应注意： 1）验电时，必须戴绝缘手套； 2）验电前，应验电器进行自检，确认是否合格（在保证安全距离的情况下也可在带电体上进行）； 3）验电时，电工应与邻近的构件、导体保持足够的距离； 4）如横担等接地构件有电，不应继续进行
	3	设置绝缘遮蔽隔离措施	在工作负责的监护下，1号杆上电工用绝缘操作杆按照"从下到上，由近及远"的原则，设置主导线（中相引线两侧）两边相绝缘遮蔽隔离措施。应注意： 1）每边相的绝缘遮蔽措施的设置部位及其顺序依次为：横担、支持绝缘子和导线； 2）1号杆上电工应与带电体（支接线路下层导线）保持足够的距离（大于0.6m），绝缘操作杆的有效绝缘长度（绝缘操作杆"手持部位"至支接线路下层导线之间的长度减去中间金属连接的长度）应大于0.9m； 3）绝缘遮蔽应严实、牢固，导线遮蔽罩间重叠部分应大于0.2m； 4）防止高空落物
	4	断（单根引线侧）边相引线	在工作负责的监护下，在工作负责的监护下，1号和2号杆上电工配合断开（单根引线侧）边相引线。断引方法如下： 1）2号杆上电工用绝缘锁杆夹持住引线上部； 2）1号杆上电工，在引线与主导线并行搭接的弯折处，用绝缘断线杆将引线剪断； 3）2号杆上电工用绝缘锁杆控制引线向装置外侧拉开，1号杆上电工用绝缘断线杆将引线从支接线路耐张线夹（或瓷横担绝缘子）处剪断。 应注意： 1）杆上电工与支接线路下层导线的距离应大于0.6m。为保证1号杆上电工的安全距离，在断开引线上部时，1号杆上电工应在跌落式熔断器的横担对侧； 2）绝缘工具的有效绝缘长度（"支接线路下层导线"到绝缘杆"手持部位"的长度减去中间的金属接续长度）应大于0.9m； 3）已断开引线相的支接线路还应视为有电； 4）防止高空落物。 引线断开后的施工工艺和质量应满足要求： 1）主导线上遗留的引线应尽量少； 2）剪断引线时应防止损伤主导线
	5	断另边相引线	在工作负责的监护下，1号和2号杆上电工调整好站位，按照相同的步骤和要求断开另边相跌落式熔断器上引线
			1号杆上电工用绝缘操作杆调整好主导线上的绝缘遮蔽隔离措施。绝缘遮蔽措施应严密牢固，绝缘遮蔽组合的重叠部分不少于0.2m
	6	断中间相引线	在工作负责的监护下，1号和2号杆上电工调整好站位，按照相同的步骤和要求断开中间相引线
	7	撤除绝缘遮蔽隔离措施	在工作负责的监护下，1号杆上电工用绝缘操作杆按照与设置绝缘遮蔽措施相反的顺序，撤除两边相绝缘遮蔽隔离措施。应注意： 1）1号杆上电工应与带电体保持足够的距离（大于0.6m），绝缘操作杆的有效绝缘长度应大于0.9m； 2）防止高空落物

续表

✓	序号	作业内容	步骤及要求
	8	工作验收	杆上电工检查施工质量： 1）杆上无遗漏物； 2）装置无缺陷符合运行条件； 3）向工作负责人汇报施工质量
	9	撤离杆塔	杆上电工逐次交错下杆。应注意： 1）下杆前，2 号电工应先收起绝缘传递绳背在身上； 2）下杆时应全程使用安全带，防止高空坠落

6. 工作结束

✓	序号	作业内容	步骤及要求
	1	工作负责人组织班组成员清理工具和现场	工作负责人组织班组成员整理工具、材料。将工器具清洁后放入专用的箱（袋）中。清理现场，做到"工完、料尽、场地清"
	2	工作负责人召开收工会	工作负责人组织召开现场收工会，作工作总结和点评工作： 1）正确点评本项工作的施工质量； 2）点评班组成员在作业中的安全措施的落实情况； 3）点评班组成员对规程的执行情况
	3	办理工作终结手续	工作负责人向调度汇报工作结束，并终结工作票

7. 验收记录

记录检修中发现的问题	
存在问题及处理意见	

8. 现场标准化作业指导书执行情况评估

评估内容	符合性	优		可操作项	
		良		不可操作项	
	可操作性	优		修改项	
		良		遗漏项	
存在问题					
改进意见					

第四节　带电接引流线

005　绝缘杆作业法接跌落式熔断器上引线

1. 范围

本现场标准化作业指导书规定了绝缘杆作业法带电接 10kV××线××号杆跌落式熔

断器上引线的工作步骤和技术要求。

本现场标准化作业指导书适用于绝缘杆作业法带电接 10kV××线××号杆跌落式熔断器上引线。

2. 人员组合

本项目需要 4 人。

2.1　作业人员要求

√	序号	责任人	资质	人数
	1	工作负责人	应具有 3 年以上的配电带电作业实际工作经验,熟悉设备状况,具有一定组织能力和事故处理能力,并经工作负责人的专门培训,考试合格	1
	2	杆上电工（1 号和 2 号）	应通过配网不停电作业专项培训,考试合格并持有上岗证	2
	3	地面电工	应通过 10kV 配电线路专项培训,考试合格并持有上岗证	1

2.2　作业人员分工

√	序号	责任人	分工	责任人签名
	1		工作负责人	
	2		1 号杆上电工	
	3		2 号杆上电工	
	4		地面电工	

3. 工器具

领用绝缘工器具应核对工器具的使用电压等级和试验周期,并应检查外观完好无损。

工器具运输,应存放在专用的工具袋、工具箱或工具车内;金属工具和绝缘工器具应分开装运。

3.1　个人安全防护用具

√	序号	名称	规格/编号	单位	数量	备注
	1	绝缘安全帽	10kV	顶	2	
	2	绝缘手套	10kV	双	2	
	3	防护手套		双	2	
	4	绝缘衣（披肩）	10kV	件	2	
	5	安全带		副	2	
	6	后备保护绳		副	2	
	7	护目镜		副	2	
	8	普通安全帽		顶	4	

3.2 绝缘遮蔽工具

√	序号	名称	规格/编号	单位	数量	备注
	1	导线遮蔽罩	10kV	根	若干	根据实际情况配置
	2	横担绝缘子组合遮蔽罩	10kV	块	2	
	3	柱式绝缘子遮蔽罩	10kV	只	2	

3.3 绝缘工具

√	序号	名称	规格/编号	单位	数量	备注
	1	绝缘操作杆		副	1	设置绝缘遮蔽罩用
	2	绝缘测距杆		副	1	
	3	线夹传送杆		副	1	
	4	绝缘锁杆		副	1	
	5	套筒操作杆		副	1	
	6	导线清扫杆		副	1	
	7	绝缘绳	$\phi 12mm$	根	1	

3.4 金属工具

√	序号	名称	规格/编号	单位	数量	备注
	1	断线钳		把	1	
	2	绝缘导线剥皮器		套	1	

3.5 仪器仪表

√	序号	名称	规格/编号	单位	数量	备注
	1	验电器	10kV	支	1	
	2	高压发生器	10kV	只	1	
	3	绝缘电阻检测仪	2500V	只	1	
	4	风速仪		只	1	
	5	温、湿度计		只	1	
	6	对讲机		套	若干	根据情况决定是否使用

3.6　其他工具

√	序号	名称	规格/编号	单位	数量	备注
	1	脚扣		副	2	
	2	防潮苫布		块	1	
	3	个人常用工具		套	1	绝缘柄或绝缘包覆
	4	钢卷尺	3	把	1	
	5	安全遮栏、安全围绳		副	若干	
	6	标示牌	"从此进出！"	块	1	根据实际情况使用对应标识牌
	7	标示牌	"在此工作！"	块	2	
	8	路障	"前方施工，车辆慢行"	块	2	

3.7　材料

√	序号	名称	规格/编号	单位	数量	备注
	1	架空绝缘导线		m	8	
	2	并沟线夹		只	6	
	3	设备线夹		只	3	
	4	绝缘胶带	黄、绿、红	圈	3	
	5	干燥清洁布		块	若干	

4. 危险点分析及安全控制措施

√	序号	危险点	安全控制措施	备注
	1	人身触电	1）作业人员必须穿戴齐全合格的个人绝缘防护用具（绝缘手套、绝缘安全帽、防护手套等），使用合格适当的绝缘工器具； 2）严格按照不停电作业操作规程中的遮蔽顺序（由近至远、由低到高、先带电体后接地体）进行遮蔽，绝缘遮蔽组合应保持不少于0.2m的重叠； 3）人体对带电体安全距离不小于0.6m，绝缘操作杆有效绝缘长度不小于0.9m； 4）接跌落式熔断器上引线之前，应使用操作杆断开跌落式熔断器并取下跌落式熔丝管	
	2	高空坠落、物体打击	1）斗内作业人员必须系好绝缘安全带，戴好绝缘安全帽； 2）使用的工具、材料等应用绝缘绳索传递或装在工具袋内，禁止乱扔、乱放； 3）现场除指定人员外，禁止其他人员进入工作区域，地面电工在传递工具、材料不要在作业点正下方，防止掉物伤人； 4）作业现场按标准设置防护围栏，加强监护，禁止行人入内	

5. 作业程序

5.1 开工准备

√	序号	作业内容	步骤及要求
	1	现场复勘	工作负责人核对工作线路双重命名、杆号
			工作负责人检查线路装置是否具备不停电作业条件： 1）作业段电杆杆根、埋深、杆身质量是否满足要求； 2）跌落式熔断器熔管已取下； 3）跌落式熔断器负荷侧已挂好接地线，具备防倒送电的措施
			工作负责人检查气象条件（不需现场检查，但需在工作许可时汇报）： 1）天气应良好，无雷、雨、雪、雾； 2）风力：不大于 5 级； 3）气相对湿度不大于 80%
			工作负责人检查工作票所列安全措施，必要时在工作票上补充安全技术措施
	2	执行工作许可制度	工作负责人与调度联系，确认许可工作
			工作负责人在工作票上签字
	3	召开现场站班会	工作负责人宣读工作票
			工作负责人检查工作班组成员精神状态、交代工作任务进行分工、交代工作中的安全措施和技术措施
			工作负责人检查班组各成员对工作任务分工、安全措施和技术措施是否明确
			班组各成员在工作票和作业指导书上签名确认
	4	布置工作现场	工作负责人组织班组成员设置工作现场的安全围栏、安全警示标志： 1）安全围栏的范围应考虑作业中高空坠落和高空落物的影响以及道路交通，必要时联系交通部门； 2）围栏的出入口应设置合理； 3）警示标示应包括"从此进出""在此工作"等，道路两侧应有"前方施工，车辆慢行"标示或路障
			班组成员按要求将绝缘工器具放在防潮苫布上： 1）防潮苫布应清洁、干燥； 2）工器具应按定置管理要求分类摆放； 3）绝缘工器具不能与金属工具、材料混放
	5	工作负责人组织班组成员检查工器具	班组成员逐件对绝缘工器具进行外观检查： 1）检查人员应戴清洁、干燥的手套； 2）绝缘工具表面不应破损或有裂纹、变形损坏，操作应灵活； 3）个人安全防护用具和遮蔽、隔离用具应无针孔、砂眼、裂纹
			班组成员使用绝缘电阻检测仪分段检测绝缘工具的表面绝缘电阻值： 1）测量电极应符合规程要求（极宽 2cm、极间距 2cm）； 2）正确使用（自检、测量）绝缘电阻检测仪（应采用点测的方法，不应使电极在绝缘工具表面滑动，避免刮伤绝缘工具表面）； 3）绝缘电阻值不得低于 700MΩ
			绝缘工器具检查完毕，向工作负责人汇报检查结果

续表

√	序号	作业内容	步骤及要求
	6	登杆	杆上电杆穿戴好绝缘安全帽、绝缘披肩，并由工作负责人检查
			杆上电工对安全带、后备保护绳、脚扣进行冲击试验并检查。应注意：冲击试验的高度不应高于 0.5m
			获得工作负责人的许可后，杆上电工携带绝缘传递绳及工具袋登杆。应注意： 1）工具袋内，绝缘手套、手工工具、并沟线夹等应分开存放；绝缘传递绳应整捆背在 2 号杆上电工身上； 2）杆上电工应逐次交错登杆，1 号杆上电工的位置高于 2 号杆上电工； 3）登杆过程应全程使用安全带，不得脱离安全带的保护，防止高空坠落

5.2 作业过程

√	序号	作业内容	步骤及要求
	1	进入带电作业区域	杆上电工登杆至离带电体（架空主导线）2m 左右时，调整好各自的站位，再电杆上绑好后备保护绳，并戴好绝缘手套。应注意： 1）后备保护绳应稍高于安全带，起到高挂低用的作用，但不能挂在横担上； 2）进入带电作业区域后，不能随意摘下绝缘手套
	2	验电	在工作负责人的监护下，使用验电器确认作业现场无漏电现象。应注意： 1）验电时，必须戴绝缘手套； 2）验电前，应验电器进行自检，确认是否合格（在保证安全距离的情况下也可在带电体上进行）； 3）验电时，电工应与邻近的构件、导体保持足够的距离； 4）如横担等接地构件有电，不应继续进行
	3	测量、制作三相引线	在工作负责的监护下，1 号杆上电工用绝缘测距杆测量三相跌落式熔断器上引线长度，引线应采用绝缘导线。应注意： 1）1 号杆上电工应与带电体（主导线）保持足够的安全距离（大于 0.6m），绝缘测距杆的有效绝缘长度应大于 0.9m； 2）地面电工与杆上电工配合传递绝缘工具时，应使用绝缘传递绳，并注意避免器具与电杆发生碰撞； 3）绝缘传递绳的尾端不应碰到潮湿的地面； 4）地面电杆不能随意踩踏防潮苫布； 5）防止高空落物。 确定引线长度应考虑以下的影响因素： 1）引线的长度应从跌落式熔断器上接线柱到主导线搭接部位的距离。为保证搭接引时的安全，主导线搭接部位可向装置外侧稍做调整； 2）应适当增加 15～20cm 的长度，留出引线搭接部位
			地面电工按照需要截断绝缘导线，剥除端部绝缘层，装好设备线夹，并圈好。应注意：每根引线端头应做好色相标志，以防混淆
	4	清除主导线金属氧化物或脏污	在工作负责的监护下，1 号杆上电工用导线清扫杆去除主导线上引线搭接部位的金属氧化物或脏污。应注意： 1）1 号杆上电工应与带电体保持足够的安全距离（大于 0.6m）； 2）导线清扫杆的有效绝缘长度应大于 0.9m

✓	序号	作业内容	步骤及要求
	5	设置绝缘遮蔽隔离措施	在工作负责的监护下，1 号杆上电工用绝缘操作杆按照"从下到上，由近及远"的原则，设置两边相绝缘遮蔽隔离措施。应注意： 1）跌落式熔断器上方的边相绝缘遮蔽隔离措施的设置部位及其顺序依次为：横担、支持绝缘子及两侧主导线；另边相的绝缘遮蔽措施的设置部位及其顺序依次为：横担、支持绝缘子和需搭接中间相引线一侧的主导线； 2）1 号杆上电工应与带电体保持足够的距离（大于 0.6m），绝缘操作杆的有效绝缘长度应大于 0.9m； 3）绝缘遮蔽应严实、牢固，导线遮蔽罩间重叠部分应大于 0.2m； 4）防止高空落物
	6	安装跌落式熔断器上引线	1 号和 2 号杆上电工配合将三根引线安装在对应的跌落式熔断器上接线板上。应注意： 1）应同时检查跌落式熔断器绝缘子有无破损、调整好角度和安装的牢固程度； 2）引线应安装牢固； 3）安装引线时应防止引线弹跳； 4）防止高空落物
	7	试搭接引线	在工作负责的监护下，1 号和 2 号杆上电工调整站位高度、角度后，试搭接引线，调整引线长度和朝向。应注意： 1）杆上电工与跌落式熔断器上接线柱的距离应大于 0.6m； 2）绝缘工具的有效绝缘长度（"跌落式熔断器上接线柱"到绝缘杆"手持部位"的长度减去中间的金属接续长度）应大于 0.9m； 3）试搭接的顺序应为"先单只跌落式熔断器侧引线，再另边相引线，最后中间相引线"； 4）试搭接后的每相引线尾端均应作妥善固定，并向装置外侧稍做倾斜，以防止在其中一相搭接后，取该相引线时安全距离不足
	8	搭接中间相引线	在工作负责的监护下，1 号和 2 号杆上电工配合搭接好中间相引线。搭接方法如下： 1）用线夹传送杆将并沟线夹传送到主导线搭接部位（已清除金属氧化物或脏污）上。为防止并沟线夹脱离主导线，线夹传送杆宜向下用力； 2）用绝缘锁杆将引线放入并沟线夹另一线槽内，为防止引线滑出线槽，锁杆宜向上用力； 3）用套筒操作杆紧固并沟线夹。为防止并沟线夹垫片歪斜，宜将套筒操作杆套筒对准螺杆一次性顶入。 应注意： 1）杆上电工与跌落式熔断器上接线柱的距离应大于 0.6m； 2）绝缘工具的有效绝缘长度（"跌落式熔断器上接线柱"到绝缘杆"手持部位"的长度减去中间的金属接续长度）应大于 0.9m； 3）在传送引线时，应注意引线与电杆之间的距离，并防止其超出绝缘遮蔽措施的遮蔽范围。引线宜从装置外侧向上传送，且引线端头宜朝向电杆； 4）在传送引线时，应控制住引线防止从锁杆中脱落； 5）防止高空落物。 引线的搭接工艺和质量应符合施工和验收规范的要求： 1）每相引线的并沟线夹不少于 2 个，引线穿出线夹的长度约为 2~3cm，并沟线夹之间应留出一个线夹的宽度； 2）并沟线夹垫片整齐无歪斜现象，搭接紧密； 3）引线长度适宜，弧度均匀； 4）引线无散股、断股现象； 5）引线与电杆之间保持足够的安全距离

√	序号	作业内容	步骤及要求
	9	搭接近侧边相引线	在工作负责的监护下，1号和2号杆上电工调整好站位，用绝缘操作杆调整主导线上的绝缘遮蔽隔离措施，露出引线搭接位置后，按照与中间相相同的步骤和要求配合搭接好近侧边相引线。应注意：引线与引线之间保持安全距离
	10	搭接单只跌落式熔断器侧引线	在工作负责的监护下，1号和2号杆上电工调整好站位，用绝缘操作杆调整主导线上的绝缘遮蔽隔离措施，露出引线搭接位置后，按照与中间相相同的步骤和要求配合搭接好单只跌落式熔断器侧引线
	11	撤除绝缘遮蔽隔离措施	在工作负责的监护下，1号杆上电工用绝缘操作杆按照与设置绝缘遮蔽措施相反的顺序，撤除两边相绝缘遮蔽隔离措施。应注意： 1）1号杆上电工应与带电体保持足够的距离（大于0.6m），绝缘操作杆的有效绝缘长度应大于0.9m； 2）防止高空落物
	12	工作验收	杆上电工检查施工质量： 1）杆上无遗漏物； 2）装置无缺陷符合运行条件； 3）向工作负责人汇报施工质量
	13	撤离杆塔	杆上电工逐次交错下杆。应注意： 1）下杆前，2号电工应先收起绝缘传递绳背在身上； 2）下杆时应全程使用安全带，防止高空坠落

6. 工作结束

√	序号	作业内容	步骤及要求
	1	工作负责人组织班组成员清理工具和现场	工作负责人组织班组成员整理工具、材料。将工器具清洁后放入专用的箱（袋）中。清理现场，做到"工完、料尽、场地清"
	2	工作负责人召开收工会	工作负责人组织召开现场收工会，做工作总结和点评工作： 1）正确点评本项工作的施工质量； 2）点评班组成员在作业中的安全措施的落实情况； 3）点评班组成员对规程的执行情况
	3	办理工作终结手续	工作负责人向调度汇报工作结束，并终结工作票

7. 验收记录

记录检修中发现的问题	
存在问题及处理意见	

8. **现场标准化作业指导书执行情况评估**

评估内容	符合性	优		可操作项	
		良		不可操作项	
	可操作性	优		修改项	
		良		遗漏项	
存在问题					
改进意见					

006 绝缘杆作业法接支接线路引线

1. 范围

本现场标准化作业指导书规定了绝缘杆作业法带电接 10kV××线××号杆（无跌落式熔断器的）支接线路引线的工作步骤和技术要求。装置结构为主导线三角形排列的架空单回路 90°T 接的架空分支线路。

本现场标准化作业指导书适用于绝缘杆作业法带电接 10kV××线××号杆支接线路引线。

2. 人员组合

本项目需要 4 人。

2.1 作业人员要求

√	序号	责任人	资质	人数
	1	工作负责人	应具有 3 年以上的配电带电作业实际工作经验,熟悉设备状况,具有一定组织能力和事故处理能力,并经工作负责人的专门培训,考试合格	1
	2	杆上电工（1 号和 2 号）	应通过配网不停电作业专项培训,考试合格并持有上岗证	2
	3	地面作业人员	应通过 10kV 配电线路专项培训,考试合格并持有上岗证	1

2.2 作业人员分工

√	序号	责任人	分工	责任人签名
	1		工作负责人	
	2		1 号杆上电工	
	3		2 号杆上电工	
	4		地面作业人员	

3. 工器具

领用绝缘工器具应核对工器具的使用电压等级和试验周期,并应检查外观完好无损。

工器具运输，应存放在专用的工具袋、工具箱或工具车内；金属工具和绝缘工器具应分开装运。

3.1 个人安全防护用具

√	序号	名称	规格/编号	单位	数量	备注
	1	绝缘安全帽	10kV	顶	2	
	2	绝缘手套	10kV	双	2	
	3	防护手套		双	2	
	4	绝缘衣（披肩）	10kV	件	2	
	5	安全带		副	2	
	6	后备保护绳		副	2	
	7	护目镜		副	2	
	8	普通安全帽		顶	4	

3.2 绝缘遮蔽工具

√	序号	名称	规格/编号	单位	数量	备注
	1	导线遮蔽罩	10kV	根	若干	根据实际情况配置
	2	横担绝缘子组合遮蔽罩	10kV	块	2	
	3	柱式绝缘子遮蔽罩	10kV	只	2	

3.3 绝缘工具

√	序号	名称	规格/编号	单位	数量	备注
	1	绝缘操作杆		副	1	设置绝缘遮蔽罩用
	2	线夹传送杆		副	1	
	3	绝缘锁杆		副	3	
	4	套筒操作杆		副	1	
	5	导线清扫杆		副	1	
	6	绝缘绳	ϕ12mm	根	1	

3.4 金属工具

√	序号	名称	规格/编号	单位	数量	备注
	1	断线钳		把	1	
	2	绝缘导线剥皮器		套	1	

3.5 仪器仪表

√	序号	名称	规格/编号	单位	数量	备注
	1	验电器	10kV	支	1	
	2	高压发生器	10kV	只	1	
	3	绝缘电阻检测仪	2500V	只	1	
	4	风速仪		只	1	
	5	温、湿度计		只	1	
	6	对讲机		套	若干	根据情况决定是否使用

3.6 其他工具

√	序号	名称	规格/编号	单位	数量	备注
	1	脚扣		副	2	
	2	防潮苫布		块	1	
	3	个人常用工具		套	1	
	4	安全遮栏、安全围绳		副	若干	
	5	标示牌	"从此进出!"	块	1	根据实际情况使用对应标示牌
	6	标示牌	"在此工作!"	块	2	
	7	路障	"前方施工,车辆慢行"	块	2	

3.7 材料

√	序号	名称	规格/编号	单位	数量	备注
	1	线夹		只	若干	
	2	扎线		米	若干	
	3	干燥清洁布		块	若干	

4. 危险点分析及安全控制措施

√	序号	危险点	安全控制措施	备注
	1	人身触电	1)作业人员必须穿戴齐全合格的个人绝缘防护用具(绝缘手套、绝缘安全帽、防护手套等),使用合格适当的绝缘工器具; 2)严格按照不停电作业操作规程中的遮蔽顺序(由近至远、由低到高、先带电体后接地体)进行遮蔽,绝缘遮蔽组合应保持不少于 0.2m 的重叠; 3)人体对带电体安全距离不小于 0.6m,绝缘操作杆有效绝缘长度不小于 0.9m; 4)接分支引线之前,应通确认待接分支线处于空载状态; 5)接分支引线时,应采取防摆动措施,要保持引线与人体、邻相及接地体之间的安全距离	

42

续表

√	序号	危险点	安全控制措施	备注
	2	高空坠落、物体打击	1）使用的工具、材料等应用绝缘绳索传递或装在工具袋内，禁止乱扔、乱放； 2）现场除指定人员外，禁止其他人员进入工作区域，地面电工在传递工具、材料不要在作业点正下方，防止掉物伤人； 3）作业现场按标准设置防护围栏，加强监护，禁止行人入内	

5. 作业程序

5.1　开工准备

√	序号	作业内容	步骤及要求
	1	现场复勘	工作负责人核对工作线路双重命名、杆号
			工作负责人检查线路装置是否具备不停电作业条件： 1）作业段电杆杆根、埋深、杆身质量是否满足要求； 2）分支线路1号杆的跌落式熔断器熔管已取下； 3）分支线路1号杆的跌落式熔断器负荷侧已挂好接地线，具备防倒送电的措施
			工作负责人检查气象条件（不需现场检查，但需在工作许可时汇报）： 1）天气应良好，无雷、雨、雪、雾； 2）风力：不大于5级； 3）气相对湿度不大于80%
			工作负责人检查工作票所列安全措施，必要时在工作票上补充安全技术措施
	2	执行工作许可制度	工作负责人与调度联系，确认许可工作
			工作负责人在工作票上签字
	3	召开现场站班会	工作负责人宣读工作票
			工作负责人检查工作班组成员精神状态、交代工作任务进行分工、交代工作中的安全措施和技术措施
			工作负责人检查班组各成员对工作任务分工、安全措施和技术措施是否明确
			班组各成员在工作票和作业指导书上签名确认
	4	布置工作现场	工作负责人组织班组成员设置工作现场的安全围栏、安全警示标志： 1）安全围栏的范围应考虑作业中高空坠落和高空落物的影响以及道路交通，必要时联系交通部门； 2）围栏的出入口应设置合理； 3）警示标示应包括"从此进出""在此工作"等，道路两侧应有"前方施工，车辆慢行"标示或路障
			班组成员按要求将绝缘工器具放在防潮苫布上： 1）防潮苫布应清洁、干燥； 2）工器具应按定置管理要求分类摆放； 3）绝缘工器具不能与金属工具、材料混放

√	序号	作业内容	步骤及要求
	5	工作负责人组织班组成员检查工器具	班组成员逐件对绝缘工器具进行外观检查： 1）检查人员应戴清洁、干燥的手套； 2）绝缘工具表面不应破损或有裂纹、变形损坏，操作应灵活； 3）个人安全防护用具和遮蔽、隔离用具应无针孔、砂眼、裂纹
			班组成员使用绝缘电阻检测仪分段检测绝缘工具的表面绝缘电阻值： 1）测量电极应符合规程要求（极宽 2cm、极间距 2cm）； 2）正确使用（自检、测量）绝缘电阻检测仪（应采用点测的方法，不应使电极在绝缘工具表面滑动，避免刮伤绝缘工具表面）； 3）绝缘电阻值不得低于 700MΩ
			绝缘工器具检查完毕，向工作负责人汇报检查结果
	6	登杆	杆上电杆穿戴好绝缘安全帽、绝缘披肩，并由工作负责人检查
			杆上电工对安全带、后备保护绳、脚扣进行冲击试验并检查。应注意：冲击试验的高度不应高于 0.5m
			获得工作负责人的许可后，杆上电工携带绝缘传递绳及工具袋登杆。应注意： 1）工具袋内，绝缘手套、手工工具、并沟线夹等应分开存放；绝缘传递绳应整捆背在 2 号杆上电工身上； 2）杆上电工应逐次交错登杆，1 号杆上电工的位置高于 2 号杆上电工； 3）登杆过程应全程使用安全带，不得脱离安全带的保护，防止高空坠落

5.2 作业过程

√	序号	作业内容	步骤及要求
	1	进入带电作业区域	杆上电工登杆至离带电体 2m 左右时，调整好各自的站位，再电杆上绑好后备保护绳，并戴好绝缘手套。应注意： 1）后备保护绳应稍高于安全带，起到高挂低用的作用，但不能挂在横担上； 2）进入带电作业区域后，不能随意摘下绝缘手套
	2	验电	在工作负责人的监护下，使用验电器确认作业现场无漏电现象。应注意： 1）验电时，必须戴绝缘手套； 2）验电前，应验电器进行自检，确认是否合格（在保证安全距离的情况下也可在带电体上进行）； 3）验电时，电工应与邻近的构件、导体保持足够的距离； 4）如横担等接地构件有电，不应继续进行
	3	清除主导线金属氧化物或脏污	在工作负责的监护下，1 号杆上电工用导线清扫杆去除主导线上引线搭接部位的金属氧化物或脏污。应注意： 1）1 号杆上电工应与带电体保持足够的安全距离（大于 0.6m），导线清扫杆的有效绝缘长度应大于 0.9m； 2）地面电工与杆上电工配合传递绝缘工具时，应使用绝缘传递绳，并注意避免工器具与电杆发生碰撞； 3）绝缘传递绳的尾端不应碰到潮湿的地面； 4）地面电杆不能随意踩踏防潮苫布； 5）防止高空落物

续表

√	序号	作业内容	步骤及要求
	4	设置绝缘遮蔽隔离措施	在工作负责的监护下，1 号杆上电工用绝缘操作杆按照"从下到上，由近及远"的原则，设置在主导线两边相绝缘遮蔽隔离措施。应注意： 1）每边相的绝缘遮蔽措施的设置部位及其顺序依次为：横担、支持绝缘子和导线； 2）1 号杆上电工应与带电体（主导线）保持足够的距离（大于 0.6m），绝缘操作杆的有效绝缘长度应大于 0.9m； 3）绝缘遮蔽应严实、牢固，导线遮蔽罩间重叠部分应大于 0.2m； 4）防止高空落物
	5	在瓷横担绝缘子上固结引线	1 号和 2 号杆上电工配合将中间引线用扎线固定到瓷横担绝缘子上。应注意： 1）1 号杆上电工应与带电体（主导线）保持足够的距离（大于 0.6m）； 2）应同时检查瓷横担绝缘子有无破损、调整好角度和安装的牢固程度； 3）引线在瓷横担绝缘子上固结牢固，且应绑扎在受力一侧的第一个瓷裙内； 4）固结引线时应防止引线弹跳
	6	试搭接引线	在工作负责的监护下，1 号和 2 号杆上电工调整站位高度、角度后，试搭接引线，调整好引线长度和朝向。应注意： 1）杆上电工与支接线路最下层导线（试搭时，引线触碰到主导线即使支接线路带电）的距离应大于 0.6m； 2）绝缘工具的有效绝缘长度应是"支接线路最下层导线"到"作业人员手持部位"的长度减去中间的金属接续长度。应大于 0.9m； 3）试搭接的顺序应为"先两边相，最后中间相"； 4）每相引线应单独使用 1 副绝缘锁杆进行试搭，试搭完毕将绝缘锁杆挂支接横担上。引线尾端均应向装置外侧稍做倾斜
	7	搭接中间相引线	在工作负责的监护下，1 号和 2 号杆上电工配合搭接好中间相引线。搭接方法如下： 1）用线夹传送杆将并沟线夹传送到主导线搭接部位（已清除金属氧化物或脏污）上。为防止并沟线夹脱离主导线，线夹传送杆宜向下用力； 2）用绝缘锁杆将引线放入并沟线夹另一线槽内。为防止引线滑出线槽，锁杆宜向上用力； 3）用套筒操作杆紧固并沟线夹。为防止并沟线夹垫片歪斜，宜将套筒操作杆套筒对准螺杆一次性顶入。 应注意： 1）杆上电工与支接线路最下层导线的距离应大于 0.6m； 2）绝缘工具的有效绝缘长度应是"支接线路最下层导线"到"作业人员手持部位"的长度减去中间的金属接续长度。应大于 0.9m； 3）在传送引线时，应注意引线与电杆之间的距离，并防止其超出绝缘遮蔽措施的遮蔽范围。引线宜从装置外侧向上传送，且引线端头宜朝向电杆； 4）在传送引线时，应控制住引线防止从锁杆中脱落； 5）中间相引线搭接后，支接线路未搭接相的导线应视作有电导体； 6）防止高空落物。 引线的搭接工艺和质量应符合施工和验收规范的要求： 1）每相引线的并沟线夹不少于 2 个，引线穿出线夹的长度为 2～3cm，并沟线夹之间应留出一个线夹的宽度； 2）并沟线夹垫片整齐无歪斜现象，搭接紧密； 3）引线长度适宜，弧度均匀； 4）引线无散股、断股现象； 5）引线与电杆之间保持安全距离

续表

√	序号	作业内容	步骤及要求
	8	搭接近侧边相引线	在工作负责的监护下，1 号和 2 号杆上电工调整好站位，用绝缘操作杆调整主导线上的绝缘遮蔽隔离措施，露出引线搭接位置后，按照与中间相相同的步骤和要求配合搭接好近侧边相引线。应注意：引线与引线之间保持足够的安全距离
	9	搭接另边相引线	在工作负责的监护下，1 号和 2 号杆上电工调整好站位，用绝缘操作杆调整主导线上的绝缘遮蔽隔离措施，露出引线搭接位置后，按照与中间相相同的步骤和要求配合搭接好另边相引线
	10	撤除绝缘遮蔽隔离措施	在工作负责的监护下，1 号杆上电工用绝缘操作杆按照与设置绝缘遮蔽措施相反的顺序，撤除两边相绝缘遮蔽隔离措施。应注意： 1）1 号杆上电工应与带电体保持足够的距离（大于 0.6m），绝缘操作杆的有效绝缘长度应大于 0.9m； 2）防止高空落物
	11	工作验收	杆上电工检查施工质量： 1）杆上无遗漏物； 2）装置无缺陷符合运行条件； 3）向工作负责人汇报施工质量
	12	撤离杆塔	杆上电工逐次交错下杆。应注意：下杆时应全程使用安全带，防止高空坠落

6. 工作结束

√	序号	作业内容	步骤及要求
	1	工作负责人组织班组成员清理工具和现场	工作负责人组织班组成员整理工具、材料。将工器具清洁后放入专用的箱（袋）中。清理现场，做到"工完、料尽、场地清"
	2	工作负责人召开收工会	工作负责人组织召开现场收工会，做工作总结和点评工作： 1）正确点评本项工作的施工质量； 2）点评班组成员在作业中的安全措施的落实情况； 3）点评班组成员对规程的执行情况
	3	办理工作终结手续	工作负责人向调度汇报工作结束，并终结工作票

7. 验收记录

记录检修中发现的问题	
存在问题及处理意见	

8. 现场标准化作业指导书执行情况评估

评估内容	符合性	优		可操作项	
		良		不可操作项	
	可操作性	优		修改项	
		良		遗漏项	
存在问题					
改进意见					

第三章　第二类作业项目

第一节　普通消缺及装拆附件

007　绝缘手套作业法清除异物、加装或拆除接地环、驱鸟器、故障指示器及附件

1. 范围

本现场标准化作业指导书规定了采用绝缘斗臂车绝缘手套作业法带电安装 10kV××线××号杆验电接地环的工作步骤和技术要求。

本现场标准化作业指导书适用于绝缘斗臂车绝缘手套作业法带电安装 10kV××线××号杆验电接地环。

2. 人员组合

本项目需要 4 人。

2.1　作业人员要求

√	序号	责任人	资质	人数
	1	工作负责人	应具有 3 年以上的配电带电作业实际工作经验，熟悉设备状况，具有一定组织能力和事故处理能力，并经工作负责人的专门培训，考试合格	1
	2	斗内电工	应通过配网不停电作业专项培训，考试合格并持有上岗证	2
	3	地面电工	应通过 10 kV 配电线路专项培训，考试合格并持有上岗证	1

2.2　作业人员分工

√	序号	责任人	分工	责任人签名
	1		工作负责人	
	2		1 号斗内电工	
	3		2 号斗内电工	
	4		地面电工	

3. 工器具

领用绝缘工器具应核对工器具的使用电压等级和试验周期，并应检查外观完好无损。

工器具运输，应存放在专用的工具袋、工具箱或工具车内；金属工具和绝缘工器具应分开装运。

3.1 装备

√	序号	名称	规格/编号	单位	数量	备注
	1	绝缘斗臂车		辆	1	

3.2 个人安全防护用具

√	序号	名称	规格/编号	单位	数量	备注
	1	绝缘安全帽	10kV	顶	2	
	2	绝缘手套	10kV	双	2	
	3	防护手套		双	2	
	4	绝缘衣（披肩）	10kV	件	2	
	5	斗内绝缘安全带		副	2	
	6	护目镜		副	2	
	7	普通安全帽		顶	4	

3.3 绝缘遮蔽工具

√	序号	名称	规格/编号	单位	数量	备注
	1	导线遮蔽罩	10kV	根	若干	根据实际情况配置
	2	绝缘毯	10kV	块	若干	根据实际情况配置
	3	绝缘毯夹	10kV	只	若干	根据实际情况配置
	4	引流线遮蔽罩		根	若干	根据实际情况配置

3.4 绝缘工具

√	序号	名称	规格/编号	单位	数量	备注
	1	绝缘绳		根	1	
	2	接地环		个	1	根据实际情况配置
	3	卡线头		个	2	
	4	手工工具		套	1	13 寸棘轮扳手等

3.5　仪器仪表

√	序号	名称	规格/编号	单位	数量	备注
	1	验电器	10kV	支	1	
	2	高压发生器	10kV	只	1	
	3	绝缘电阻检测仪	2500V	只	1	
	4	风速仪		只	1	
	5	温、湿度计		只	1	
	6	对讲机		套	若干	根据情况决定是否使用

3.6　其他工具

√	序号	名称	规格/编号	单位	数量	备注
	1	防潮苫布		块	1	
	2	个人常用工具		套	1	
	3	安全遮栏、安全围绳		副	若干	
	4	标示牌	"从此进出！"	块	1	根据实际情况使用对应标示牌
	5	标示牌	"在此工作！"	块	2	
	6	路障	"前方施工，车辆慢行"	块	2	

3.7　材料

√	序号	名称	规格/编号	单位	数量	备注
	1	接地环		副	3	
	2	驱鸟器		个	3	
	3	故障指示器		个	3	
	4	干燥清洁布		块	若干	

4. 危险点分析及安全控制措施

√	序号	危险点	安全控制措施	备注
	1	人身触电	1）作业人员必须穿戴齐全合格的个人绝缘防护用具（绝缘手套、绝缘安全帽、防护手套等），使用合格适当的绝缘工器具； 2）严格按照不停电作业操作规程中的遮蔽顺序（由近至远、由低到高、先带电体后接地体）进行遮蔽，绝缘遮蔽组合应保持不少于 0.2m 的重叠； 3）人体对带电体应有足够安全距离，斗臂车金属臂回转升降过程中与带电体间的安全距离不应小于 1.1m，安全距离不足应有绝缘隔离措施，斗臂车的伸缩式绝缘臂有效长度不小于 1.2m； 4）斗臂车需可靠接地； 5）斗内作业人员严禁同时接触不同电位物体	

续表

√	序号	危险点	安全控制措施	备注
	2	高空坠落、物体打击	1）斗内作业人员必须系好绝缘安全带，戴好绝缘安全帽； 2）使用的工具、材料等应用绝缘绳索传递或装在工具袋内，禁止乱扔、乱放； 3）现场除指定人员外，禁止其他人员进入工作区域，地面电工在传递工具、材料不要在作业点正下方，防止掉物伤人； 4）执行《带电作业绝缘斗臂车使用管理办法》； 5）作业现场按标准设置防护围栏，加强监护，禁止行人入内； 6）斗臂车绝缘斗升降过程中注意避开带电体、接地体及障碍物。绝缘斗升降、移动时应防止绝缘臂被过往车辆刮碰，绝缘斗位置固定后绝缘臂应在围栏保护范围内	

5. 作业程序

5.1 开工准备

√	序号	作业内容	步骤及要求
	1	现场复勘	工作负责人核对工作线路双重命名、杆号
			工作负责人检查环境是否符合作业要求： 1）地面平整结实； 2）地面倾斜度不大于 7°或斗臂车说明书规定的角度
			工作负责人检查线路装置是否具备不停电作业条件：作业段电杆杆根、埋深、杆身质量是否满足要求
			工作负责人检查气象条件（不需现场检查，但需在工作许可时汇报）： 1）天气应良好，无雷、雨、雪、雾； 2）风力：不大于 5 级； 3）气相对湿度不大于 80%
			工作负责人检查工作票所列安全措施是否完备，必要时在工作票上补充安全技术措施
	2	执行工作许可制度	工作负责人与调度联系，确认许可工作
			工作负责人在工作票上签字
	3	召开现场站班会	工作负责人宣读工作票
			工作负责人检查工作班组成员精神状态、交代工作任务进行分工、交代工作中的安全措施和技术措施
			工作负责人检查班组各成员对工作任务分工、安全措施和技术措施是否明确
			班组各成员在工作票和作业指导书上签名确认
	4	停放绝缘斗臂车	斗臂车驾驶员将绝缘斗臂车位置停放到适当位置： 1）停放的位置应便于绝缘斗臂车绝缘斗达到作业位置，避开附近电力线和障碍物。并能保证作业时绝缘斗臂车的绝缘臂有效绝缘长度； 2）停放位置坡度不大于 7°

续表

√	序号	作业内容	步骤及要求
	4	停放绝缘斗臂车	斗臂车操作人员支放绝缘斗臂车支腿： 1）不应支放在沟道盖板上； 2）软土地面应使用垫块或枕木； 3）支腿顺序应正确（"H"型支腿的车型，应先伸出水平支腿，再伸出垂直支腿；在坡地停放，应先支"前支腿"，后支"后支腿"）； 4）支撑应到位。车辆前后、左右呈水平
			斗臂车操作人员将绝缘斗臂车可靠接地： 1）接地线应采用有透明护套的不小于16mm²的多股软铜线； 2）临时接地体埋深应不少于0.6m
	5	布置工作现场	工作负责人组织班组成员设置工作现场的安全围栏、安全警示标志： 1）安全围栏的范围应考虑作业中高空坠落和高空落物的影响以及道路交通，必要时联系交通部门； 2）围栏的出入口应设置合理； 3）警示标示应包括"从此进出""在此工作"等，道路两侧应有"前方施工，车辆慢行"标示或路障
			班组成员按要求将绝缘工器具放在防潮苫布上： 1）防潮苫布应清洁、干燥； 2）工器具应按管理要求分类摆放； 3）绝缘工器具不能与金属工具、材料混放
	6	工作负责人组织班组成员检查工器具	班组成员逐件对绝缘工器具进行外观检查： 1）检查人员应戴清洁、干燥的手套； 2）绝缘工具表面不应有裂纹、变形损坏，操作应灵活； 3）个人安全防护用具和遮蔽、隔离用具应无针孔、砂眼、裂纹； 4）检查斗内专用绝缘安全带外观，并作冲击试验
			班组成员使用绝缘电阻检测仪分段检测绝缘工具的表面绝缘电阻值： 1）测量电极应符合规程要求（极宽2cm、极间距2cm）； 2）正确使用（自检、测量）绝缘电阻检测仪（应采用点测的方法，不应使电极在绝缘工具表面滑动，避免刮伤绝缘工具表面）； 3）绝缘电阻值不得低于700MΩ
			绝缘工器具检查完毕，向工作负责人汇报检查结果
	7	检查绝缘斗臂车	斗内电工检查绝缘斗臂车表面状况：绝缘斗、绝缘臂应清洁、无裂纹损伤
			斗内电工试操作绝缘斗臂车： 1）试操作应空斗进行； 2）试操作应充分，有回转、升降、伸缩的过程。确认液压、机械、电气系统正常可靠、制动装置可靠
			绝缘斗臂车检查和试操作完毕，斗内电工向工作负责人汇报检查结果
	8	斗内电工进入绝缘斗臂车绝缘斗	斗内电工穿戴好个人安全防护用具： 1）个人安全防护用具包括绝缘帽、绝缘衣（披肩）、绝缘手套（带防穿刺手套）等； 2）工作负责人应检查斗内电工个人防护用具的穿戴是否正确
			斗内电工携带工器具进入绝缘斗，工器具应分类放置，工具和人员重量不得超过绝缘斗额定载荷
			斗内电工将斗内专用绝缘安全带系挂在斗内专用挂钩上

5.2 作业过程

√	序号	作业内容	步骤及要求
	1	进入带电作业区域	斗内电工经工作负责人许可后，操作绝缘斗臂车，进入带电作业区域，绝缘斗移动应平稳匀速，在进入带电作业区域时： 1）应无大幅晃动现象； 2）绝缘斗下降、上升的速度不应超过 0.4m/s； 3）绝缘斗边沿的最大线速度不应超过 0.5m/s； 4）转移绝缘斗时应注意绝缘斗臂车周围杆塔、线路等情况，绝缘臂的金属部位与带电体和地电位物体的距离大于 1.1m； 5）进入带电作业区域作业后，绝缘斗臂车绝缘臂的有效绝缘长度不应小于 1.2m
	2	验电	在工作负责人的监护下，使用验电器确认作业现场无漏电现象。应注意： 1）验电时，必须戴绝缘手套； 2）验电前，应验电器进行自检，确认是否合格（在保证安全距离的情况下也可在带电体上进行）； 3）验电时，电工应与邻近的构件、导体保持足够的距离； 4）如横担等接地构件有电，不应继续进行
	3	设置绝缘遮蔽隔离措施	获得工作负责人的许可后，斗内电工转移绝缘斗至近边相合适工作位置，按照"从近到远、从下到上、先带电体后接地体"的原则对作业中可能触及的部位进行绝缘遮蔽，其余两相绝缘遮蔽按照相同方法进行： 1）斗内电工动作应轻缓并保持足够安全距离； 2）绝缘遮蔽隔离措施应严密、牢固，绝缘遮蔽组合的重叠距离不得小于 0.2m
	4	清除异物	获得工作负责人的许可后，斗内电工清除异物： 1）斗内电工拆除异物时，需站在上风侧，应采取措施防止异物落下伤人等； 2）地面电工配合将异物放至地面
		扶正绝缘子	获得工作负责人的许可后，斗内电工扶正绝缘子，紧固绝缘子螺栓。如需扶正中间相绝缘子，则两边相和中间相不能满足安全距离带电体和接地体均需进行绝缘遮蔽
		调节导线弧垂	获得工作负责人的许可后，斗内电工将绝缘斗调整到近边相导线外侧适当位置，将绝缘绳套安装在耐张横担上，安装绝缘紧线器，收紧导线，并安装防止跑线的后备保护绳
			斗内电工视导线弧垂大小调整耐张线夹内的导线
			其余两相调节导线弧垂工作按相同方法进行
		加装接地环	斗内电工将绝缘斗调整到中间相导线下侧，安装验电接地环
			其余两相验电接地环安装工作按相同方法进行（应先中间相、后远边相、最后近边相顺序，也可视现场实际情况由远到近依次进行）
		加装故障指示器	斗内电工将绝缘斗调整到中间相导线下侧，将故障指示器安装在导线上，安装完毕后拆除中间相绝缘遮蔽措施。其余两相按相同方法进行。加装故障指示器应先中间相、再远边相、最后近边相顺序，也可视现场实际情况由远到近依次进行

√	序号	作业内容	步骤及要求
	4	加装驱鸟器	斗内电工将绝缘斗调整到需安装驱鸟器的横担处，将驱鸟器安装到横担上，并紧固螺栓。加装驱鸟器应按照先远后近的顺序，也可视现场实际情况由近到远依次进行
	5	拆除绝缘遮蔽隔离措施	获得工作负责人的许可后，按照"从远到近、从上到下、先接地体后带电体"的原则拆除绝缘遮蔽隔离措施
	6	工作验收	斗内电工撤出带电作业区域。撤出带电作业区域时： 1）应无大幅晃动现象； 2）绝缘斗下降、上升的速度不应超过 0.4m/s； 3）绝缘斗边沿的最大线速度不应超过 0.5m/s
			斗内电工检查施工质量： 1）杆上无遗漏物； 2）装置无缺陷符合运行条件； 3）向工作负责人汇报施工质量
	7	撤离杆塔	下降绝缘斗返回地面、收回绝缘臂时应注意绝缘斗臂车周围杆塔、线路等情况

6. 工作结束

√	序号	作业内容	步骤及要求
	1	工作负责人组织班组成员清理工具和现场	绝缘斗臂车各部件复位，收回绝缘斗臂车支腿
			工作负责人组织班组成员整理工具、材料。将工器具清洁后放入专用的箱（袋）中。清理现场，做到"工完、料尽、场地清"
	2	工作负责人召开收工会	工作负责人组织召开现场收工会，做工作总结和点评工作： 1）正确点评本项工作的施工质量； 2）点评班组成员在作业中的安全措施的落实情况； 3）点评班组成员对规程的执行情况
	3	办理工作终结手续	工作负责人向调度汇报工作结束，并终结工作票

7. 验收记录

记录检修中发现的问题	
存在问题及处理意见	

8. 现场标准化作业指导书执行情况评估

评估内容	符合性	优		可操作项	
		良		不可操作项	
	可操作性	优		修改项	
		良		遗漏项	
存在问题					
改进意见					

第二节 带电辅助加装或拆除绝缘屏蔽

008 绝缘手套作业法带电加装或拆除设备套管

1. 范围

本现场标准化作业指导书规定了绝缘手套作业法带电加装或拆除 10kV××线××号杆设备套管的工作步骤和技术要求。

本现场标准化作业指导书适用于绝缘手套作业法带电加装或拆除 10kV××线××号杆设备套管。

2. 人员组合

本项目需要 4 人。

2.1 作业人员要求

√	序号	责任人	资质	人数
	1	工作负责人	应具有 3 年以上的配电带电作业实际工作经验，熟悉设备状况，具有一定组织能力和事故处理能力，并经工作负责人的专门培训，考试合格	1
	2	杆上电工（1 号和 2 号）	应通过配网不停电作业专项培训，考试合格并持有上岗证	2
	3	地面作业人员	应通过 10kV 配电线路专项培训，考试合格并持有上岗证	1

2.2 作业人员分工

√	序号	责任人	分工	责任人签名
	1		工作负责人	
	2		1 号杆上电工	
	3		2 号杆上电工	
	4		地面作业人员	

3. 工器具

领用绝缘工器具应核对工器具的使用电压等级和试验周期，并应检查外观完好无损。

工器具运输，应存放在专用的工具袋、工具箱或工具车内；金属工具和绝缘工器具应分开装运。

3.1 装备

√	序号	名称	规格/编号	单位	数量	备注
	1	绝缘斗臂车		辆	1	

3.2 个人安全防护用具

√	序号	名称	规格/编号	单位	数量	备注
	1	绝缘安全帽	10kV	顶	2	
	2	绝缘手套	10kV	双	2	
	3	防护手套		双	2	
	4	绝缘衣（披肩）	10kV	件	2	
	5	斗内绝缘安全带		副	2	
	6	护目镜		副	2	
	7	普通安全帽		顶	4	

3.3 绝缘遮蔽工具

√	序号	名称	规格/编号	单位	数量	备注
	1	导线遮蔽罩	10kV	根	若干	根据实际情况配置
	2	绝缘毯	10kV	块	若干	根据实际情况配置
	3	绝缘毯夹	10kV	只	若干	根据实际情况配置

3.4 绝缘工具

√	序号	名称	规格/编号	单位	数量	备注
	1	绝缘绳	10kV	根	1	
	2	手工工具		套	1	根据实际情况配置

3.5 仪器仪表

√	序号	名称	规格/编号	单位	数量	备注
	1	验电器	10kV	支	1	
	2	高压发生器	10kV	只	1	
	3	绝缘电阻检测仪	2500V	只	1	
	4	风速仪		只	1	
	5	温、湿度计		只	1	
	6	对讲机		套	若干	根据情况决定是否使用

3.6 其他工具

√	序号	名称	规格/编号	单位	数量	备注
	1	防潮苫布		块	1	
	2	个人常用工具		套	1	
	3	安全遮栏、安全围绳		副	若干	
	4	标示牌	"从此进出！"	块	1	根据实际情况使用对应标示牌
	5	标示牌	"在此工作！"	块	2	
	6	路障	"前方施工，车辆慢行"	块	2	

3.7 材料

√	序号	名称	规格/编号	单位	数量	备注
	1	接地环		副	3	
	2	干燥清洁布		块	若干	

4. 危险点分析及安全控制措施

√	序号	危险点	安全控制措施	备注
	1	人身触电	1）作业人员必须穿戴合格的个人绝缘防护用具（绝缘手套、绝缘安全帽、防护手套等），使用合格适当的绝缘工器具； 2）严格按照不停电作业操作规程中的遮蔽顺序（由近至远、由低到高、先带电体后接地体）进行遮蔽，绝缘遮蔽组合应保持不少于 0.2m 的重叠； 3）人体对带电体应有足够安全距离，斗臂车金属臂回转升降过程中与带电体间的安全距离不应小于 1.1m，安全距离不足应有绝缘隔离措施，斗臂车的伸缩式绝缘臂有效长度不小于 1.2m； 4）斗臂车需可靠接地； 5）斗内作业人员严禁同时接触不同电位物体	
	2	高空坠落、物体打击	1）斗内作业人员必须系好绝缘安全带，戴好绝缘安全帽； 2）使用的工具、材料等应用绝缘绳索传递或装在工具袋内，禁止乱扔、乱放； 3）现场除指定人员外，禁止其他人员进入工作区域，地面电工在传递工具、材料不要在作业点正下方，防止掉物伤人； 4）执行《带电作业绝缘斗臂车使用管理办法》； 5）作业现场按标准设置防护围栏，加强监护，禁止行人入内； 6）斗臂车绝缘斗升降过程中注意避开带电体、接地体及障碍物。绝缘斗升降、移动时应防止绝缘臂被过往车辆刮碰，绝缘斗位置固定后绝缘臂应在围栏保护范围内	

5. 作业程序

5.1　开工准备

√	序号	作业内容	步骤及要求
	1	现场复勘	工作负责人核对工作线路双重命名、杆号
			工作负责人检查环境是否符合作业要求： 1）地面平整结实； 2）地面倾斜度不大于7°或斗臂车说明书规定的角度
			工作负责人检查线路装置是否具备不停电作业条件：作业段电杆杆根、埋深、杆身质量是否满足要求
			工作负责人检查气象条件（不需现场检查，但需在工作许可时汇报）： 1）天气应良好，无雷、雨、雪、雾； 2）风力：不大于5级； 3）气相对湿度不大于80%
			工作负责人检查工作票所列安全措施是否完备，必要时在工作票上补充安全技术措施
	2	执行工作许可制度	工作负责人与调度联系，确认许可工作
			工作负责人在工作票上签字
	3	召开现场站班会	工作负责人宣读工作票
			工作负责人检查工作班组成员精神状态、交代工作任务进行分工、交代工作中的安全措施和技术措施
			工作负责人检查班组各成员对工作任务分工、安全措施和技术措施是否明确
			班组各成员在工作票和作业指导书上签名确认
	4	停放绝缘斗臂车	斗臂车驾驶员将绝缘斗臂车位置停放到适当位置： 1）停放的位置应便于绝缘斗臂车绝缘斗达到作业位置，避开附近电力线和障碍物。并能保证作业时绝缘斗臂车的绝缘臂有效绝缘长度； 2）停放位置坡度不大于7°，绝缘斗臂车应顺线路停放
			斗臂车操作人员支放绝缘斗臂车支腿： 1）不应支放在沟道盖板上； 2）软土地面应使用垫块或枕木； 3）支腿顺序应正确（"H"型支腿的车型，应先伸出水平支腿，再伸出垂直支腿；在坡地停放，应先支"前支腿"，后支"后支腿"）； 4）支撑应到位。车辆前后、左右呈水平
			斗臂车操作人员将绝缘斗臂车可靠接地： 1）接地线应采用有透明护套的不小于16mm²的多股软铜线； 2）临时接地体埋深应不少于0.6m
	5	布置工作现场	工作负责人组织班组成员设置工作现场的安全围栏、安全警示标志： 1）安全围栏的范围应考虑作业中高空坠落和高空落物的影响以及道路交通，必要时联系交通部门； 2）围栏的出入口应设置合理； 3）警示标示应包括"从此进出""在此工作"等，道路两侧应有"前方施工，车辆慢行"标示或路障

续表

√	序号	作业内容	步骤及要求
	5	布置工作现场	班组成员按要求将绝缘工器具放在防潮苫布上： 1）防潮苫布应清洁、干燥； 2）工器具应按管理要求分类摆放； 3）绝缘工器具不能与金属工具、材料混放
	6	工作负责人组织班组成员检查工器具	班组成员逐件对绝缘工器具进行外观检查： 1）检查人员应戴清洁、干燥的手套； 2）绝缘工具表面不应有裂纹、变形损坏，操作应灵活； 3）个人安全防护用具和遮蔽、隔离用具应无针孔、砂眼、裂纹； 4）检查斗内专用绝缘安全带外观，并作冲击试验
			班组成员使用绝缘电阻检测仪分段检测绝缘工具的表面绝缘电阻值： 1）测量电极应符合规程要求（极宽 2cm、极间距 2cm）； 2）正确使用（自检、测量）绝缘电阻检测仪（应采用点测的方法，不应使电极在绝缘工具表面滑动，避免刮伤绝缘工具表面）； 3）绝缘电阻值不得低于 700MΩ
			绝缘工器具检查完毕，向工作负责人汇报检查结果
	7	检查绝缘斗臂车	斗内电工检查绝缘斗臂车表面状况：绝缘斗、绝缘臂应清洁、无裂纹损伤
			斗内电工试操作绝缘斗臂车： 1）试操作应空斗进行； 2）试操作应充分，有回转、升降、伸缩的过程。确认液压、机械、电气系统正常可靠、制动装置可靠
			绝缘斗臂车检查和试操作完毕，斗内电工向工作负责人汇报检查结果
	8	斗内电工进入绝缘斗臂车绝缘斗	斗内电工穿戴好个人安全防护用具： 1）个人安全防护用具包括绝缘帽、绝缘衣（披肩）、绝缘手套（带防穿刺手套）等； 2）工作负责人应检查斗内电工个人防护用具的穿戴是否正确； 3）斗内电工携带工器具进入绝缘斗，工器具应分类放置，工具和人员重量不得超过绝缘斗额定载荷； 4）斗内电工将斗内专用绝缘安全带系挂在斗内专用挂钩上

5.2 作业过程

√	序号	作业内容	步骤及要求
	1	进入带电作业区域	斗内电工经工作负责人许可后，操作绝缘斗臂车，进入带电作业区域，绝缘斗移动应平稳匀速，在进入带电作业区域时： 1）应无大幅晃动现象； 2）绝缘斗下降、上升的速度不应超过 0.4m/s； 3）绝缘斗边沿的最大线速度不应超过 0.5m/s； 4）转移绝缘斗时应注意绝缘斗臂车周围杆塔、线路等情况，绝缘臂的金属部位与带电体和地电位物体的距离大于 1.1m； 5）进入带电作业区域作业后，绝缘斗臂车绝缘臂的有效绝缘长度不应小于 1.2m

√	序号	作业内容	步骤及要求
	2	验电	在工作负责人的监护下，使用验电器确认作业现场无漏电现象。应注意： 1）验电时，必须戴绝缘手套； 2）验电前，应验电器进行自检，确认是否合格（在保证安全距离的情况下也可在带电体上进行）； 3）验电时，电工应与邻近的构件、导体保持足够的距离； 4）如横担等接地构件有电，不应继续进行
	3	设置绝缘遮蔽隔离措施	获得工作负责人的许可后，斗内电工转移绝缘斗至近边相合适工作位置，按照"从近到远、从下到上、先带电体后接地体"的原则对作业中可能触及的部位进行绝缘遮蔽隔离： 1）斗内电工动作应轻缓并保持足够安全距离； 2）绝缘遮蔽隔离措施应严密、牢固，绝缘遮蔽组合的重叠距离不得小于 0.2m
	4	设置远边相绝缘遮蔽隔离措施	获得工作负责人的许可后，斗内电工转移绝缘斗至近边相合适工作位置，按照相同的方法设置绝缘遮蔽隔离措施
	5	加装或拆除设备套管	获得工作负责人的许可后，斗内电工进行加装或拆除设备套管工作
	6	拆除绝缘遮蔽隔离措施	获得工作负责人的许可后，按照"从远到近、从上到下、先接地体后带电体"的原则拆除绝缘遮蔽隔离措施
	7	工作验收	斗内电工撤出带电作业区域。撤出带电作业区域时： 1）应无大幅晃动现象； 2）绝缘斗下降、上升的速度不应超过 0.4m/s； 3）绝缘斗边沿的最大线速度不应超过 0.5m/s
			斗内电工检查施工质量： 1）杆上无遗漏物； 2）装置无缺陷符合运行条件； 3）向工作负责人汇报施工质量
	8	撤离杆塔	下降绝缘斗返回地面、收回绝缘臂时应注意绝缘斗臂车周围杆塔、线路等情况

6. 工作结束

√	序号	作业内容	步骤及要求
	1	工作负责人组织班组成员清理工具和现场	绝缘斗臂车各部件复位，收回绝缘斗臂车支腿
			工作负责人组织班组成员整理工具、材料。将工器具清洁后放入专用的箱（袋）中。清理现场，做到"工完、料尽、场地清"
	2	工作负责人召开收工会	工作负责人组织召开现场收工会，做工作总结和点评工作： 1）正确点评本项工作的施工质量； 2）点评班组成员在作业中的安全措施的落实情况； 3）点评班组成员对规程的执行情况
	3	办理工作终结手续	工作负责人向调度汇报工作结束，并终结工作票

7. 验收记录

记录检修中发现的问题	
存在问题及处理意见	

8. 现场标准化作业指导书执行情况评估

评估内容	符合性	优		可操作项	
		良		不可操作项	
	可操作性	优		修改项	
		良		遗漏项	
存在问题					
改进意见					

第三节　带电更换避雷器

009　绝缘手套作业法更换避雷器

1. 范围

本现场标准化作业指导书规定了采用绝缘斗臂车绝缘手套作业法带电更换 10kV××线××号杆电源侧三相避雷器的工作步骤和技术要求。

本现场标准化作业指导书适用于绝缘斗臂车绝缘手套作业法带电更换 10kV××线××号杆电源侧三相避雷器。

2. 人员组合

本项目需要 4 人。

2.1　作业人员要求

√	序号	责任人	资质	人数
	1	工作负责人	应具有 3 年以上的配电带电作业实际工作经验，熟悉设备状况，具有一定组织能力和事故处理能力，并经工作负责人的专门培训，考试合格	1
	2	斗内电工	应通过配网不停电作业专项培训，考试合格并持有上岗证	2
	3	地面电工	应通过 10kV 配电线路专项培训，考试合格并持有上岗证	1

2.2　作业人员分工

√	序号	责任人	分工	责任人签名
	1		工作负责人	
	2		1 号斗内电工	
	3		2 号斗内电工	
	4		地面电工	

3. 工器具

领用绝缘工器具应核对工器具的使用电压等级和试验周期，并应检查外观完好无损。

工器具运输，应存放在专用的工具袋、工具箱或工具车内；金属工具和绝缘工器具应分开装运。

3.1　装备

√	序号	名称	规格/编号	单位	数量	备注
	1	绝缘斗臂车		辆	1	

3.2　个人安全防护用具

√	序号	名称	规格/编号	单位	数量	备注
	1	绝缘安全帽	10kV	顶	2	
	2	绝缘手套	10kV	双	2	
	3	防护手套		双	2	
	4	绝缘衣（披肩）	10kV	件	2	
	5	斗内绝缘安全带		副	2	
	6	护目镜		副	2	
	7	普通安全帽		顶	4	

3.3　绝缘遮蔽工具

√	序号	名称	规格/编号	单位	数量	备注
	1	导线遮蔽罩	10kV	根	若干	根据实际情况配置
	2	绝缘毯	10kV	块	若干	根据实际情况配置
	3	绝缘毯夹	10kV	只	若干	根据实际情况配置

3.4　绝缘工具

√	序号	名称	规格/编号	单位	数量	备注
	1	绝缘绳	10kV	根	1	
	2	绝缘操作杆	10kV	根	1	

3.5 仪器仪表

√	序号	名称	规格/编号	单位	数量	备注
	1	验电器	10kV	支	1	
	2	高压发生器	10kV	只	1	
	3	绝缘电阻检测仪	2500V	只	1	
	4	风速仪		只	1	
	5	温、湿度计		只	1	
	6	对讲机		套	若干	根据情况决定是否使用

3.6 其他工具

√	序号	名称	规格/编号	单位	数量	备注
	1	防潮苫布		块	1	
	2	个人常用工具		套	1	
	3	安全遮栏、安全围绳		副	若干	
	4	标示牌	"从此进出！"	块	1	根据实际情况使用对应标示牌
	5	标示牌	"在此工作！"	块	2	
	6	路障	"前方施工，车辆慢行"	块	2	

3.7 材料

√	序号	名称	规格/编号	单位	数量	备注
	1	避雷器		只	3	
	2	线夹		只	若干	
	3	干燥清洁布		块	若干	

4. 危险点分析及安全控制措施

√	序号	危险点	安全控制措施	备注
	1	人身触电	1）作业人员必须穿戴合格的个人绝缘防护用具（绝缘手套、绝缘安全帽、防护手套等），使用合格适当的绝缘工器具； 2）严格按照不停电作业操作规程中的遮蔽顺序（由近至远、由低到高、先带电体后接地体）进行遮蔽，绝缘遮蔽组合应保持不少于 0.2m 的重叠； 3）人体对带电体应有足够安全距离，斗臂车金属臂回转升降过程中与带电体间的安全距离不应小于 1.1m，安全距离不足应有绝缘隔离措施，斗臂车的伸缩式绝缘臂有效长度不小于 1.2m； 4）斗臂车需可靠接地； 5）斗内作业人员严禁同时接触不同电位物体； 6）断接避雷器上引线时，应采取防摆动措施，要保持引线与人体、邻相及接地体之间的安全距离	

续表

√	序号	危险点	安全控制措施	备注
	2	高空坠落、物体打击	1）斗内作业人员必须系好绝缘安全带，戴好绝缘安全帽； 2）使用的工具、材料等应用绝缘绳索传递或装在工具袋内，禁止乱扔、乱放； 3）现场除指定人员外，禁止其他人员进入工作区域，地面电工在传递工具、材料不要在作业点正下方，防止掉物伤人； 4）执行《带电作业绝缘斗臂车使用管理办法》； 5）作业现场按标准设置防护围栏，加强监护，禁止行人入内； 6）斗臂车绝缘斗升降过程中注意避开带电体、接地体及障碍物。绝缘斗升降、移动时应防止绝缘臂被过往车辆刮碰，绝缘斗位置固定后绝缘臂应在围栏保护范围内	

5. 作业程序

5.1 开工准备

√	序号	作业内容	步骤及要求
	1	现场复勘	工作负责人核对工作线路双重命名、杆号
			工作负责人检查环境是否符合作业要求： 1）地面平整结实； 2）地面倾斜度不大于 7°或斗臂车说明书规定的角度
			工作负责人检查线路装置是否具备不停电作业条件： 1）作业段电杆杆根、埋深、杆身质量是否满足要求； 2）避雷器引下线应连接良好。如引下线连接不良，应在更换避雷器前进行紧固，确保避雷器接地端及避雷器横担处于地电位； 3）避雷器外观无明显放电痕迹。如避雷器炸裂或明显的放电痕迹，不应进行本项作业
			工作负责人检查气象条件（不需现场检查，但需在工作许可时汇报）： 1）天气应良好，无雷、雨、雪、雾； 2）风力：不大于 5 级； 3）气相对湿度不大于 80%
			工作负责人检查工作票所列安全措施是否完备，必要时在工作票上补充安全技术措施
	2	执行工作许可制度	工作负责人与调度联系，确认许可工作
			工作负责人在工作票上签字
	3	召开现场站班会	工作负责人宣读工作票
			工作负责人检查工作班组成员精神状态、交代工作任务进行分工、交代工作中的安全措施和技术措施
			工作负责人检查班组各成员对工作任务分工、安全措施和技术措施是否明确
			班组各成员在工作票和作业指导书上签名确认

续表

√	序号	作业内容	步骤及要求
	4	停放绝缘斗臂车	斗臂车驾驶员将绝缘斗臂车位置停放到适当位置： 1）停放的位置应便于绝缘斗臂车绝缘斗达到作业位置，避开附近电力线和障碍物。并能保证作业时绝缘斗臂车的绝缘臂有效绝缘长度； 2）停放位置坡度不大于 7°
			斗臂车操作人员支放绝缘斗臂车支腿： 1）不应支放在沟道盖板上； 2）软土地面应使用垫块或枕木； 3）支腿顺序应正确（"H"型支腿的车型，应先伸出水平支腿，再伸出垂直支腿；在坡地停放，应先支"前支腿"，后支"后支腿"）； 4）支撑应到位。车辆前后、左右呈水平
			斗臂车操作人员将绝缘斗臂车可靠接地： 1）接地线应采用有透明护套的不小于 16mm² 的多股软铜线； 2）临时接地体埋深应不少于 0.6m
	5	布置工作现场	工作负责人组织班组成员设置工作现场的安全围栏、安全警示标志： 1）安全围栏的范围应考虑作业中高空坠落和高空落物的影响以及道路交通，必要时联系交通部门； 2）围栏的出入口应设置合理； 3）警示标示应包括"从此进出""在此工作"等，道路两侧应有"前方施工，车辆慢行"标示或路障
			班组成员按要求将绝缘工器具放在防潮苫布上： 1）防潮苫布应清洁、干燥； 2）工器具应按管理要求分类摆放； 3）绝缘工器具不能与金属工具、材料混放
	6	工作负责人组织班组成员检查工器具	班组成员逐件对绝缘工器具进行外观检查： 1）检查人员应戴清洁、干燥的手套； 2）绝缘工具表面不应有裂纹、变形损坏，操作应灵活； 3）个人安全防护用具和遮蔽、隔离用具应无针孔、砂眼、裂纹； 4）检查斗内专用绝缘安全带外观，并作冲击试验
			班组成员使用绝缘电阻检测仪分段检测绝缘工具的表面绝缘电阻值： 1）测量电极应符合规程要求（极宽 2cm、极间距 2cm）； 2）正确使用（自检、测量）绝缘电阻检测仪（应采用点测的方法，不应使电极在绝缘工具表面滑动，避免刮伤绝缘工具表面）； 3）绝缘电阻值不得低于 700MΩ
			绝缘工器具检查完毕，向工作负责人汇报检查结果
	7	检查绝缘斗臂车	斗内电工检查绝缘斗臂车表面状况：绝缘斗、绝缘臂应清洁、无裂纹损伤
			斗内电工试操作绝缘斗臂车： 1）试操作应空斗进行； 2）试操作应充分，有回转、升降、伸缩的过程。确认液压、机械、电气系统正常可靠、制动装置可靠
			绝缘斗臂车检查和试操作完毕，斗内电工向工作负责人汇报检查结果
	8	检查避雷器	地面电工检查避雷器的铭牌参数及试验合格报告，并用绝缘高阻表检测其绝缘电阻不小于 1000MΩ

续表

√	序号	作业内容	步骤及要求
9		斗内电工进入绝缘斗臂车绝缘斗	斗内电工穿戴好个人安全防护用具： 1）个人安全防护用具包括绝缘帽、绝缘衣（披肩）、绝缘手套（戴防穿刺手套）、防护手套等； 2）工作负责人应检查斗内电工个人防护用具的穿戴是否正确
			斗内电工携带工器具进入绝缘斗，工器具应分类放置，工具和人员重量不得超过绝缘斗额定载荷
			斗内电工将斗内专用绝缘安全带系挂在斗内专用挂钩上

5.2　作业过程

√	序号	作业内容	步骤及要求
	1	进入带电作业区域	斗内电工经工作负责人许可后，操作绝缘斗臂车，进入带电作业区域，绝缘斗移动应平稳匀速，在进入带电作业区域时： 1）应无大幅晃动现象； 2）绝缘斗下降、上升的速度不应超过 0.4m/s； 3）绝缘斗边沿的最大线速度不应超过 0.5m/s； 4）转移绝缘斗时应注意绝缘斗臂车周围杆塔、线路等情况，绝缘臂的金属部位与带电体和地电位物体的距离大于 1.1m； 5）进入带电作业区域作业后，绝缘斗臂车绝缘臂的有效绝缘长度不应小于 1.2m
	2	验电	在工作负责人的监护下，使用验电器确认作业现场无漏电现象。应注意： 1）验电时，必须戴绝缘手套； 2）验电前，应验电器进行自检，确认是否合格（在保证安全距离的情况下也可在带电体上进行）； 3）验电时，电工应与邻近的构件、导体保持足够的距离； 4）如横担等接地构件有电，不应继续进行
	3	设置近边相绝缘遮蔽隔离措施	获得工作负责人的许可后，斗内电工转移绝缘斗至近边相合适工作位置，按照"从近到远、从下到上、先带电体后接地体"的原则对作业中可能触及的部位进行绝缘遮蔽隔离： 1）绝缘斗臂车绝缘臂有效绝缘长度不应小于 1.2m； 2）斗内电工动作应轻缓并保持足够安全距离； 3）绝缘遮蔽隔离措施应严密、牢固，绝缘遮蔽组合的重叠距离不得小于 0.2m
	4	设置远边相绝缘遮蔽隔离措施	获得工作负责人的许可后，斗内电工转移绝缘斗至近边相合适工作位置，按照与近边相相同的方法设置绝缘遮蔽隔离措施
	5	设置中间相绝缘遮蔽隔离措施	获得工作负责人的许可后，斗内电工转移绝缘斗至中间相合适工作位置，按照与近边相相同的方法，依次对架空导线、避雷器接线器、避雷器引线避雷器等带电体和避雷器横担、电杆等地电位构件设置绝缘遮蔽隔离措施

√	序号	作业内容	步骤及要求
	6	拆除近边相避雷器引线	在工作负责人的监护下，斗内电工调整绝缘斗至合适工作位置，拆除近边相避雷器引线。拆除的方法如下： 1）斗内电工转移绝缘斗至近边相避雷器引线的搭接位置，拆开绝缘遮蔽隔离措施，用双钩线夹绝缘操作杆同时锁住避雷器接线器和避雷器引线； 2）拆除避雷器引线的线夹； 3）在横担下方（近边相避雷器引线）适当位置，通过将双钩线夹绝缘操作杆将避雷器引线脱离避雷器接线器后，将其固定在合适的构件上； 4）恢复主导线及避雷器接线器上裸露的带电部位的绝缘遮蔽隔离措施。 应注意： 5）应使用绝缘操作杆将避雷器引线从避雷器接线器上脱离，禁止直接作业，并与带电体保持一定的距离； 6）绝缘操作杆的有效绝缘长度不小于 0.9m； 7）避雷器引线拆除后，应及时恢复、补充绝缘遮蔽隔离措施； 8）防止高空落物
	7	拆除远边相避雷器引线	在工作负责人的监护下，斗内电工调整绝缘斗至远边相适当位置，按照与近边相相同的方法，拆除远边相避雷器接线器
	8	拆除中间边相避雷器引线	在工作负责人的监护下，斗内电工调整绝缘斗至中间相适当位置，按照与近边相相同的方法，拆除中间相避雷器接线器
	9	更换避雷器	斗内电工转移绝缘斗，更换三相避雷器，避雷器的安装质量和工艺应符合要求： 1）避雷器外观无损伤； 2）避雷器的接地引下线应安装牢固； 3）避雷器应排列整齐，高低一致 更换后，应恢复避雷器横担等地电位构件的绝缘遮蔽隔离措施。应注意： 1）绝缘遮蔽隔离措施应严密、牢固，绝缘遮蔽组合的重叠距离不得小于 0.2m； 2）防止高空落物
	10	搭接中间相避雷器引线	获得工作负责人的许可后，斗内电工转移绝缘斗至合适的工作位置，搭接中间相避雷器引线。搭接的方法如下： 1）斗内电工转移绝缘斗至近边相避雷器引线的搭接位置，拆开绝缘遮蔽隔离措施； 2）调整作业位置至横担下方适当位置，用双钩线夹绝缘操作杆锁住避雷器引线后将其固定在避雷器接线器上； 3）将避雷器引线安装到避雷器接线器上，拆卸双钩线夹绝缘操作杆； 4）恢复补充主导线及避雷器接线器等裸露的带电部位的绝缘遮蔽隔离措施。 避雷器引线的安装工艺应符合要求： 1）引线应平直，无金钩、灯笼或散股现象； 2）避雷器引线应搭接牢固，且线夹垫片整齐无歪斜； 3）引线与地电位构件之间保持安全距离。 应注意： 1）应使用绝缘操作杆将避雷器引线预先固定到避雷器接线器上，禁止直接作业，并与带电体保持一定的距离； 2）绝缘操作杆的有效绝缘长度不小于 0.9m； 3）搭接避雷器引线后，应及时恢复、补充绝缘遮蔽隔离措施； 4）防止高空落物

续表

√	序号	作业内容	步骤及要求
	11	搭接远边相避雷器引线	在工作负责人的监护下，斗内电工调整绝缘斗至远边相适当位置，按照与中间相相同的方法，搭接远边相避雷器接线器
	12	搭接近边相避雷器引线	在工作负责人的监护下，斗内电工调整绝缘斗至近边相适当位置，按照与中间相相同的方法，搭接近边相避雷器接线器
	13	拆除中间相绝缘遮蔽措施	获得工作负责人的许可后，斗内电工转移绝缘斗至中间相合适位置，按照与设置绝缘遮蔽隔离措施相反的顺序拆除绝缘遮蔽措施： 1）拆除遮蔽措施的顺序依次为电杆、避雷器横担等地电位构件以及避雷器引线、避雷器接线器、架空导线等带电导体； 2）绝缘斗臂车绝缘臂有效绝缘长度不应小于 1.2m； 3）斗内电工动作应轻缓并保持足够安全距离
	14	拆除远边相绝缘遮蔽措施	获得工作负责人的许可后，斗内电工转移绝缘斗至远边相合适位置，按照与设置绝缘遮蔽隔离措施相反的顺序拆除绝缘遮蔽措施
	15	拆除近边相绝缘遮蔽措施	获得工作负责人的许可后，斗内电工转移绝缘斗至近边相合适位置，按照与设置绝缘遮蔽隔离措施相反的顺序拆除绝缘遮蔽措施
	16	工作验收	斗内电工撤出带电作业区域。撤出带电作业区域时： 1）应无大幅晃动现象； 2）绝缘斗下降、上升的速度不应超过 0.4m/s； 3）绝缘斗边沿的最大线速度不应超过 0.5m/s
			斗内电工检查施工质量： 1）杆上无遗漏物； 2）装置无缺陷符合运行条件； 3）向工作负责人汇报施工质量
	17	撤离杆塔	下降绝缘斗返回地面、收回绝缘臂时应注意绝缘斗臂车周围杆塔、线路等情况

6. 工作结束

√	序号	作业内容	步骤及要求
	1	工作负责人组织班组成员清理工具和现场	绝缘斗臂车各部件复位，收回绝缘斗臂车支腿
			工作负责人组织班组成员整理工具、材料。将工器具清洁后放入专用的箱（袋）中。清理现场，做到"工完、料尽、场地清"
	2	工作负责人召开收工会	工作负责人组织召开现场收工会，做工作总结和点评工作： 1）正确点评本项工作的施工质量； 2）点评班组成员在作业中的安全措施的落实情况； 3）点评班组成员对规程的执行情况
	3	办理工作终结手续	工作负责人向调度汇报工作结束，并终结工作票

7. 验收记录

记录检修中发现的问题	
存在问题及处理意见	

8. 现场标准化作业指导书执行情况评估

评估内容	符合性	优		可操作项	
		良		不可操作项	
	可操作性	优		修改项	
		良		遗漏项	
存在问题					
改进意见					

第四节 带电断引流线

010 绝缘手套作业法断跌落式熔断器上引线

1. 范围

本现场标准化作业指导书规定了采用绝缘斗臂车绝缘手套作业法带电断 10kV××线××号杆跌落式熔断器上引线的工作步骤和技术要求。

本现场标准化作业指导书适用于绝缘斗臂车绝缘手套作业法带电断 10kV××线××号杆跌落式熔断器上引线。

2. 人员组合

本项目需要 4 人。

2.1 作业人员要求

√	序号	责任人	资质	人数
	1	工作负责人	应具有 3 年以上的配电带电作业实际工作经验，熟悉设备状况，具有一定组织能力和事故处理能力，并经工作负责人的专门培训，考试合格	1
	2	斗内电工	应通过配网不停电作业专项培训，考试合格并持有上岗证	2
	3	地面电工	应通过 10kV 配电线路专项培训，考试合格并持有上岗证	1

2.2　作业人员分工

√	序号	责任人	分工	责任人签名
	1		工作负责人	
	2		1 号斗内电工	
	3		2 号斗内电工	
	4		地面电工	

3. 工器具

领用绝缘工器具应核对工器具的使用电压等级和试验周期，并应检查外观完好无损。

工器具运输，应存放在专用的工具袋、工具箱或工具车内；金属工具和绝缘工器具应分开装运。

3.1　装备

√	序号	名称	规格/编号	单位	数量	备注
	1	绝缘斗臂车		辆	1	

3.2　个人安全防护用具

√	序号	名称	规格/编号	单位	数量	备注
	1	绝缘安全帽	10kV	顶	2	
	2	绝缘手套	10kV	双	2	
	3	防护手套		双	2	
	4	绝缘衣（披肩）	10kV	件	2	
	5	斗内绝缘安全带		副	2	
	6	护目镜		副	2	
	7	普通安全帽		顶	4	

3.3　绝缘遮蔽工具

√	序号	名称	规格/编号	单位	数量	备注
	1	导线遮蔽罩	10kV	根	若干	根据实际情况配置
	2	绝缘毯	10kV	块	若干	根据实际情况配置
	3	绝缘毯夹	10kV	只	若干	根据实际情况配置

3.4 绝缘工具

√	序号	名称	规格/编号	单位	数量	备注
	1	绝缘绳		根	1	
	2	绝缘操作杆		根	1	
	3	手工工具		套	1	根据实际情况配置

3.5 仪器仪表

√	序号	名称	规格/编号	单位	数量	备注
	1	验电器	10kV	支	1	
	2	高压发生器	10kV	只	1	
	3	绝缘电阻检测仪	2500V	只	1	
	4	风速仪		只	1	
	5	温、湿度计		只	1	
	6	对讲机		套	若干	根据情况决定是否使用

3.6 其他工具

√	序号	名称	规格/编号	单位	数量	备注
	1	防潮苫布		块	1	
	2	个人常用工具		套	1	
	3	安全遮栏、安全围绳		副	若干	
	4	标示牌	"从此进出!"	块	1	根据实际情况使用对应标示牌
	5	标示牌	"在此工作!"	块	2	
	6	路障	"前方施工,车辆慢行"	块	2	

3.7 材料

√	序号	名称	规格/编号	单位	数量	备注
	1	干燥清洁布		块	若干	

4. 危险点分析及安全控制措施

√	序号	危险点	安全控制措施	备注
	1	人身触电	1) 作业人员必须穿戴合格的个人绝缘防护用具(绝缘手套、绝缘安全帽、防护手套等),使用合格适当的绝缘工器具; 2) 严格按照不停电作业操作规程中的遮蔽顺序(由近至远、由低到高、先带电体后接地体)进行遮蔽,绝缘遮蔽组合应保持不少于 0.2m 的重叠; 3) 人体对带电体应有足够安全距离,斗臂车金属臂回转升降过程中与带电体间的安全距离不应小于 1.1m,安全距离不足应有绝缘隔离措施,斗臂车的伸缩式绝缘臂有效长度不小于 1.2m; 4) 斗臂车需可靠接地; 5) 斗内作业人员严禁同时接触不同电位物体; 6) 作业前检查负荷情况,断开所有负荷后再断开跌落式熔断器; 7) 作业前确认断引跌落式熔断器已断开; 8) 断引线时,应采取防摆动措施,要保持引线与人体、邻相及接地体之间的安全距离	
	2	高空坠落、物体打击	1) 斗内作业人员必须系好绝缘安全带,戴好绝缘安全帽; 2) 使用的工具、材料等应用绝缘绳索传递或装在工具袋内,禁止乱扔、乱放; 3) 现场除指定人员外,禁止其他人员进入工作区域,地面电工在传递工具、材料不要在作业点正下方,防止掉物伤人; 4) 执行《带电作业绝缘斗臂车使用管理办法》; 5) 作业现场按标准设置防护围栏,加强监护,禁止行人入内; 6) 斗臂车绝缘斗升降过程中注意避开带电体、接地体及障碍物。绝缘斗升降、移动时应防止绝缘臂被过往车辆刮碰,绝缘斗位置固定后绝缘臂应在围栏保护范围内	

5. 作业程序

5.1 开工准备

√	序号	作业内容	步骤及要求
	1	现场复勘	工作负责人核对工作线路双重命名、杆号
			工作负责人检查环境是否符合作业要求: 1) 地面平整结实; 2) 地面倾斜度不大于 7° 或斗臂车说明书规定的角度
			工作负责人检查线路装置是否具备不停电作业条件: 1) 作业段电杆杆根、埋深、杆身质量是否满足要求; 2) 跌落式熔断器熔管已取下
			工作负责人检查气象条件(不需现场检查,但需在工作许可时汇报): 1) 天气应良好,无雷、雨、雪、雾; 2) 风力:不大于 5 级; 3) 气相对湿度不大于 80%
			工作负责人检查工作票所列安全措施是否完备,必要时在工作票上补充安全技术措施

续表

✓	序号	作业内容	步骤及要求
	2	执行工作许可制度	工作负责人与调度联系，确认许可工作
			工作负责人在工作票上签字
	3	召开现场站班会	工作负责人宣读工作票
			工作负责人检查工作班组成员精神状态、交代工作任务进行分工、交代工作中的安全措施和技术措施
			工作负责人检查班组各成员对工作任务分工、安全措施和技术措施是否明确
			班组各成员在工作票和作业指导书上签名确认
	4	停放绝缘斗臂车	斗臂车驾驶员将绝缘斗臂车位置停放到适当位置： 1）停放的位置应便于绝缘斗臂车绝缘斗达到作业位置，避开附近电力线和障碍物。并能保证作业时绝缘斗臂车的绝缘臂有效绝缘长度； 2）停放位置坡度不大于 7°
			斗臂车操作人员支放绝缘斗臂车支腿： 1）不应支放在沟道盖板上； 2）软土地面应使用垫块或枕木； 3）支腿顺序应正确（"H"型支腿的车型，应先伸出水平支腿，再伸出垂直支腿；在坡地停放，应先支"前支腿"，后支"后支腿"）； 4）支撑应到位。车辆前后、左右呈水平
			斗臂车操作人员将绝缘斗臂车可靠接地： 1）接地线应采用有透明护套的不小于 16mm² 的多股软铜线； 2）临时接地体埋深应不少于 0.6m
	5	布置工作现场	工作负责人组织班组成员设置工作现场的安全围栏、安全警示标志： 1）安全围栏的范围应考虑作业中高空坠落和高空落物的影响以及道路交通，必要时联系交通部门； 2）围栏的出入口应设置合理； 3）警示标示应包括"从此进出""在此工作"等，道路两侧应有"前方施工，车辆慢行"标示或路障
			班组成员按要求将绝缘工器具放在防潮苫布上： 1）防潮苫布应清洁、干燥； 2）工器具应按定置管理要求分类摆放； 3）绝缘工器具不能与金属工具、材料混放
	6	工作负责人组织班组成员检查工器具	班组成员逐件对绝缘工器具进行外观检查： 1）检查人员应戴清洁、干燥的手套； 2）绝缘工具表面不应有裂纹、变形损坏，操作应灵活； 3）个人安全防护用具和遮蔽、隔离用具应无针孔、砂眼、裂纹； 4）检查斗内专用绝缘安全带外观，并作冲击试验
			班组成员使用绝缘电阻检测仪分段检测绝缘工具的表面绝缘电阻值： 1）测量电极应符合规程要求（极宽 2cm、极间距 2cm）； 2）正确使用（自检、测量）绝缘电阻检测仪（应采用点测的方法，不应使电极在绝缘工具表面滑动，避免刮伤绝缘工具表面）； 3）绝缘电阻值不得低于 700MΩ
			绝缘工器具检查完毕，向工作负责人汇报检查结果

续表

√	序号	作业内容	步骤及要求
	7	检查绝缘斗臂车	斗内电工检查绝缘斗臂车表面状况：绝缘斗、绝缘臂应清洁、无裂纹损伤
			斗内电工试操作绝缘斗臂车： 1）试操作应空斗进行； 2）试操作应充分，有回转、升降、伸缩的过程。确认液压、机械、电气系统正常可靠、制动装置可靠
			绝缘斗臂车检查和试操作完毕，斗内电工向工作负责人汇报检查结果
	8	斗内电工进入绝缘斗臂车绝缘斗	斗内电工穿戴好个人安全防护用具： 1）个人安全防护用具包括绝缘帽、绝缘衣（披肩）、绝缘手套（带防穿刺手套）等； 2）工作负责人应检查斗内电工个人防护用具的穿戴是否正确
			斗内电工携带工器具进入绝缘斗，工器具应分类放置，工具和人员重量不得超过绝缘斗额定载荷
			斗内电工将斗内专用绝缘安全带系挂在斗内专用挂钩上

5.2　作业过程

√	序号	作业内容	步骤及要求
	1	进入带电作业区域	斗内电工经工作负责人许可后，操作绝缘斗臂车，进入带电作业区域，绝缘斗移动应平稳匀速，在进入带电作业区域时： 1）应无大幅晃动现象； 2）绝缘斗下降、上升的速度不应超过 0.4m/s； 3）绝缘斗边沿的最大线速度不应超过 0.5m/s； 4）转移绝缘斗时应注意绝缘斗臂车周围杆塔、线路等情况，绝缘臂的金属部位与带电体和地电位物体的距离大于 1.1m； 5）进入带电作业区域作业后，绝缘斗臂车绝缘臂的有效绝缘长度不应小于 1.2m
	2	验电	在工作负责人的监护下，使用验电器确认作业现场无漏电现象。应注意： 1）验电时，必须戴绝缘手套； 2）验电前，应验电器进行自检，确认是否合格（在保证安全距离的情况下也可在带电体上进行）； 3）验电时，电工应与邻近的构件、导体保持足够的距离； 4）如横担等接地构件有电，不应继续进行
	3	设置跌落式熔断器上接线板、引线的绝缘遮蔽隔离措施	获得工作负责人的许可后，斗内电工转移绝缘斗至跌落式熔断器合适工作位置，按照"从近到远、从下到上、先带电体后接地体"的原则对作业中可能触及的部位进行绝缘遮蔽隔离。应注意： 1）三相跌落式熔断器遮蔽隔离的顺序依次为：单只侧跌落式熔断器、另边相、中间相； 2）每相的遮蔽隔离措施的部位和顺序宜为：引线、跌落式熔断器上接线板； 3）斗内电工动作应轻缓并保持足够安全距离； 4）绝缘遮蔽隔离措施应严密、牢固，绝缘遮蔽组合的重叠距离不得小于 0.2m； 5）斗内电工转移作业相应获得工作负责人的许可

续表

√	序号	作业内容	步骤及要求
	4	设置主导线绝缘遮蔽隔离措施	获得工作负责人的许可后，斗内电工转移绝缘斗至近边相主导线合适工作位置，按照"从近到远、从下到上、先带电体后接地体"的原则对作业中可能触及的部位进行绝缘遮蔽隔离。应注意： 1）设置绝缘遮蔽隔离措施的部位和顺序依次为：支持绝缘子两侧主导线、支持绝缘子扎线部位； 2）斗内电工动作应轻缓并保持足够安全距离； 3）绝缘遮蔽隔离措施应严密、牢固，绝缘遮蔽组合的重叠距离不得小于 0.2m
			获得工作负责人的许可后，斗内电工转移绝缘斗至（有中间相引线一侧的）远边相主导线合适工作位置，按照"从近到远、从下到上、先带电体后接地体"的原则对主导线设置绝缘遮蔽隔离措施。应注意： 1）斗内电工动作应轻缓并保持足够安全距离； 2）绝缘遮蔽隔离措施应严密、牢固，绝缘遮蔽组合的重叠距离不得小于 0.2m
	5	断双只跌落式熔断器侧边相（近边相主导线侧）引线	获得工作负责人的许可后，斗内电工转移绝缘斗至近边相主导线合适的工作位置，拆除引线。拆除方法如下： 1）移开主导线上搭接引线部位的绝缘遮蔽隔离措施； 2）用装有双沟线夹的绝缘操作杆同时锁住引线端头和主导线； 3）拆除并沟线夹； 4）斗内电工调整绝缘斗至跌落式熔断器上接线板的合适工作位置后，用绝缘操作杆将引线脱离主导线，并圈好。最后将引线从跌落式熔断器上接线柱上拆除。 应注意： 1）禁止作业人员串入电路； 2）防止高空落物
			斗内电工转移绝缘斗至近边相主导线合适的工作位置，恢复补充主导线上的绝缘遮蔽隔离措施。应注意：绝缘遮蔽隔离措施应严密、牢固，绝缘遮蔽组合的重叠距离不得小于 0.2m
	6	断中间相引线	获得工作负责人的许可后，斗内电工转移绝缘斗至中间相的合适工作位置，按照相同的方法拆除中间相引线
	7	断单只跌落式熔断器侧（远边相主导线侧）引线	获得工作负责人的许可后，斗内电工转移绝缘斗至远边相主导线的合适工作位置，按照相相同的方法拆除远边相引线
	8	拆除远边相绝缘遮蔽措施	获得工作负责人的许可后，斗内电工转移绝缘斗至远边相合适位置，按照"从上到下、由远及近、先接地体后带电体"的原则拆除绝缘遮蔽隔离措施
	9	拆除近边相绝缘遮蔽措施	获得工作负责人的许可后，斗内电工转移绝缘斗至近边相合适位置，按照"从上到下、由远及近、先接地体后带电体"的原则拆除绝缘遮蔽隔离措施。应注意： 1）拆除近边相主导线绝缘遮蔽隔离措施的顺序应为：先支持绝缘子扎线部位、再主导线； 2）斗内电工动作应轻缓并保持足够安全距离

续表

√	序号	作业内容	步骤及要求
	10	工作验收	斗内电工撤出带电作业区域。撤出带电作业区域时： 1）应无大幅晃动现象； 2）绝缘斗下降、上升的速度不应超过 0.4m/s； 3）绝缘斗边沿的最大线速度不应超过 0.5m/s
			斗内电工检查施工质量： 1）杆上无遗漏物； 2）装置无缺陷符合运行条件； 3）向工作负责人汇报施工质量
	11	撤离杆塔	下降绝缘斗返回地面、收回绝缘臂时应注意绝缘斗臂车周围杆塔、线路等情况

6. 工作结束

√	序号	作业内容	步骤及要求
	1	工作负责人组织班组成员清理工具和现场	绝缘斗臂车各部件复位，收回绝缘斗臂车支腿
			工作负责人组织班组成员整理工具、材料。将工器具清洁后放入专用的箱（袋）中。清理现场，做到"工完、料尽、场地清"
	2	工作负责人召开收工会	工作负责人组织召开现场收工会，做工作总结和点评工作： 1）正确点评本项工作的施工质量； 2）点评班组成员在作业中的安全措施的落实情况； 3）点评班组成员对规程的执行情况
	3	办理工作终结手续	工作负责人向调度汇报工作结束，并终结工作票

7. 验收记录

记录检修中发现的问题	
存在问题及处理意见	

8. 现场标准化作业指导书执行情况评估

评估内容	符合性	优		可操作项	
		良		不可操作项	
	可操作性	优		修改项	
		良		遗漏项	
存在问题					
改进意见					

011　绝缘手套作业法断耐张线路引线

1. 范围

本现场标准化作业指导书规定了在"10kV××线××号杆"采用绝缘斗臂车绝缘手套作业法"断耐张线路引线"的工作步骤和技术要求。

本现场标准化作业指导书适用于绝缘斗臂车绝缘手套作业法"10kV××线××号杆断耐张线路引线"。

2. 人员组合

本项目需要 4 人。

2.1　作业人员要求

√	序号	责任人	资质	人数
	1	工作负责人	应具有 3 年以上的配电带电作业实际工作经验，熟悉设备状况，具有一定组织能力和事故处理能力，并经工作负责人的专门培训，考试合格。经本单位总工程师批准、书面公布	1
	2	斗内电工	应通过配网不停电作业专项培训，考试合格并持有上岗证	2
	3	地面电工	应通过配网不停电作业专项培训，考试合格并持有上岗证	1

2.2　作业人员分工

√	序号	责任人	分工	责任人签名
	1		工作负责人	
	2		1 号斗内电工	
	3		2 号斗内电工	
	4		地面电工	

3. 工器具

领用绝缘工器具应核对工器具的使用电压等级和试验周期，并应检查外观完好无损。

工器具运输，应存放在专用的工具袋、工具箱或工具车内；金属工具和绝缘工器具应分开装运。

3.1　装备

√	序号	名称	规格/编号	单位	数量	备注
	1	绝缘斗臂车		辆	1	

3.2 个人安全防护用具

√	序号	名称	规格/编号	单位	数量	备注
	1	绝缘安全帽	10kV	顶	2	
	2	绝缘衣（披肩）	10kV	件	2	
	3	绝缘手套	10kV	副	2	
	4	防护手套		副	2	
	5	斗内绝缘安全带		副	2	
	6	护目镜		副	2	
	7	普通安全帽		顶	4	

3.3 绝缘遮蔽用具

√	序号	名称	规格/编号	单位	数量	备注
	1	绝缘毯	10kV	块	若干	根据实际情况配置
	2	绝缘毯夹		只	若干	根据实际情况配置
	3	导线遮蔽罩	10kV	根	若干	根据实际情况配置

3.4 绝缘工具

√	序号	名称	规格/编号	单位	数量	备注
	1	绝缘传递绳		根	1	

3.5 金属工具

√	序号	名称	规格/编号	单位	数量	备注
	1	棘轮断线钳		把	1	

3.6 仪器仪表

√	序号	名称	规格/编号	单位	数量	备注
	1	绝缘电阻检测仪	2500V 及以上	套	1	
	2	钳形电流表		台（只）	1	
	3	验电器	10kV	支	1	
	4	高压发生器	10kV	只	1	
	5	风速仪		只	1	
	6	温、湿度计		只	1	
	7	对讲机		套	若干	根据情况决定是否使用

3.7 其他工具

√	序号	名称	规格/编号	单位	数量	备注
	1	防潮苫布		块	1	
	2	个人常用工具		套	1	
	3	安全遮栏、安全围绳		副	若干	
	4	标示牌	"从此进出！"	块	1	根据实际情况使用对应标示牌
	5	标示牌	"在此工作！"	块	2	
	6	路障	"前方施工，车辆慢行"	块	2	

3.8 材料

包括装置性材料和消耗性材料。

√	序号	名称	规格/编号	单位	数量	备注
	1	扎线		m	若干	
	2	清洁干燥布		条	1	

4. 危险点分析及安全控制措施

√	序号	危险点	安全控制措施	备注
	1	人身触电	1）作业人员必须穿戴合格的个人绝缘防护用具（绝缘手套、绝缘安全帽、防护手套等），使用合格适当的绝缘工器具； 2）严格按照不停电作业操作规程中的遮蔽顺序（由近至远、由低到高、先带电体后接地体）进行遮蔽，绝缘遮蔽组合应保持不少于 0.2m 的重叠； 3）人体对带电体应有足够安全距离，斗臂车金属臂回转升降过程中与带电体间的安全距离不应小于 1.1m，安全距离不足应有绝缘隔离措施，斗臂车的伸缩式绝缘臂有效长度不小于 1.2m； 4）斗臂车需可靠接地； 5）斗内作业人员严禁同时接触不同电位物体； 6）断空载线路时，作业人员应戴护目镜，并采取消弧措施； 7）断引前确认线路确在空载无负荷状态	
	2	高空坠落、物体打击	1）斗内作业人员必须系好绝缘安全带，戴好绝缘安全帽； 2）使用的工具、材料等应用绝缘绳索传递或装在工具袋内，禁止乱扔、乱放； 3）现场除指定人员外，禁止其他人员进入工作区域，地面电工在传递工具、材料不要在作业点正下方，防止掉物伤人； 4）执行《带电作业绝缘斗臂车使用管理办法》； 5）作业现场按标准设置防护围栏，加强监护，禁止行人入内； 6）斗臂车绝缘斗升降过程中注意避开带电体、接地体及障碍物。绝缘斗升降、移动时应防止绝缘臂被过往车辆刮碰，绝缘斗位置固定后绝缘臂应在围栏保护范围内	

5. 作业程序

5.1 开工准备

√	序号	作业内容	步骤及要求
	1	现场复勘	工作负责人核对工作线路双重命名、杆号
			工作负责人检查地形环境是否符合作业要求： 1）地面平整坚实； 2）地面倾斜度不大于 7°或斗臂车说明书规定的角度
			工作负责人检查线路装置是否具备不停电作业条件。本项作业应检查确认的内容有： 1）作业点电杆基础、埋深、杆身质量是否满足要求； 2）检查线路负荷侧柱上开关设备是否已在断开位置，确认线路处于空载状态
			工作负责人检查气象条件（不需现场检查，但需在工作许可时汇报）： 1）天气应良好，无雷、雨、雪、雾； 2）风力：不大于 5 级； 3）气相对湿度不大于 80%
			工作负责人检查工作票所列安全措施，在工作票上补充安全措施
	2	执行工作许可制度	工作负责人与调度联系，确认许可工作
			工作负责人在工作票上签字
	3	召开现场站班会	工作负责人宣读工作票
			工作负责人检查工作班组成员精神状态、交代工作任务进行分工、交代工作中的安全措施和技术措施
			工作负责人检查班组各成员对工作任务分工、安全措施和技术措施是否明确
			班组各成员在工作票和作业指导书上签名确认
	4	停放绝缘斗臂车	斗臂车驾驶员将 2 辆绝缘斗臂车位置分别停放到最佳位置： 1）停放的位置应便于绝缘斗臂车绝缘斗到达作业位置，避开附近电力线和障碍物，并能保证作业时绝缘斗臂车的绝缘臂有效绝缘长度； 2）停放位置坡度不大于 7°，绝缘斗臂车应顺线路停放
			斗臂车操作人员支放绝缘斗臂车支腿： 1）不应支放在沟道盖板上； 2）软土地面应使用垫块或枕木； 3）支腿顺序应正确（"H"型支腿的车型，应先伸出水平支腿，再伸出垂直支腿；在坡地停放，应先支"前支腿"，后支"后支腿"）； 4）支撑应到位。车辆前后、左右呈水平
			斗臂车操作人员将绝缘斗臂车可靠接地： 1）接地线应采用有透明护套的不小于 16mm² 的多股软铜线； 2）临时接地体埋深应不少于 0.6m

续表

√	序号	作业内容	步骤及要求
	5	布置工作现场	工作负责人组织班组成员设置工作现场的安全围栏、安全警示标志： 1）安全围栏的范围应考虑作业中高空坠落和高空落物的影响以及道路交通，必要时联系交通部门； 2）围栏的出入口应设置合理； 3）警示标示应包括"从此进出""在此工作"等，道路两侧应有"前方施工，车辆慢行"标示或路障
			班组成员按要求将绝缘工器具放在防潮苫布上： 1）防潮苫布应清洁、干燥； 2）工器具应按定置管理要求分类摆放； 3）绝缘工器具不能与金属根据、材料混放
	6	检查绝缘工器具	班组成员逐件对绝缘工器具进行外观检查： 1）检查人员应戴清洁、干燥的手套； 2）绝缘工具表面不应有裂纹、变形损坏，操作应灵活； 3）个人安全防护用具和遮蔽、隔离用具应无针孔、砂眼、裂纹； 4）检查斗内专用绝缘安全带外观，并作冲击试验
			班组成员使用绝缘电阻检测仪分段检测绝缘工具的表面绝缘电阻值： 1）测量电极应符合规程要求（极宽 2cm、极间距 2cm）； 2）正确使用（自检、测量）绝缘电阻检测仪（应采用点测的方法，不应使电极在绝缘工具表面滑动，避免刮伤绝缘工具表面）； 3）绝缘电阻值不得低于 700MΩ
			绝缘工器具检查完毕，向工作负责人汇报检查结果
	7	检查绝缘斗臂车	斗内电工检查绝缘斗臂车表面状况：绝缘斗、绝缘臂应清洁、无裂纹损伤
			斗内电工试操作绝缘斗臂车： 1）试操作应空斗进行； 2）试操作应充分，有回转、升降、伸缩的过程。确认液压、机械、电气系统正常可靠、制动装置可靠
			绝缘斗臂车检查和试操作完毕，斗内电工向工作负责人汇报检查结果
	8	斗内电工进入绝缘斗臂车工作斗	绝缘斗臂车斗内电工穿戴好个人安全防护用具： 1）个人安全防护用具包括绝缘帽、绝缘衣（披肩）、绝缘手套（带防穿刺手套）、护目镜等； 2）工作负责人应检查斗内电工个人防护用具的穿戴是否正确
			绝缘斗臂车斗内电工携带工器具进入绝缘斗，工器具应分类放置，工具和人员重量不得超过绝缘斗额定载荷
			绝缘斗臂车斗内电工将斗内专用绝缘安全带系挂在斗内专用挂钩上

5.2 作业过程

√	序号	作业内容	步骤及要求
	1	进入带电作业区域	斗内电工经工作负责人许可后,操作绝缘斗臂车,进入带电作业区域,绝缘斗移动应平稳匀速,在进入带电作业区域时: 1) 应无大幅晃动现象; 2) 绝缘斗下降、上升的速度不应超过0.4m/s; 3) 绝缘斗边沿的最大线速度不应超过0.5m/s; 4) 转移绝缘斗时应注意绝缘斗臂车周围杆塔、线路等情况,绝缘臂的金属部位与带电体和地电位物体的距离大于1.1m; 5) 进入带电作业区域作业后,绝缘斗臂车绝缘臂的有效绝缘长度不应小于1.2m
	2	验电	在工作负责人的监护下,使用验电器确认作业现场无漏电现象。应注意: 1) 验电时,必须戴绝缘手套; 2) 验电前,应验电器进行自检,确认是否合格(在保证安全距离的情况下也可在带电体上进行); 3) 验电时,电工应与邻近的构件、导体保持足够的距离; 4) 如横担等接地构件有电,不应继续进行
	3	确认架空线路负荷状态应为空载	斗内电工用钳形电流表检测架空线路负荷电流,线路应处于空载状态。如不满足要求,怎应终止本项作业。应注意: 1) 使用钳形电流表时,应先选择最大量程,按照实际符合电流情况逐级向下一级量程切换并读取数据; 2) 检测电流时,应选择近边相架空线路,并与相邻的异电位导体或构件保持足够的安全距离(相对地不小于0.6m,相间不小于0.8m)。 记录线路负荷电流数值:_____A
	4	设置负荷侧三相绝缘遮蔽隔离措施	获得工作负责人的许可后,斗内电工转移绝缘斗至负荷侧合适工作位置,按照"由近及远""从下到上"的原则对作业中可能触及的部位进行绝缘遮蔽隔离。应注意: 1) 三相的绝缘遮蔽隔离顺序依次为"先近边相、再远边相、最后中间相"; 2) 每相的绝缘遮蔽隔离的部位和顺序依次为:主导线、跨接线、耐张线夹、耐张绝缘子串、支持绝缘子、横担及拉线等地电位构件; 3) 斗内电工在对带电体设置绝缘遮蔽隔离措施时,动作应轻缓,与横担等地电位构件间应有足够的安全距离(不小于0.6m),与邻相导线之间应有足够的安全距离(不小于0.8m); 4) 绝缘遮蔽隔离措施应严密、牢固,绝缘遮蔽组合的重叠距离不得小于0.2m; 5) 斗内电工转移作业相应获得工作负责人的许可
	5	设置电源侧三相绝缘遮蔽隔离措施	获得工作负责人的许可后,斗内电工转移绝缘斗至电源侧合适工作位置,按照与上述相同的方法和要求对作业中可能触及的部位进行绝缘遮蔽隔离
	6	断近边相跨接线	在工作负责人的监护下,斗内电工转移绝缘斗至近边相(电源侧)合适工作位置,断近边相跨接线。方法如下: 1) 斗内电工用棘轮断线钳将跨接线从电源侧耐张线夹端部5cm处剪断; 2) 将负荷侧剩余的跨接线歪折,与电源侧形成明显的空气间隙。 应注意:由于静电感应,已断开的负荷侧跨接线和主导线还应视作带电体

√	序号	作业内容	步骤及要求
	6	断近边相跨接线	恢复和补充绝缘遮蔽隔离措施。应注意： 1）需要恢复绝缘遮蔽隔离措施的部位有：电源侧耐张线夹及尾线、断开的负荷侧跨接线等； 2）绝缘遮蔽隔离措施应严密、牢固，绝缘遮蔽组合的重叠距离不得小于 0.2m
	7	断远边相跨接线	在工作负责人的监护下，斗内电工转移绝缘斗至远边相合适（电源侧）工作位置，按照相同的方法和要求断开远边相跨接线，并恢复补充绝缘遮蔽隔离措施
	8	断中间相跨接线	在工作负责人的监护下，斗内电工转移绝缘斗至中间相合适（电源侧）工作位置，按照相同的方法和要求断开远边相跨接线，并恢复补充绝缘遮蔽隔离措施
	9	拆除跨接线及瓷横担绝缘子、撤除负荷侧绝缘遮蔽隔离措施	斗内电工转移绝缘斗至负荷侧合适工作位置，依次拆除三相已断开的跨接线及瓷横担绝缘子，并撤除横担、负荷侧导线等的绝缘遮蔽隔离措施。应注意：避免高空落物
	10	撤除电源侧中间相绝缘遮蔽隔离措施	获得工作负责人的许可后，斗内电工转移绝缘斗至电源侧中间相合适工作位置，按照"从远到近、从上到下、先接地体后带电体"的原则拆除绝缘遮蔽措施。应注意： 1）动作应轻缓，与已撤除绝缘遮蔽措施的异电位物体之间保持足够的距离（相对地不小于 0.6m，相间不小于 0.8m）； 2）1 号和 2 号绝缘斗臂车斗内电工应同相进行，且不应发生身体接触
	11	拆除电源侧远边相绝缘遮蔽隔离措施	在工作负责人的监护下，斗内电工转移绝缘斗至电源侧远边相合适工作位置，按照相同的方法和要求拆除电源侧远边相绝缘遮蔽隔离措施
	12	拆除电源侧近边相绝缘遮蔽隔离措施	在工作负责人的监护下，斗内电工转移绝缘斗至电源侧近边相合适工作位置，按照相同的方法和要求拆除电源侧近边相绝缘遮蔽隔离措施
	13	工作验收	斗内电工撤出带电作业区域。撤出带电作业区域时： 1）应无大幅晃动现象； 2）绝缘斗下降、上升的速度不应超过 0.4m/s； 3）绝缘斗边沿的最大线速度不应超过 0.5m/s 斗内电工检查施工质量： 1）杆上无遗漏物； 2）装置无缺陷符合运行条件； 3）向工作负责人汇报施工质量
	14	撤离杆塔	下降绝缘斗返回地面、收回绝缘臂时应注意绝缘斗臂车周围杆塔、线路等情况

6. 工作结束

√	序号	作业内容	步骤及要求
	1	工作负责人组织班组成员清理工具和现场	绝缘斗臂车各部件复位,收回绝缘斗臂车支腿
			工作负责人组织班组成员整理工具、材料。将工器具清洁后放入专用的箱(袋)中。清理现场,做到"工完、料尽、场地清"
	2	工作负责人召开收工会	工作负责人组织召开现场收工会,做工作总结和点评工作: 1)正确点评本项工作的施工质量; 2)点评班组成员在作业中的安全措施的落实情况; 3)点评班组成员对规程的执行情况
	3	办理工作终结手续	工作负责人向调度汇报工作结束,并终结工作票

7. 验收记录

记录检修中发现的问题	
存在问题及处理意见	

8. 现场标准化作业指导书执行情况评估

评估内容	符合性	优		可操作项	
		良		不可操作项	
	可操作性	优		修改项	
		良		遗漏项	
存在问题					
改进意见					

012 绝缘手套作业法断支接线路引线

1. 范围

本现场标准化作业指导书规定了采用绝缘斗臂车绝缘手套作业法带电断 10kV××线××号杆(无跌落式熔断器的)支接线路引线的工作步骤和技术要求。装置结构为主导线三角形排列的架空单回路 90° T 接的架空分支线路。

本现场标准化作业指导书适用于绝缘斗臂车绝缘手套作业法带电断 10kV××线×× 号杆支接线路引线。

2. 人员组合

本项目需要 4 人。

2.1 作业人员要求

√	序号	责任人	资质	人数
	1	工作负责人	应具有 3 年以上的配电带电作业实际工作经验，熟悉设备状况，具有一定组织能力和事故处理能力，并经工作负责人的专门培训，考试合格	1
	2	斗内电工	应通过配网不停电作业专项培训，考试合格并持有上岗证	2
	3	地面电工	应通过 10kV 配电线路专项培训，考试合格并持有上岗证	1

2.2 作业人员分工

√	序号	责任人	分工	责任人签名
	1		工作负责人	
	2		1 号斗内电工	
	3		2 号斗内电工	
	4		地面电工	

3. 工器具

领用绝缘工器具应核对工器具的使用电压等级和试验周期，并应检查外观完好无损。

工器具运输，应存放在专用的工具袋、工具箱或工具车内；金属工具和绝缘工器具应分开装运。

3.1 装备

√	序号	名称	规格/编号	单位	数量	备注
	1	绝缘斗臂车		辆	1	

3.2 个人安全防护用具

√	序号	名称	规格/编号	单位	数量	备注
	1	绝缘安全帽	10kV	顶	2	
	2	绝缘手套	10kV	双	2	
	3	防护手套		双	2	
	4	绝缘衣（披肩）	10kV	件	2	
	5	斗内绝缘安全带		副	2	
	6	护目镜		副	2	
	7	普通安全帽		顶	4	

3.3　绝缘遮蔽工具

√	序号	名称	规格/编号	单位	数量	备注
	1	导线遮蔽罩	10kV	根	若干	根据实际情况配置
	2	绝缘毯	10kV	块	若干	根据实际情况配置
	3	绝缘毯夹	10kV	只	若干	根据实际情况配置

3.4　绝缘工具

√	序号	名称	规格/编号	单位	数量	备注
	1	绝缘绳		根	1	
	2	绝缘操作杆		根	1	
	3	手工工具		套	1	根据实际情况配置

3.5　仪器仪表

√	序号	名称	规格/编号	单位	数量	备注
	1	验电器	10kV	支	1	
	2	高压发生器	10kV	只	1	
	3	绝缘电阻检测仪	2500V	只	1	
	4	风速仪		只	1	
	5	温、湿度计		只	1	
	6	对讲机		套	若干	根据情况决定是否使用

3.6　其他工具

√	序号	名称	规格/编号	单位	数量	备注
	1	防潮苫布		块	1	
	2	个人常用工具		套	1	
	3	安全遮栏、安全围绳		副	若干	
	4	标示牌	"从此进出！"	块	1	根据实际情况使用对应标示牌
	5	标示牌	"在此工作！"	块	2	
	6	路障	"前方施工，车辆慢行"	块	2	

3.7　材料

√	序号	名称	规格/编号	单位	数量	备注
	1	干燥清洁布		块	若干	

4. 危险点分析及安全控制措施

√	序号	危险点	安全控制措施	备注
	1	人身触电	1）作业人员必须穿戴合格的个人绝缘防护用具（绝缘手套、绝缘安全帽、防护手套等），使用合格适当的绝缘工器具； 2）严格按照不停电作业操作规程中的遮蔽顺序（由近至远、由低到高、先带电体后接地体）进行遮蔽，绝缘遮蔽组合应保持不少于 0.2m 的重叠； 3）人体对带电体应有足够安全距离，斗臂车金属臂回转升降过程中与带电体间的安全距离不应小于 1.1m，安全距离不足应有绝缘隔离措施，斗臂车的伸缩式绝缘臂有效长度不小于 1.2m； 4）斗臂车需可靠接地； 5）斗内作业人员严禁同时接触不同电位物体； 6）断电缆引线之前，应通过测量引线电流确认电缆处于空载状态； 7）应采用绝缘操作杆进行消弧开关的开、合操作； 8）断电缆引线时，应采取防摆动措施，要保持引线与人体、邻相及接地体之间的安全距离	
	2	高空坠落物体打击	1）斗内作业人员必须系好绝缘安全带，戴好绝缘安全帽； 2）使用的工具、材料等应用绝缘绳索传递或装在工具袋内，禁止乱扔、乱放； 3）现场除指定人员外，禁止其他人员进入工作区域，地面电工在传递工具、材料不要在作业点正下方，防止掉物伤人； 4）执行《带电作业绝缘斗臂车使用管理办法》； 5）作业现场按标准设置防护围栏，加强监护，禁止行人入内； 6）斗臂车绝缘斗升降过程中注意避开带电体、接地体及障碍物。绝缘斗升降、移动时应防止绝缘臂被过往车辆刮碰，绝缘斗位置固定后绝缘臂应在围栏保护范围内	

5. 作业程序

5.1 开工准备

√	序号	作业内容	步骤及要求
	1	现场复勘	工作负责人核对工作线路双重命名、杆号
			工作负责人检查环境是否符合作业要求： 1）地面平整结实； 2）地面倾斜度不大于 7°或斗臂车说明书规定的角度
			工作负责人检查线路装置是否具备不停电作业条件： 1）作业段电杆杆根、埋深、杆身质量是否满足要求； 2）分支线 1 号杆的跌落式熔断器熔管已取下
			工作负责人检查气象条件（不需现场检查，但需在工作许可时汇报）： 1）天气应良好，无雷、雨、雪、雾； 2）风力：不大于 5 级； 3）气相对湿度不大于 80%
			工作负责人检查工作票所列安全措施是否完备，必要时在工作票上补充安全技术措施

续表

✓	序号	作业内容	步骤及要求
	2	执行工作许可制度	工作负责人与调度联系，确认许可工作
			工作负责人在工作票上签字
	3	召开现场站班会	工作负责人宣读工作票
			工作负责人检查工作班组成员精神状态、交代工作任务进行分工、交代工作中的安全措施和技术措施
			工作负责人检查班组各成员对工作任务分工、安全措施和技术措施是否明确
			班组各成员在工作票和作业指导书上签名确认
	4	停放绝缘斗臂车	斗臂车驾驶员将绝缘斗臂车位置停放到适当位置： 1）停放的位置应便于绝缘斗臂车绝缘斗达到作业位置，避开附近电力线和障碍物。并能保证作业时绝缘斗臂车的绝缘臂有效绝缘长度； 2）停放位置坡度不大于7°，绝缘斗臂车应顺线路停放
			斗臂车操作人员支放绝缘斗臂车支腿： 1）不应支放在沟道盖板上； 2）软土地面应使用垫块或枕木； 3）支腿顺序应正确（"H"型支腿的车型，应先伸出水平支腿，再伸出垂直支腿；在坡地停放，应先支"前支腿"，后支"后支腿"）； 4）支撑应到位。车辆前后、左右呈水平
			斗臂车操作人员将绝缘斗臂车可靠接地： 1）接地线应采用有透明护套的不小于16mm²的多股软铜线； 2）临时接地体埋深应不少于0.6m
	5	布置工作现场	工作负责人组织班组成员设置工作现场的安全围栏、安全警示标志： 1）安全围栏的范围应考虑作业中高空坠落和高空落物的影响以及道路交通，必要时联系交通部门； 2）围栏的出入口应设置合理； 3）警示标示应包括"从此进出""在此工作"等，道路两侧应有"前方施工，车辆慢行"标示或路障
			班组成员按要求将绝缘工器具放在防潮苫布上： 1）防潮苫布应清洁、干燥； 2）工器具应按定置管理要求分类摆放； 3）绝缘工器具不能与金属工具、材料混放
	6	工作负责人组织班组成员检查工器具	班组成员逐件对绝缘工器具进行外观检查： 1）检查人员应戴清洁、干燥的手套； 2）绝缘工具表面不应有裂纹、变形损坏，操作应灵活； 3）个人安全防护用具和遮蔽、隔离用具应无针孔、砂眼、裂纹； 4）检查斗内专用绝缘安全带外观，并作冲击试验
			班组成员使用绝缘电阻检测仪分段检测绝缘工具的表面绝缘电阻值： 1）测量电极应符合规程要求（极宽2cm、极间距2cm）； 2）正确使用（自检、测量）绝缘电阻检测仪（应采用点测的方法，不应使电极在绝缘工具表面滑动，避免刮伤绝缘工具表面）； 3）绝缘电阻值不得低于700MΩ
			绝缘工器具检查完毕，向工作负责人汇报检查结果

续表

√	序号	作业内容	步骤及要求
	7	检查绝缘斗臂车	斗内电工检查绝缘斗臂车表面状况：绝缘斗、绝缘臂应清洁、无裂纹损伤
			斗内电工试操作绝缘斗臂车： 1）试操作应空斗进行； 2）试操作应充分，有回转、升降、伸缩的过程。确认液压、机械、电气系统正常可靠、制动装置可靠
			绝缘斗臂车检查和试操作完毕，斗内电工向工作负责人汇报检查结果
	8	斗内电工进入绝缘斗臂车绝缘斗	斗内电工穿戴好个人安全防护用具： 1）个人安全防护用具包括绝缘帽、绝缘衣（披肩）、绝缘手套（戴防穿刺手套）等； 2）工作负责人应检查斗内电工个人防护用具的穿戴是否正确
			斗内电工携带工器具进入绝缘斗，工器具应分类放置，工具和人员重量不得超过绝缘斗额定载荷
			斗内电工将斗内专用绝缘安全带系挂在斗内专用挂钩上

5.2　作业过程

√	序号	作业内容	步骤及要求
	1	进入带电作业区域	斗内电工经工作负责人许可后，操作绝缘斗臂车，进入带电作业区域，绝缘斗移动应平稳匀速，在进入带电作业区域时： 1）应无大幅晃动现象； 2）绝缘斗下降、上升的速度不应超过 0.4m/s； 3）绝缘斗边沿的最大线速度不应超过 0.5m/s； 4）转移绝缘斗时应注意绝缘斗臂车周围杆塔、线路等情况，绝缘臂的金属部位与带电体和地电位物体的距离大于 1.1m； 5）进入带电作业区域作业后，绝缘斗臂车绝缘臂的有效绝缘长度不应小于 1.2m
	2	验电	在工作负责人的监护下，使用验电器确认作业现场无漏电现象。应注意： 1）验电时，必须戴绝缘手套； 2）验电前，应验电器进行自检，确认是否合格（在保证安全距离的情况下也可在带电体上进行）； 3）验电时，电工应与邻近的构件、导体保持足够的距离； 4）如横担等接地构件有电，不应继续进行
	3	设置分支线回路的绝缘遮蔽隔离措施	获得工作负责人的许可后，斗内电工转移绝缘斗至跌落式熔断器合适工作位置，按照"从近到远、从下到上、先带电体后接地体"的原则对作业中可能触及的部位进行绝缘遮蔽隔离。应注意： 1）斗内电工动作应轻缓并保持足够安全距离； 2）绝缘遮蔽隔离措施应严密、牢固，绝缘遮蔽组合的重叠距离不得小于 0.2m； 3）斗内电工转移作业相应获得工作负责人的许可

续表

√	序号	作业内容	步骤及要求
	4	设置主导线绝缘遮蔽隔离措施	获得工作负责人的许可后，斗内电工转移绝缘斗至近边相主导线合适工作位置，按照"从近到远、从下到上、先带电体后接地体"的原则对作业中可能触及的部位进行绝缘遮蔽隔离。应注意： 1）需要设置绝缘遮蔽隔离措施的部位和顺序依次为：支持绝缘子两侧主导线、支持绝缘子扎线部位； 2）斗内电工动作应轻缓并保持足够安全距离； 3）绝缘遮蔽隔离措施应严密、牢固，绝缘遮蔽组合的重叠距离不得小于0.2m； 4）斗内电工转移作业相应获得工作负责人的许可
			获得工作负责人的许可后，斗内电工转移绝缘斗至（有中间相引线一侧的）远边相主导线合适工作位置，按照"从近到远、从下到上、先带电体后接地体"的原则对主导线设置绝缘遮蔽隔离措施。应注意： 1）斗内电工动作应轻缓并保持足够安全距离； 2）绝缘遮蔽隔离措施应严密、牢固，绝缘遮蔽组合的重叠距离不得小于0.2m
	5	断双根引线侧边相（近边相主导线侧）引线	获得工作负责人的许可后，斗内电工转移绝缘斗至近边相主导线合适的工作位置，拆除引线。拆除方法如下： 1）移开主导线上搭接引线部位的绝缘遮蔽隔离措施； 2）用装有双沟线夹的绝缘操作杆同时锁住引线端头和主导线； 3）拆除并沟线夹； 4）斗内电工调整绝缘斗至分支线的合适工作位置后，用绝缘操作杆将引线脱离主导线。最后用断线钳将引线从耐张线夹处剪断。 应注意： 1）禁止作业人员串入电路； 2）防止高空落物
			斗内电工转移绝缘斗至近边相主导线合适的工作位置，恢复补充主导线上的绝缘遮蔽隔离措施。应注意：绝缘遮蔽隔离措施应严密、牢固，绝缘遮蔽组合的重叠距离不得小于0.2m
	6	断中间相引线	获得工作负责人的许可后，斗内电工转移绝缘斗至中间相的合适工作位置，按照相同的方法拆除中间相引线
	7	断单根引线侧（远边相主导线侧）引线	获得工作负责人的许可后，斗内电工转移绝缘斗至远边相主导线的合适工作位置，按照相相同的方法拆除远边相引线
	8	拆除远边相主导线绝缘遮蔽措施	获得工作负责人的许可后，斗内电工转移绝缘斗至远边相主导线合适工作位置，按照"从上到下、由远及近、先接地体后带电体"的原则拆除绝缘遮蔽隔离措施
	9	拆除近边相主导线绝缘遮蔽措施	获得工作负责人的许可后，斗内电工转移绝缘斗至近边相主导线合适工作位置，按照"从上到下、由远及近、先接地体后带电体"的原则拆除绝缘遮蔽隔离措施。应注意： 斗内电工动作应轻缓并保持足够安全距离
	10	拆除分支线绝缘遮蔽隔离措施	斗内电工转移绝缘斗至分支线合适工作位置，拆除分支线绝缘遮蔽隔离措施

续表

√	序号	作业内容	步骤及要求
	11	工作验收	斗内电工撤出带电作业区域。撤出带电作业区域时： 1）应无大幅晃动现象； 2）绝缘斗下降、上升的速度不应超过 0.4m/s； 3）绝缘斗边沿的最大线速度不应超过 0.5m/s
			斗内电工检查施工质量： 1）杆上无遗漏物； 2）装置无缺陷符合运行条件； 3）向工作负责人汇报施工质量
	12	撤离杆塔	下降绝缘斗返回地面、收回绝缘臂时应注意绝缘斗臂车周围杆塔、线路等情况

6. 工作结束

√	序号	作业内容	步骤及要求
	1	工作负责人组织班组成员清理工具和现场	绝缘斗臂车各部件复位，收回绝缘斗臂车支腿
			工作负责人组织班组成员整理工具、材料。将工器具清洁后放入专用的箱（袋）中。清理现场，做到"工完、料尽、场地清"
	2	工作负责人召开收工会	工作负责人组织召开现场收工会，做工作总结和点评工作： 1）正确点评本项工作的施工质量； 2）点评班组成员在作业中的安全措施的落实情况； 3）点评班组成员对规程的执行情况
	3	办理工作终结手续	工作负责人向调度汇报工作结束，并终结工作票

7. 验收记录

记录检修中发现的问题	
存在问题及处理意见	

8. 现场标准化作业指导书执行情况评估

评估内容	符合性	优		可操作项	
		良		不可操作项	
	可操作性	优		修改项	
		良		遗漏项	
存在问题					
改进意见					

第五节　带电接引流线

013　绝缘手套作业法接跌落式熔断器上引线

1. 范围

本现场标准化作业指导书规定了采用绝缘斗臂车绝缘手套作业法带电搭接 10kV××线××号杆跌落式熔断器上引线的工作步骤和技术要求。

本现场标准化作业指导书适用于绝缘斗臂车绝缘手套作业法带电搭接 10kV××线××号杆跌落式熔断器上引线。

2. 人员组合

本项目需要 4 人。

2.1　作业人员要求

√	序号	责任人	资质	人数
	1	工作负责人	应具有 3 年以上的配电带电作业实际工作经验，熟悉设备状况，具有一定组织能力和事故处理能力，并经工作负责人的专门培训，考试合格	1
	2	斗内电工	应通过配网不停电作业专项培训，考试合格并持有上岗证	2
	3	地面电工	应通过 10kV 配电线路专项培训，考试合格并持有上岗证	1

2.2　作业人员分工

√	序号	责任人	分工	责任人签名
	1		工作负责人	
	2		1 号斗内电工	
	3		2 号斗内电工	
	4		地面电工	

3. 工器具

领用绝缘工器具应核对工器具的使用电压等级和试验周期，并应检查外观完好无损。

工器具运输，应存放在专用的工具袋、工具箱或工具车内；金属工具和绝缘工器具应分开装运。

3.1　装备

√	序号	名称	规格/编号	单位	数量	备注
	1	绝缘斗臂车		辆	1	

3.2 个人安全防护用具

√	序号	名称	规格/编号	单位	数量	备注
	1	绝缘安全帽	10kV	顶	2	
	2	绝缘手套	10kV	双	2	
	3	防护手套		双	2	
	4	绝缘衣（披肩）	10kV	件	2	
	5	斗内绝缘安全带		副	2	
	6	护目镜		副	2	
	7	普通安全帽		顶	4	

3.3 绝缘遮蔽工具

√	序号	名称	规格/编号	单位	数量	备注
	1	导线遮蔽罩	10kV	根	若干	根据实际情况配置
	2	绝缘毯	10kV	块	若干	根据实际情况配置
	3	绝缘毯夹	10kV	只	若干	根据实际情况配置

3.4 绝缘工具

√	序号	名称	规格/编号	单位	数量	备注
	1	绝缘绳		根	1	
	2	绝缘操作杆		根	1	
	3	导线清扫杆		把	1	或者用金属刷

3.5 金属工具

√	序号	名称	规格/编号	单位	数量	备注
	1	断线钳		把	1	
	2	绝缘导线剥皮器		套	1	

3.6 仪器仪表

√	序号	名称	规格/编号	单位	数量	备注
	1	验电器	10kV	支	1	
	2	高压发生器	10kV	只	1	
	3	绝缘电阻检测仪	2500V	只	1	
	4	风速仪		只	1	
	5	温、湿度计		只	1	
	6	对讲机		套	若干	根据情况决定是否使用

3.7 其他工具

√	序号	名称	规格/编号	单位	数量	备注
	1	防潮苫布		块	1	
	2	个人常用工具		套	1	根据实际情况配置
	3	钢卷尺	3	把	1	
	4	安全遮栏、安全围绳		副	若干	
	5	标示牌	"从此进出！"	块	1	根据实际情况使用对应标示牌
	6	标示牌	"在此工作！"	块	2	
	7	路障	"前方施工，车辆慢行"	块	2	

3.8 材料

√	序号	名称	规格/编号	单位	数量	备注
	1	绝缘导线		m	若干	
	2	线夹		只	6	
	3	设备线夹		只	3	
	4	绝缘胶带	黄、绿、红	圈	3	
	5	干燥清洁布		块	若干	

4. 危险点分析及安全控制措施

√	序号	危险点	安全控制措施	备注
	1	人身触电	1）作业人员必须穿戴合格的个人绝缘防护用具（绝缘手套、绝缘安全帽、防护手套等），使用合格适当的绝缘工器具； 2）严格按照不停电作业操作规程中的遮蔽顺序（由近至远、由低到高、先带电体后接地体）进行遮蔽，绝缘遮蔽组合应保持不少于 0.2m 的重叠； 3）人体对带电体应有足够安全距离，斗臂车金属臂回转升降过程中与带电体间的安全距离不应小于 1.1，安全距离不足应有绝缘隔离措施，斗臂车的伸缩式绝缘臂有效长度不小于 1.2m； 4）斗臂车需可靠接地； 5）斗内作业人员严禁同时接触不同电位物体； 6）作业前确认断引跌落式熔断器在断开状态； 7）接引线时，应采取防摆动措施，要保持引线与人体、邻相及接地体之间的安全距离	

续表

√	序号	危险点	安全控制措施	备注
	2	高空坠落、物体打击	1）斗内作业人员必须系好绝缘安全带，戴好绝缘安全帽； 2）使用的工具、材料等应用绝缘绳索传递或装在工具袋内，禁止乱扔、乱放； 3）现场除指定人员外，禁止其他人员进入工作区域，地面电工在传递工具、材料不要在作业点正下方，防止掉物伤人； 4）执行《带电作业绝缘斗臂车使用管理办法》； 5）作业现场按标准设置防护围栏，加强监护，禁止行人入内； 6）斗臂车绝缘斗升降过程中注意避开带电体、接地体及障碍物。绝缘斗升降、移动时应防止绝缘臂被过往车辆刮碰，绝缘斗位置固定后绝缘臂应在围栏保护范围内	

5. 作业程序

5.1 开工准备

√	序号	作业内容	步骤及要求
	1	现场复勘	工作负责人核对工作线路双重命名、杆号
			工作负责人检查环境是否符合作业要求： 1）地面平整结实； 2）地面倾斜度不大于7°或斗臂车说明书规定的角度
			工作负责人检查线路装置是否具备不停电作业条件： 1）作业段电杆杆根、埋深、杆身质量是否满足要求； 2）跌落式熔断器熔管已取下
			工作负责人检查气象条件（不需现场检查，但需在工作许可时汇报）： 1）天气应良好，无雷、雨、雪、雾； 2）风力：不大于5级； 3）气相对湿度不大于80%
			工作负责人检查工作票所列安全措施是否完备，必要时在工作票上补充安全技术措施
	2	执行工作许可制度	工作负责人与调度联系，确认许可工作
			工作负责人在工作票上签字
	3	召开现场站班会	工作负责人宣读工作票
			工作负责人检查工作班组成员精神状态、交代工作任务进行分工、交代工作中的安全措施和技术措施
			工作负责人检查班组各成员对工作任务分工、安全措施和技术措施是否明确
			班组各成员在工作票和作业指导书上签名确认
	4	停放绝缘斗臂车	斗臂车驾驶员将绝缘斗臂车位置停放到适当位置： 1）停放的位置应便于绝缘斗臂车绝缘斗达到作业位置，避开附近电力线和障碍物。并能保证作业时绝缘斗臂车的绝缘臂有效绝缘长度； 2）停放位置坡度不大于7°

续表

√	序号	作业内容	步骤及要求
	4	停放绝缘斗臂车	斗臂车操作人员支放绝缘斗臂车支腿： 1）不应支放在沟道盖板上； 2）软土地面应使用垫块或枕木； 3）支腿顺序应正确（"H"型支腿的车型，应先伸出水平支腿，再伸出垂直支腿；在坡地停放，应先支"前支腿"，后支"后支腿"）； 4）支撑应到位。车辆前后、左右呈水平
			斗臂车操作人员将绝缘斗臂车可靠接地： 1）接地线应采用有透明护套的不小于 16mm² 的多股软铜线； 2）临时接地体埋深应不少于 0.6m
	5	布置工作现场	工作负责人组织班组成员设置工作现场的安全围栏、安全警示标志： 1）安全围栏的范围应考虑作业中高空坠落和高空落物的影响以及道路交通，必要时联系交通部门； 2）围栏的出入口应设置合理； 3）警示标示应包括"从此进出""在此工作"等，道路两侧应有"前方施工，车辆慢行"标示或路障
			班组成员按要求将绝缘工器具放在防潮苫布上： 1）防潮苫布应清洁、干燥； 2）工器具应按定置管理要求分类摆放； 3）绝缘工器具不能与金属工具、材料混放
	6	工作负责人组织班组成员检查工器具	班组成员逐件对绝缘工器具进行外观检查： 1）检查人员应戴清洁、干燥的手套； 2）绝缘工具表面不应有裂纹、变形损坏，操作应灵活； 3）个人安全防护用具和遮蔽、隔离用具应无针孔、砂眼、裂纹； 4）检查斗内专用绝缘安全带外观，并作冲击试验
			班组成员使用绝缘电阻检测仪分段检测绝缘工具的表面绝缘电阻值： 1）测量电极应符合规程要求（极宽 2cm，极间距 2cm）； 2）正确使用（自检、测量）绝缘电阻检测仪（应采用点测的方法，不应使电极在绝缘工具表面滑动，避免刮伤绝缘工具表面）； 3）绝缘电阻值不得低于 700MΩ
			绝缘工器具检查完毕，向工作负责人汇报检查结果
	7	检查绝缘斗臂车	斗内电工检查绝缘斗臂车表面状况：绝缘斗、绝缘臂应清洁、无裂纹损伤
			斗内电工试操作绝缘斗臂车： 1）试操作应空斗进行； 2）试操作应充分，有回转、升降、伸缩的过程。确认液压、机械、电气系统正常可靠、制动装置可靠
			绝缘斗臂车检查和试操作完毕，斗内电工向工作负责人汇报检查结果
	8	斗内电工进入绝缘斗臂车绝缘斗	斗内电工穿戴好个人安全防护用具： 1）个人安全防护用具包括绝缘帽、绝缘衣（披肩）、绝缘手套（戴防穿刺手套）等； 2）工作负责人应检查斗内电工个人防护用具的穿戴是否正确
			斗内电工携带工器具进入绝缘斗，工器具应分类放置，工具和人员重量不得超过绝缘斗额定载荷
			斗内电工将斗内专用绝缘安全带系挂在斗内专用挂钩上

5.2 作业过程

√	序号	作业内容	步骤及要求
	1	进入带电作业区域	斗内电工经工作负责人许可后，操作绝缘斗臂车，进入带电作业区域，绝缘斗移动应平稳匀速，在进入带电作业区域时： 1）应无大幅晃动现象； 2）绝缘斗下降、上升的速度不应超过 0.4m/s； 3）绝缘斗边沿的最大线速度不应超过 0.5m/s； 4）转移绝缘斗时应注意绝缘斗臂车周围杆塔、线路等情况，绝缘臂的金属部位与带电体和地电位物体的距离大于 1.1m； 5）进入带电作业区域作业后，绝缘斗臂车绝缘臂的有效绝缘长度不应小于 1.2m
	2	验电	在工作负责人的监护下，使用验电器确认作业现场无漏电现象。应注意： 1）验电时，必须戴绝缘手套； 2）验电前，应验电器进行自检，确认是否合格（在保证安全距离的情况下也可在带电体上进行）； 3）验电时，电工应与邻近的构件、导体保持足够的距离； 4）如横担等接地构件有电，不应继续进行
	3	测量、制作三相引线（若未提前制作）	在工作负责人的监护下，斗内电工用绝缘测距杆测量三相跌落式熔断器上引线长度。应注意：斗内电工应与带电体（主导线）保持足够的安全距离（大于 0.6m），绝缘测距杆的有效绝缘长度应大于 0.9m。 确定引线长度应考虑以下的影响因素： 1）引线的长度应从跌落式熔断器上接线柱到主导线搭接部位的距离。为保证搭接引时的安全，主导线搭接部位可向装置外侧稍做调整； 2）应适当增加 15～20cm 的长度，留出引线搭接部位
			地面电工按照需要截断绝缘导线（引线应采用绝缘导线），剥除端部绝缘层，装好设备线夹，并圈好。应注意：每根引线端头应做好色相标志，以防混淆
	4	设置近边相绝缘遮蔽隔离措施	获得工作负责人的许可后，斗内电工转移绝缘斗至近边相合适工作位置，按照"从近到远、从下到上、先带电体后接地体"的原则对作业中可能触及的部位进行绝缘遮蔽隔离： 1）遮蔽的部位为（支持绝缘子两侧）架空导线及支持绝缘子扎线部位； 2）斗内电工动作应轻缓并保持足够安全距离； 3）绝缘遮蔽隔离措施应严密、牢固，绝缘遮蔽组合的重叠距离不得小于 0.2m
	5	设置远边相绝缘遮蔽隔离措施	获得工作负责人的许可后，斗内电工转移绝缘斗至远边相合适工作位置，按照相同的方法设置绝缘遮蔽隔离措施
	6	安装跌落式熔断器上引线	在工作负责人的监护下，斗内电工调整绝缘斗至合适工作位置，将三根引线安装在对应的跌落式熔断器上接线板上。应注意： 1）应同时检查跌落式熔断器绝缘子有无破损、调整好角度和安装的牢固程度； 2）引线应安装牢固； 3）安装引线时应防止引线弹跳； 4）防止高空落物

续表

√	序号	作业内容	步骤及要求
	7	搭接中间相引线	获得工作负责人的许可后，斗内电工转移绝缘斗至中间相合适的工作位置，搭接中间相引线。搭接方法如下： 1）用导线清扫杆（或金属刷）清除主导线上搭接引线部位的金属氧化物或脏污； 2）斗内电工调整绝缘斗位置，搭接引线。 应注意： 1）如在近边相位置搭接中间相引线，绝缘斗不应碰住近边相导线； 2）注意动作幅度，斗内电工与电杆、横担等地电位构件的保持安全距离； 3）禁止作业人员同时接触不同电位体； 4）应防止高空落物。 引线的施工工艺和质量应满足施工和验收规范的要求： 1）引线长度适宜，弧度均匀； 2）引线无散股、断股现象； 3）引线与地电位构件之间保持安全距离； 4）并沟线夹垫片整齐无歪斜现象，搭接紧密； 5）引线穿出线夹的长度为 2～3cm
	8	补充补充绝缘遮蔽隔离措施	获得工作负责人的许可后，斗内电工补充绝缘遮蔽隔离措施。应注意：绝缘遮蔽隔离措施应严密、牢固，绝缘遮蔽组合的重叠距离不得小于0.2m
	9	搭接远边相引线	在工作负责人的监护下，斗内电工调整绝缘斗至远边相适当位置，按照与中间相相同的方法，搭接远边相引线。并补充引线、跌落式熔断器上接线板的绝缘遮蔽隔离措施
	10	搭接近边相引线	在工作负责人的监护下，斗内电工调整绝缘斗至近边相适当位置，按照与中间相相同的方法，搭接近边相引线
	11	拆除主导线绝缘遮蔽隔离措施	获得工作负责人的许可后，斗内电工转移绝缘斗至合适工作位置，按照"从上到下、由远及近、先接地体后带电体"的原则拆除绝缘遮蔽隔离措施。应注意： 1）拆除主导线绝缘遮蔽隔离措施的顺序应为：先远边相、再近边相； 2）拆除近边相主导线上绝缘遮蔽隔离措施的顺序应为：先支持绝缘子扎线部位、再主导线； 3）斗内电工动作应轻缓并保持足够安全距离； 4）斗内电工转移作业相应获得工作负责人的许可
	12	拆除跌落式熔断器上接线板及引线的绝缘遮蔽隔离措施	获得工作负责人的许可后，斗内电工转移绝缘斗至跌落式熔断器的合适工作位置，按照"从上到下、由远及近、先接地体后带电体"的原则拆除绝缘遮蔽隔离措施。应注意： 1）拆除三相绝缘遮蔽隔离措施的顺序应为：先中间相，再两边相； 2）斗内电工动作应轻缓并保持足够安全距离； 3）斗内电工转移作业相应获得工作负责人的许可
	13	工作验收	斗内电工撤出带电作业区域。撤出带电作业区域时： 1）应无大幅晃动现象； 2）绝缘斗下降、上升的速度不应超过 0.4m/s； 3）绝缘斗边沿的最大线速度不应超过 0.5m/s

续表

√	序号	作业内容	步骤及要求
	13	工作验收	斗内电工检查施工质量： 1）杆上无遗漏物； 2）装置无缺陷符合运行条件； 3）向工作负责人汇报施工质量
	14	撤离杆塔	下降绝缘斗返回地面、收回绝缘臂时应注意绝缘斗臂车周围杆塔、线路等情况

6. 工作结束

√	序号	作业内容	步骤及要求
	1	工作负责人组织班组成员清理工具和现场	绝缘斗臂车各部件复位，收回绝缘斗臂车支腿
			工作负责人组织班组成员整理工具、材料。将工器具清洁后放入专用的箱（袋）中。清理现场，做到"工完、料尽、场地清"
	2	工作负责人召开收工会	工作负责人组织召开现场收工会，做工作总结和点评工作： 1）正确点评本项工作的施工质量； 2）点评班组成员在作业中的安全措施的落实情况； 3）点评班组成员对规程的执行情况
	3	办理工作终结手续	工作负责人向调度汇报工作结束，并终结工作票

7. 验收记录

记录检修中发现的问题	
存在问题及处理意见	

8. 现场标准化作业指导书执行情况评估

评估内容	符合性	优		可操作项	
		良		不可操作项	
	可操作性	优		修改项	
		良		遗漏项	
存在问题					
改进意见					

014　绝缘手套作业法接支接线路引线

1. 范围

本现场标准化作业指导书规定了采用绝缘斗臂车绝缘手套作业法带电搭接 10kV××线××号杆（无跌落式熔断器的）分支线路引线的工作步骤和技术要求。装置结构为主导线三角形排列的架空单回路 90°T 接的架空分支线路。

本现场标准化作业指导书适用于绝缘斗臂车绝缘手套作业法带电搭接 10kV××线××号分支线路引线。

2. 人员组合

本项目需要 4 人。

2.1　作业人员要求

√	序号	责任人	资质	人数
	1	工作负责人	应具有 3 年以上的配电带电作业实际工作经验，熟悉设备状况，具有一定组织能力和事故处理能力，并经工作负责人的专门培训，考试合格	1
	2	斗内电工	应通过配网不停电作业专项培训，考试合格并持有上岗证	2
	3	地面电工	应通过 10kV 配电线路专项培训，考试合格并持有上岗证	1

2.2　作业人员分工

√	序号	责任人	分工	责任人签名
	1		工作负责人	
	2		1 号斗内电工	
	3		2 号斗内电工	
	4		地面电工	

3. 工器具

领用绝缘工器具应核对工器具的使用电压等级和试验周期，并应检查外观完好无损。

工器具运输，应存放在专用的工具袋、工具箱或工具车内；金属工具和绝缘工器具应分开装运。

3.1　装备

√	序号	名称	规格/编号	单位	数量	备注
	1	绝缘斗臂车		辆	1	

3.2　个人安全防护用具

√	序号	名称	规格/编号	单位	数量	备注
	1	绝缘安全帽	10kV	顶	2	
	2	绝缘手套	10kV	双	2	
	3	防护手套		双	2	
	4	绝缘衣（披肩）	10kV	件	2	
	5	斗内绝缘安全带		副	2	
	6	护目镜		副	2	
	7	普通安全帽		顶	4	

3.3 绝缘遮蔽工具

√	序号	名称	规格/编号	单位	数量	备注
	1	导线遮蔽罩	10kV	根	若干	根据实际情况配置
	2	绝缘毯	10kV	块	若干	根据实际情况配置
	3	绝缘毯夹	10kV	只	若干	根据实际情况配置

3.4 绝缘工具

√	序号	名称	规格/编号	单位	数量	备注
	1	绝缘绳		根	1	
	2	绝缘操作杆		根	1	
	3	导线清扫杆		把	1	或者金属刷
	4	手工工具		套	1	根据实际情况配置

3.5 金属工具

√	序号	名称	规格/编号	单位	数量	备注
	1	断线钳		把	1	
	2	绝缘导线剥皮器		套	1	

3.6 仪器仪表

√	序号	名称	规格/编号	单位	数量	备注
	1	验电器	10kV	支	1	
	2	高压发生器	10kV	只	1	
	3	绝缘电阻检测仪	2500V	只	1	
	4	风速仪		只	1	
	5	温、湿度计		只	1	
	6	对讲机		套	若干	根据情况决定是否使用

3.7 其他工具

√	序号	名称	规格/编号	单位	数量	备注
	1	防潮苫布		块	1	
	2	个人常用工具		套	1	
	3	钢卷尺	3	把	1	

续表

√	序号	名称	规格/编号	单位	数量	备注
	4	安全遮栏、安全围绳		副	若干	
	5	标示牌	"从此进出！"	块	1	根据实际情况使用对应标示牌
	6	标示牌	"在此工作！"	块	2	
	7	路障	"前方施工，车辆慢行"	块	2	

3.8 材料

√	序号	名称	规格/编号	单位	数量	备注
	1	并沟线夹		只	若干	
	2	扎线		m	若干	根据实际情况选用
	3	干燥清洁布		块	若干	

4. 危险点分析及安全控制措施

√	序号	危险点	安全控制措施	备注
	1	人身触电	1）作业人员必须穿戴合格的个人绝缘防护用具（绝缘手套、绝缘安全帽、防护手套等），使用合格适当的绝缘工器具； 2）严格按照不停电作业操作规程中的遮蔽顺序（由近至远、由低到高、先带电体后接地体）进行遮蔽，绝缘遮蔽组合应保持不少于 0.2m 的重叠； 3）人体对带电体应有足够安全距离，斗臂车金属臂回转升降过程中与带电体间的安全距离不应小于 1.1m，安全距离不足应有绝缘隔离措施，斗臂车的伸缩式绝缘臂有效长度不小于 1.2m； 4）斗臂车需可靠接地； 5）斗内作业人员严禁同时接触不同电位物体； 6）接支接线路引线之前，应确认线路处于断开状态，作业人员应戴护目镜； 7）接直接线路引线时，应采取防摆动措施，要保持引线与人体、邻相及接地体之间的安全距离	
	2	高空坠落物体打击	1）斗内作业人员必须系好绝缘安全带，戴好绝缘安全帽； 2）使用的工具、材料等应用绝缘绳索传递或装在工具袋内，禁止乱扔、乱放； 3）现场除指定人员外，禁止其他人员进入工作区域，地面电工在传递工具、材料不要在作业点正下方，防止掉物伤人； 4）执行《带电作业绝缘斗臂车使用管理办法》； 5）作业现场按标准设置防护围栏，加强监护，禁止行人入内； 6）斗臂车绝缘斗升降过程中注意避开带电体、接地体及障碍物。绝缘斗升降、移动时应防止绝缘臂被过往车辆刮碰，绝缘斗位置固定后绝缘臂应在围栏保护范围内	

5. 作业程序

5.1 开工准备

√	序号	作业内容	步骤及要求
	1	现场复勘	工作负责人核对工作线路双重命名、杆号
			工作负责人检查环境是否符合作业要求： 1）地面平整结实； 2）地面倾斜度不大于7°或斗臂车说明书规定的角度
			工作负责人检查线路装置是否具备不停电作业条件： 1）作业段电杆杆根、埋深、杆身质量是否满足要求； 2）跌落式熔断器熔管已取下
			工作负责人检查气象条件（不需现场检查，但需在工作许可时汇报）： 1）天气应良好，无雷、雨、雪、雾； 2）风力：不大于5级； 3）气相对湿度不大于80%
			工作负责人检查工作票所列安全措施是否完备，必要时在工作票上补充安全技术措施
	2	执行工作许可制度	工作负责人与调度联系，确认许可工作
			工作负责人在工作票上签字
	3	召开现场站班会	工作负责人宣读工作票
			工作负责人检查工作班组成员精神状态、交代工作任务进行分工、交代工作中的安全措施和技术措施
			工作负责人检查班组各成员对工作任务分工、安全措施和技术措施是否明确
			班组各成员在工作票和作业指导书上签名确认
	4	停放绝缘斗臂车	斗臂车驾驶员将绝缘斗臂车位置停放到适当位置： 1）停放的位置应便于绝缘斗臂车绝缘斗达到作业位置，避开附近电力线和障碍物。并能保证作业时绝缘斗臂车的绝缘臂有效绝缘长度； 2）停放位置坡度不大于7°
			斗臂车操作人员支放绝缘斗臂车支腿： 1）不应支放在沟道盖板上； 2）软土地面应使用垫块或枕木； 3）支腿顺序应正确（"H"型支腿的车型，应先伸出水平支腿，再伸出垂直支腿；在坡地停放，应先支"前支腿"，后支"后支腿"）； 4）支撑应到位。车辆前后、左右呈水平
			斗臂车操作人员将绝缘斗臂车可靠接地： 1）接地线应采用有透明护套的不小于16mm²的多股软铜线； 2）临时接地体埋深应不少于0.6m
	5	布置工作现场	工作负责人组织班组成员设置工作现场的安全围栏、安全警示标志： 1）安全围栏的范围应考虑作业中高空坠落和高空落物的影响以及道路交通，必要时联系交通部门； 2）围栏的出入口应设置合理； 3）警示标示应包括"从此进出""在此工作"等，道路两侧应有"前方施工，车辆慢行"标示或路障

续表

√	序号	作业内容	步骤及要求
	5	布置工作现场	班组成员按要求将绝缘工器具放在防潮苫布上： 1）防潮苫布应清洁、干燥； 2）工器具应按管理要求分类摆放； 3）绝缘工器具不能与金属工具、材料混放
	6	工作负责人组织班组成员检查工器具	班组成员逐件对绝缘工器具进行外观检查： 1）检查人员应戴清洁、干燥的手套； 2）绝缘工具表面不应有裂纹、变形损坏，操作应灵活； 3）个人安全防护用具和遮蔽、隔离用具应无针孔、砂眼、裂纹； 4）检查斗内专用绝缘安全带外观，并作冲击试验
			班组成员使用绝缘电阻检测仪分段检测绝缘工具的表面绝缘电阻值： 1）测量电极应符合规程要求（极宽 2cm、极间距 2cm）； 2）正确使用（自检、测量）绝缘电阻检测仪（应采用点测的方法，不应使电极在绝缘工具表面滑动，避免刮伤绝缘工具表面）； 3）绝缘电阻值不得低于 700MΩ
			绝缘工器具检查完毕，向工作负责人汇报检查结果
	7	检查绝缘斗臂车	斗内电工检查绝缘斗臂车表面状况：绝缘斗、绝缘臂应清洁、无裂纹损伤
			斗内电工试操作绝缘斗臂车： 1）试操作应空斗进行； 2）试操作应充分，有回转、升降、伸缩的过程。确认液压、机械、电气系统正常可靠、制动装置可靠
			绝缘斗臂车检查和试操作完毕，斗内电工向工作负责人汇报检查结果
	8	斗内电工进入绝缘斗臂车绝缘斗	斗内电工穿戴好个人安全防护用具： 1）个人安全防护用具包括绝缘帽、绝缘衣（披肩）、绝缘手套（戴防穿刺手套）等； 2）工作负责人应检查斗内电工个人防护用具的穿戴是否正确
			斗内电工携带工器具进入绝缘斗，器具应分类放置，工具和人员重量不得超过绝缘斗额定载荷
			斗内电工将斗内专用绝缘安全带系挂在斗内专用挂钩上

5.2　作业过程

√	序号	作业内容	步骤及要求
	1	进入带电作业区域	斗内电工经工作负责人许可后，操作绝缘斗臂车，进入带电作业区域，绝缘斗移动应平稳匀速，在进入带电作业区域时： 1）应无大幅晃动现象； 2）绝缘斗下降、上升的速度不应超过 0.4m/s； 3）绝缘斗边沿的最大线速度不应超过 0.5m/s； 4）转移绝缘斗时应注意绝缘斗臂车周围杆塔、线路等情况，绝缘臂的金属部位与带电体和地电位物体的距离大于 1.1m； 5）进入带电作业区域作业后，绝缘斗臂车绝缘臂的有效绝缘长度不应小于 1.2m

续表

✓	序号	作业内容	步骤及要求
	2	验电	在工作负责人的监护下，使用验电器确认作业现场无漏电现象。应注意： 1）验电时，必须戴绝缘手套； 2）验电前，应验电器进行自检，确认是否合格（在保证安全距离的情况下也可在带电体上进行）； 3）验电时，电工应与邻近的构件、导体保持足够的距离； 4）如横担等接地构件有电，不应继续进行
	3	设置主导线近边相绝缘遮蔽隔离措施	获得工作负责人的许可后，斗内电工转移绝缘斗至近边相合适工作位置，按照"从近到远、从下到上、先带电体后接地体"的原则对作业中可能触及的部位进行绝缘遮蔽隔离： 1）斗内电工动作应轻缓并保持足够安全距离； 2）绝缘遮蔽隔离措施应严密、牢固，绝缘遮蔽组合的重叠距离不得小于 0.2m
	4	设置远边相绝缘遮蔽隔离措施	获得工作负责人的许可后，斗内电工转移绝缘斗至远边相合适工作位置，按照相同的方法设置绝缘遮蔽隔离措施
	5	设置分支线绝缘遮蔽隔离措施	斗内电工转移绝缘斗至合适工作位置，对分支线设置绝缘遮蔽措施。应注意： 绝缘遮蔽隔离措施应严密、牢固，绝缘遮蔽组合的重叠距离不得小于 0.2m
	6	在瓷横担绝缘子上固引线（若作业需要实施此步骤）	斗内电工将中相引线固定到瓷横担绝缘子上。应注意： 1）斗内电工应与带电体（中间相主导线）保持足够的距离（大于 0.6m）； 2）应同时检查瓷横担绝缘子有无破损、调整好角度和安装的牢固程度； 3）引线在瓷横担绝缘子上固结牢固，且应绑扎在受力一侧的第一个瓷裙内； 4）固结引线时应防止引线弹跳
	7	搭接中间相引线	获得工作负责人的许可后，斗内电工转移绝缘斗至中间相合适的工作位置，搭接中间相引线。搭接方法如下： 1）用导线清扫杆清除主导线上搭接引线部位的金属氧化物或脏污； 2）斗内电工调整绝缘斗位置，搭接引线。 应注意： 1）如在近边相位置搭接中间相引线，绝缘斗不应碰住近边相导线； 2）注意动作幅度，斗内电工与电杆、横担等地电位构件保持安全距离； 3）禁止作业人员同时接触不同电位体； 4）应防止高空落物。 引线的施工工艺和质量应满足施工和验收规范的要求： 1）引线长度适宜，弧度均匀； 2）引线无散股、断股现象； 3）引线与地电位构件之间保持安全距离； 4）并沟线夹垫片整齐无歪斜现象，搭接紧密； 5）引线穿出线夹的长度为 2~3cm
	8	补充补充绝缘遮蔽隔离措施	获得工作负责人的许可后，斗内电工补充绝缘遮蔽隔离措施。应注意： 绝缘遮蔽隔离措施应严密、牢固，绝缘遮蔽组合的重叠距离不得小于 0.2m
	9	搭接远边相引线	在工作负责人的监护下，斗内电工调整绝缘斗至远边相适当位置，按照与中间相相同的方法，搭接远边相引线。并补充绝缘遮蔽隔离措施

续表

✓	序号	作业内容	步骤及要求
	10	搭接近边相引线	在工作负责人的监护下，斗内电工调整绝缘斗至近边相适当位置，按照与中间相相同的方法，搭接近边相引线。并补充绝缘遮蔽隔离措施
	11	拆除主导线绝缘遮蔽隔离措施	获得工作负责人的许可后，斗内电工转移绝缘斗至合适工作位置，按照"从上到下、由远及近、先接地体后带电体"的原则拆除绝缘遮蔽隔离措施。应注意： 1）拆除主导线绝缘遮蔽隔离措施的顺序应为：先远边相、再近边相； 2）斗内电工动作应轻缓并保持足够安全距离； 3）斗内电工转移作业相应获得工作负责人的许可
	12	拆除引线、分支线的绝缘遮蔽隔离措施	获得工作负责人的许可后，斗内电工转移绝缘斗至分支线的合适工作位置，按照"从上到下、由远及近、先接地体后带电体"的原则拆除绝缘遮蔽隔离措施。应注意： 1）拆除三相绝缘遮蔽隔离措施的顺序应为：先中间相，再两边相； 2）斗内电工动作应轻缓并保持足够安全距离； 3）禁止斗内电工长时间碰触周围异电位物体上的绝缘遮蔽隔离措施； 4）斗内电工转移作业相应获得工作负责人的许可
	13	工作验收	斗内电工撤出带电作业区域。撤出带电作业区域时： 1）应无大幅晃动现象； 2）绝缘斗下降、上升的速度不应超过 0.4m/s； 3）绝缘斗边沿的最大线速度不应超过 0.5m/s 斗内电工检查施工质量： 1）杆上无遗漏物； 2）装置无缺陷符合运行条件； 3）向工作负责人汇报施工质量
	14	撤离杆塔	下降绝缘斗返回地面、收回绝缘臂时应注意绝缘斗臂车周围杆塔、线路等情况

6. 工作结束

✓	序号	作业内容	步骤及要求
	1	工作负责人组织班组成员清理工具和现场	绝缘斗臂车各部件复位，收回绝缘斗臂车支腿
			工作负责人组织班组成员整理工具、材料。将工器具清洁后放入专用的箱（袋）中。清理现场，做到"工完、料尽、场地清"
	2	工作负责人召开收工会	工作负责人组织召开现场收工会，做工作总结和点评工作： 1）正确点评本项工作的施工质量； 2）点评班组成员在作业中的安全措施的落实情况； 3）点评班组成员对规程的执行情况
	3	办理工作终结手续	工作负责人向调度汇报工作结束，并终结工作票

7. 验收记录

记录检修中发现的问题	
存在问题及处理意见	

8. 现场标准化作业指导书执行情况评估

评估内容	符合性	优		可操作项	
		良		不可操作项	
	可操作性	优		修改项	
		良		遗漏项	
存在问题					
改进意见					

015　绝缘手套作业法接耐张线路引线

1. 范围

本现场标准化作业指导书规定了在"10kV××线××号杆"采用绝缘斗臂车绝缘手套作业法"接耐张线路引线"的工作步骤和技术要求。

本现场标准化作业指导书适用于绝缘斗臂车绝缘手套作业法"10kV××线××号杆接耐张线路引线"。

2. 人员组合

本项目需要 4 人。

2.1　作业人员要求

√	序号	责任人	资质	人数
	1	工作负责人	应具有 3 年以上的配电带电作业实际工作经验,熟悉设备状况,具有一定组织能力和事故处理能力,并经工作负责人的专门培训,考试合格。经本单位总工程师批准、书面公布	1
	2	斗内电工	应通过配网不停电作业专项培训,考试合格并持有上岗证	2
	3	地面电工	应通过配网不停电作业专项培训,考试合格并持有上岗证	1

2.2　作业人员分工

√	序号	责任人	分工	责任人签名
	1		工作负责人	
	2		1 号斗内电工	
	3		2 号斗内电工	
	4		地面电工	

3. 工器具

领用绝缘工器具应核对工器具的使用电压等级和试验周期,并应检查外观完好无损。

工器具运输,应存放在专用的工具袋、工具箱或工具车内;金属工具和绝缘工器具应分开装运。

3.1 装备

√	序号	名称	规格/编号	单位	数量	备注
	1	绝缘斗臂车		辆	1	

3.2 个人安全防护用具

√	序号	名称	规格/编号	单位	数量	备注
	1	绝缘安全帽	10kV	顶	2	
	2	绝缘衣（披肩）	10kV	件	2	
	3	绝缘手套	10kV	副	2	
	4	防护手套		副	2	
	5	斗内绝缘安全带		副	2	
	6	护目镜		副	2	
	7	普通安全帽		顶	4	

3.3 绝缘遮蔽用具

√	序号	名称	规格/编号	单位	数量	备注
	1	绝缘毯	10kV	块	若干	
	2	绝缘毯夹		只	若干	
	3	导线遮蔽罩	10kV	根	若干	

3.4 绝缘工具

√	序号	名称	型号/规格	单位	数量	备注
	1	绝缘传递绳		根	1	

3.5 金属工具

√	序号	名称	型号/规格	单位	数量	备注
	1	棘轮断线钳		把	1	
	2	绝缘导线剥皮器		把	1	

3.6 仪器仪表

√	序号	名称	型号/规格	单位	数量	备注
	1	绝缘电阻检测仪	2500V 及以上	套	1	
	2	验电器	10kV	支	1	
	3	高压发生器	10kV	只	1	
	4	风速仪		只	1	
	5	温、湿度计		只	1	
	6	对讲机		套	若干	根据情况决定是否使用

3.7 其他工具

√	序号	名称	规格/编号	单位	数量	备注
	1	防潮苫布		块	1	
	2	个人常用工具		套	1	
	3	安全遮栏、安全围绳		副	若干	
	4	标示牌	"从此进出！"	块	1	根据实际情况使用对应标示牌
	5	标示牌	"在此工作！"	块	2	
	6	路障	"前方施工，车辆慢行"	块	2	

3.8 材料
包括装置性材料和消耗性材料。

√	序号	名称	规格/编号	单位	数量	备注
	1	瓷横担绝缘子		只	若干	根据实际情况选择
	2	绝缘导线		m	若干	根据实际情况选择
	3	扎线		m	若干	
	4	并沟线夹		只	6	
	5	清洁干燥布		条	1	

4. 危险点分析及安全控制措施

√	序号	危险点	安全控制措施	备注
	1	人身触电	1）作业人员必须穿戴合格的个人绝缘防护用具（绝缘手套、绝缘安全帽、防护手套等），使用合格适当的绝缘工器具； 2）严格按照不停电作业操作规程中的遮蔽顺序（由近至远、由低到高、先带电体后接地体）进行遮蔽，绝缘遮蔽组合应保持不少于0.2m的重叠； 3）人体对带电体应有足够安全距离，斗臂车金属臂回转升降过程中与带电体间的安全距离不应小于1.1m，安全距离不足应有绝缘隔离措施，斗臂车的伸缩式绝缘臂有效长度不小于1.2m； 4）斗臂车、吊车需可靠接地； 5）斗内作业人员严禁同时接触不同电位物体； 6）接耐张线路引线之前，应确认线路处于空载状态，作业人员应戴护目镜，并采取消弧措施； 7）接耐张线路引线及线引时，应采取防摆动措施，要保持引线与人体、邻相及接地体之间的安全距离	
	2	高空坠落、物体打击	1）斗内作业人员必须系好绝缘安全带，戴好绝缘安全帽； 2）使用的工具、材料等应用绝缘绳索传递或装在工具袋内，禁止乱扔、乱放； 3）现场除指定人员外，禁止其他人员进入工作区域，地面电工在传递工具、材料不要在作业点正下方，防止掉物伤人； 4）执行《带电作业绝缘斗臂车使用管理办法》； 5）作业现场按标准设置防护围栏，加强监护，禁止行人入内； 6）斗臂车绝缘斗升降过程中注意避开带电体、接地体及障碍物。绝缘斗升降、移动时应防止绝缘臂被过往车辆刮碰，绝缘斗位置固定后绝缘臂应在围栏保护范围内	

5. 作业程序

5.1 开工准备

√	序号	作业内容	步骤及要求
	1	现场复勘	工作负责人核对工作线路双重命名、杆号
			工作负责人检查地形环境是否符合作业要求： 1）地面平整坚实； 2）地面倾斜度不大于7°或斗臂车说明书规定的角度
			工作负责人检查线路装置是否具备不停电作业条件。本项作业应检查确认的内容有： 1）作业点电杆基础、埋深、杆身质量； 2）检查线路负荷侧柱上开关设备是否已在断开位置，确认线路处于空载状态； 3）检查负荷侧线路无接地、绝缘不良等现象
			工作负责人检查气象条件（不需现场检查，但需在工作许可时汇报）： 1）天气应良好，无雷、雨、雪、雾； 2）风力：不大于5级； 3）气相对湿度不大于80%
			工作负责人检查工作票所列安全措施是否完备，在工作票上补充安全措施

续表

√	序号	作业内容	步骤及要求
	2	执行工作许可制度	工作负责人与调度联系,确认许可工作
			工作负责人在工作票上签字
	3	召开现场站班会	工作负责人宣读工作票
			工作负责人检查工作班组成员精神状态、交代工作任务进行分工、交代工作中的安全措施和技术措施
			工作负责人检查班组各成员对工作任务分工、安全措施和技术措施是否明确
			班组各成员在工作票和作业指导书上签名确认
	4	停放绝缘斗臂车	斗臂车驾驶员将辆绝缘斗臂车位置分别停放到最佳位置: 1) 停放的位置应便于绝缘斗臂车绝缘斗到达作业位置,避开附近电力线和障碍物,并能保证作业时绝缘斗臂车的绝缘臂有效绝缘长度; 2) 停放位置坡度不大于 7°; 3) 应做到尽可能小的影响道路交通
			斗臂车操作人员支放绝缘斗臂车支腿: 1) 不应支放在沟道盖板上; 2) 软土地面应使用垫块或枕木; 3) 支腿顺序应正确("H"型支腿的车型,应先伸出水平支腿,再伸出垂直支腿;在坡地停放,应先支"前支腿",后支"后支腿"); 4) 支撑应到位。车辆前后、左右呈水平
			斗臂车操作人员将绝缘斗臂车可靠接地: 1) 接地线应采用有透明护套的不小于 16mm² 的多股软铜线; 2) 临时接地体埋深应不少于 0.6m
	5	布置工作现场	工作负责人组织班组成员设置工作现场的安全围栏、安全警示标志: 1) 安全围栏的范围应考虑作业中高空坠落和高空落物的影响以及道路交通,必要时联系交通部门; 2) 围栏的出入口应设置合理; 3) 警示标示应包括"从此进出""在此工作"等,道路两侧应有"前方施工,车辆慢行"标示或路障
			班组成员按要求将绝缘工器具放在防潮苫布上: 1) 防潮苫布应清洁、干燥; 2) 工器具应按定置管理要求分类摆放; 3) 绝缘工器具不能与金属根据、材料混放
	6	检查绝缘工器具	班组成员逐件对绝缘工器具进行外观检查: 1) 检查人员应戴清洁、干燥的手套; 2) 绝缘工具表面不应有裂纹、变形损坏,操作应灵活; 3) 个人安全防护用具和遮蔽、隔离用具应无针孔、砂眼、裂纹; 4) 检查斗内专用绝缘安全带外观,并作冲击试验
			班组成员使用绝缘电阻检测仪分段检测绝缘工具的表面绝缘电阻值: 1) 测量电极应符合规程要求(极宽 2cm、极间距 2cm); 2) 正确使用(自检、测量)绝缘电阻检测仪(应采用点测的方法,不应使电极在绝缘工具表面滑动,避免刮伤绝缘工具表面); 3) 绝缘电阻值不得低于 700MΩ
			绝缘工器具检查完毕,向工作负责人汇报检查结果

续表

√	序号	作业内容	步骤及要求
	7	检查绝缘斗臂车	斗内电工检查绝缘斗臂车表面状况：绝缘斗、绝缘臂应清洁、无裂纹损伤
			斗内电工试操作绝缘斗臂车： 1）试操作应空斗进行； 2）试操作应充分，有回转、升降、伸缩的过程。确认液压、机械、电气系统正常可靠、制动装置可靠
			绝缘斗臂车检查和试操作完毕，斗内电工向工作负责人汇报检查结果
	8	检测瓷横担绝缘子	班组成员检测直线绝缘子： 1）清洁和检查瓷横担绝缘子进行，绝缘子表面应无麻点、裂痕等现象； 2）用绝缘电阻检测仪检测绝缘子的绝缘电阻不应低于 500MΩ； 3）检测完毕，向工作负责人汇报检测结果
	9	斗内电工进入绝缘斗臂车工作斗	绝缘斗臂车斗内电工穿戴好个人安全防护用具： 1）个人安全防护用具包括绝缘帽、绝缘衣（披肩）、绝缘手套（戴防穿刺手套）、护目镜等； 2）工作负责人应检查斗内电工个人防护用具的穿戴是否正确
			绝缘斗臂车斗内电工携带工器具进入绝缘斗，工器具应分类放置，工具和人员重量不得超过绝缘斗额定载荷
			绝缘斗臂车斗内电工将斗内专用绝缘安全带系挂在斗内专用挂钩上

5.2 作业过程

√	序号	作业内容	步骤及要求
	1	进入带电作业区域	斗内电工经工作负责人许可后，操作绝缘斗臂车，进入带电作业区域，绝缘斗移动应平稳匀速，在进入带电作业区域时： 1）应无大幅晃动现象； 2）绝缘斗下降、上升的速度不应超过 0.4m/s； 3）绝缘斗边沿的最大线速度不应超过 0.5m/s； 4）转移绝缘斗时应注意绝缘斗臂车周围杆塔、线路等情况，绝缘臂的金属部位与带电体和地电位物体的距离大于 1.1m； 5）进入带电作业区域作业后，绝缘斗臂车绝缘臂的有效绝缘长度不应小于 1.2m
	2	验电	在工作负责人的监护下，使用验电器确认作业现场无漏电现象。应注意： 1）验电时，必须戴绝缘手套； 2）验电前，应验电器进行自检，确认是否合格（在保证安全距离的情况下也可在带电体上进行）； 3）验电时，电工应与邻近的构件、导体保持足够的距离； 4）如横担等接地构件有电，不应继续进行
	3	检测负荷侧线路绝缘电阻	斗内电工用绝缘电阻检测仪检测缝合侧架空线路相对地之间的绝缘电阻，确认无接地或绝缘不良等现象。如不满足要求，怎消除缺陷后才能继续本项作业

续表

✓	序号	作业内容	步骤及要求
	4	设置电源侧三相绝缘遮蔽隔离措施	获得工作负责人的许可后，斗内电工转移绝缘斗至电源侧合适工作位置，按照"由近及远""从下到上"的原则对作业中可能触及的部位进行绝缘遮蔽隔离： 1）三相的绝缘遮蔽隔离顺序为"先近边相、再远边相、最后中间相"； 2）斗内电工在对带电体设置绝缘遮蔽隔离措施时，动作应轻缓，与横担等地电位构件间应有足够的安全距离，与邻相导线之间应有足够的安全距离； 3）绝缘遮蔽隔离措施应严密、牢固，绝缘遮蔽组合的重叠距离不得小于 0.2m； 4）斗内电工转移作业相，应取得工作负责人的许可
	5	安装三相跨接线	在工作负责人的监护下，斗内电工转移绝缘斗至负荷侧合适工作位置，安装三相跨接线。方法如下： 1）斗内电工在横担上或电杆顶架上安装好跨接线瓷横担绝缘子； 2）将跨接线用扎线固定在瓷横担绝缘子上； 3）用导线清洁刷清除负荷侧主导线上跨接线搭接部位的金属氧化物或脏污； 4）用并沟线夹将跨接线接续到负荷侧主导线上。 跨接线的安装工艺和质量应满足施工和验收规范的要求： 1）跨接线宜采用绝缘导线，载流能力与主导线相同； 2）跨接线与主导线接续时并沟线夹个数不应少于 2 个，连接紧密牢固； 3）跨接线长度适宜，应呈均匀弧度； 4）耐张绝缘子裙边与跨接线的间隙不应小于 50mm； 5）跨接线在瓷横担绝缘子上固定牢固，绑扎工艺符合要求
	6	补充三相绝缘遮蔽隔离措施	斗内电工在负荷侧合适工作位置，补充三相绝缘遮蔽隔离措施。应注意： 绝缘遮蔽隔离措施应严密、牢固，绝缘遮蔽组合的重叠距离不得小于 0.2m
	7	接中间相跨接线，并补充绝缘遮蔽隔离措施	在工作负责人的监护下，斗内电工转移绝缘斗至电源侧中间相合适工作位置，搭接中间相跨接线。方法如下： 1）清除负荷侧主导线上跨接线搭接处的金属氧化物或脏污； 2）用并沟线夹将跨接线接续到主导线上。 应注意： 1）跨接线的安装工艺和质量应满足施工和验收规范的要求； 2）搭接跨接线时，应注意控制动作幅度，禁止作业人员同时接触不同电位体 补充跨接线及主导线处的绝缘遮蔽隔离措施。应注意：绝缘遮蔽隔离措施应严密、牢固，绝缘遮蔽组合的重叠距离不得小于 0.2m
	8	接远边相跨接线，并补充绝缘遮蔽隔离措施	在工作负责人的监护下，斗内电工转移绝缘斗至电源侧远边相合适工作位置，按照相同的方法和要求搭接远边相跨接线，并补充绝缘遮蔽隔离措施
	9	接近边相跨接线，并补充绝缘遮蔽隔离措施	在工作负责人的监护下，斗内电工转移绝缘斗至电源侧近边相合适工作位置，按照相同的方法和要求搭接近边相跨接线，并补充绝缘遮蔽隔离措施

续表

√	序号	作业内容	步骤及要求
	10	撤除中间相绝缘遮蔽隔离措施	斗内电工转移绝缘斗至中间相合适工作位置，按照"从远到近、从上到下、先接地体后带电体"的原则，依次拆除中间相绝缘遮蔽隔离措施。应注意： 1）斗内电工的动作应轻缓，与已撤除绝缘遮蔽措施的异电位物体之间保持足够的距离； 2）避免高空落物
	11	拆除远边相绝缘遮蔽隔离措施	在工作负责人的监护下，斗内电工转移绝缘斗至远边相合适工作位置，按照相同的方法和要求拆除远边相绝缘遮蔽隔离措施
	12	拆除近边相绝缘遮蔽隔离措施	在工作负责人的监护下，斗内电工转移绝缘斗至近边相合适工作位置，按照相同的方法和要求拆除近边相绝缘遮蔽隔离措施
	13	工作验收	斗内电工撤出带电作业区域。撤出带电作业区域时： 1）应无大幅晃动现象； 2）绝缘斗下降、上升的速度不应超过 0.4m/s； 3）绝缘斗边沿的最大线速度不应超过 0.5m/s<hr>斗内电工检查施工质量： 1）杆上无遗漏物； 2）装置无缺陷符合运行条件； 3）向工作负责人汇报施工质量
	14	撤离杆塔	下降绝缘斗返回地面、收回绝缘臂时应注意绝缘斗臂车周围杆塔、线路等情况

6. 工作结束

√	序号	作业内容	步骤及要求
	1	工作负责人组织班组成员清理工具和现场	绝缘斗臂车各部件复位，收回绝缘斗臂车支腿<hr>工作负责人组织班组成员整理工具、材料。将工器具清洁后放入专用的箱（袋）中。清理现场，做到"工完、料尽、场地清"
	2	工作负责人召开收工会	工作负责人组织召开现场收工会，做工作总结和点评工作： 1）正确点评本项工作的施工质量； 2）点评班组成员在作业中的安全措施的落实情况； 3）点评班组成员对规程的执行情况
	3	办理工作终结手续	工作负责人向调度汇报工作结束，并终结工作票

7. 验收记录

记录检修中发现的问题	
存在问题及处理意见	

8. 现场标准化作业指导书执行情况评估

评估内容	符合性	优		可操作项	
		良		不可操作项	
	可操作性	优		修改项	
		良		遗漏项	
存在问题					
改进意见					

第六节　带电更换熔断器

016　绝缘手套作业法更换跌落式熔断器

1. 范围

本规程规定了采用绝缘手套作业法带电更换"10kV××线路××杆"跌落式熔断器的现场标准化作业的工作步骤和技术要求。

本规程适用于绝缘手套作业法带电更换 10kV××线路××杆跌落式熔断器。

2. 人员组合

本项目需要 4 人。

2.1　作业人员要求

√	序号	责任人	资质	人数
	1	工作负责人（监护人）	应具有 3 年以上的配电带电作业实际工作经验，熟悉设备状况，具有一定组织能力和事故处理能力，并经工作负责人的专门培训，考试合格。经本单位总工程师批准、书面公布	1
	2	斗内电工	应通过配网不停电作业专项培训，考试合格并持有上岗证	2
	3	地面电工	应通过配网不停电作业专项培训，考试合格并持有上岗证	1

2.2　作业人员分工

√	序号	责任人	分工	责任人签名
	1		工作负责人	
	2		1 号斗内电工	
	3		2 号斗内电工	
	4		地面电工	

3. 工器具

领用绝缘工具、安全用具及辅助器具，应核对工器具的使用电压等级和试验周期。领用绝缘工器具，应检查外观完好无损。

工器具运输，应存放在专用的工具袋、工具箱或工具车内；金属工具和绝缘工器具应分开装运。

3.1 装备

√	序号	名称	规格/型号	单位	数量	备注
	1	绝缘斗臂车		辆	1	

3.2 个人防护用具

√	序号	名称	规格/型号	单位	数量	备注
	1	绝缘安全帽	10kV	顶	2	
	2	绝缘手套	10kV	双	2	
	3	防护手套		双	2	
	4	绝缘衣（披肩）	10kV	件	2	
	5	斗内绝缘安全带		副	2	
	6	护目镜		副	2	
	7	普通安全帽		顶	4	

3.3 绝缘遮蔽用具

√	序号	名称	规格/型号	单位	数量	备注
	1	导线软质遮蔽罩	10kV	根	若干	
	2	绝缘毯	10kV	块	若干	
	3	绝缘毯夹		只	若干	

3.4 绝缘工具

√	序号	名称	规格/型号	单位	数量	备注
	1	绝缘传递绳		根	1	
	2	绝缘绳套		根	1	

3.5 仪器仪表

√	序号	名称	规格/型号	单位	数量	备注
	1	验电器	10kV	支	1	
	2	高压发生器	10kV	只（台）	1	
	3	绝缘电阻检测仪	2500V 及以上	套	1	
	4	风速仪		只	1	
	5	温、湿度计		只	1	
	6	对讲机		套	若干	根据情况决定是否使用

3.6 其他工具

√	序号	名称	规格/型号	单位	数量	备注
	1	防潮苫布		块	1	
	2	个人常用工具		套	1	
	3	安全遮栏、安全围绳		副	若干	
	4	标示牌	"从此进出！"	块	1	根据实际情况使用对应标示牌
	5	标示牌	"在此工作！"	块	2	
	6	路障	"前方施工，车辆慢行"	块	2	

3.7 材料

√	序号	名称	规格/型号	单位	数量	备注
	1	跌落式熔断器		只	3	
	2	熔管		只	1	
	3	毛巾		条	2	

4. 危险点分析及安全控制措施

√	序号	危险点	安全控制措施	备注
	1	人身触电	1）作业人员必须穿戴合格的个人绝缘防护用具（绝缘手套、绝缘安全帽、防护手套等），使用合格适当的绝缘工器具； 2）严格按照不停电作业操作规程中的遮蔽顺序（由近至远、由低到高、先带电体后接地体）进行遮蔽，绝缘遮蔽组合应保持不少于0.2m的重叠； 3）人体对带电体应有足够安全距离，斗臂车金属臂回转升降过程中与带电体间的安全距离不应小于1.1m，安全距离不足应有绝缘隔离措施，斗臂车的伸缩式绝缘臂有效长度不小于1.2m； 4）斗臂车需可靠接地； 5）斗内作业人员严禁同时接触不同电位物体； 6）作业前检查确认跌落式熔断器开关在开位； 7）必须拉开跌落式熔断器开关后再更换	

续表

√	序号	危险点	安全控制措施	备注
	2	高空坠落、物体打击	1）斗内作业人员必须系好绝缘安全带，戴好绝缘安全帽； 2）使用的工具、材料等应用绝缘绳索传递或装在工具袋内，禁止乱扔、乱放； 3）现场除指定人员外，禁止其他人员进入工作区域，地面电工在传递工具、材料不要在作业点正下方，防止掉物伤人； 4）执行《带电作业绝缘斗臂车使用管理办法》； 5）作业现场按标准设置防护围栏，加强监护，禁止行人入内； 6）斗臂车绝缘斗升降过程中注意避开带电体、接地体及障碍物。绝缘斗升降、移动时应防止绝缘臂被过往车辆刮碰，绝缘斗位置固定后绝缘臂应在围栏保护范围内	

5. 作业程序

5.1 开工准备

√	序号	作业内容	步骤及要求
	1	现场复勘	工作负责人核对工作线路双重命名、杆号
			工作负责人检查地形环境是否符合作业要求： 1）地面平整坚实； 2）地面倾斜度不大于 7° 或斗臂车说明书规定的角度
			工作负责人检查线路装置是否具备不停电作业条件。本项作业应检查确认的内容有： 1）作业电杆埋深、杆身质量； 2）跌落式熔断器应已处于断开状态，熔管已取下（即空载状态）； 3）跌落式熔断器负荷侧已做好接地措施
			工作负责人检查气象条件（不需现场检查，但需在工作许可时汇报）： 1）天气应良好，无雷、雨、雪、雾； 2）风力：不大于 5 级； 3）气相对湿度不大于 80%
			工作负责人检查工作票所列安全措施是否完备，在工作票上补充安全措施
	2	执行工作许可制度	工作负责人与调度联系，确认许可工作
			工作负责人在工作票上签字
	3	召开现场站班会	工作负责人宣读工作票
			工作负责人检查工作班组成员精神状态、交代工作任务进行分工、交代工作中的安全措施和技术措施
			工作负责人检查班组各成员对工作任务分工、安全措施和技术措施是否明确
			班组各成员在工作票和作业指导书上签名确认
	4	停放绝缘斗臂车	斗臂车驾驶员将绝缘斗臂车位置停放到最佳位置： 1）停放的位置应便于绝缘斗臂车绝缘斗到达作业位置，避开附近电力线和障碍物，并能保证作业时绝缘斗臂车的绝缘臂有效绝缘长度； 2）停放位置坡度不大于 7°

续表

√	序号	作业内容	步骤及要求
	4	停放绝缘斗臂车	斗臂车操作人员支放绝缘斗臂车支腿： 1）不应支放在沟道盖板上； 2）软土地面应使用垫块或枕木； 3）支腿顺序应正确（"H"型支腿的车型，应先伸出水平支腿，再伸出垂直支腿；在坡地停放，应先支"前支腿"，后支"后支腿"）； 4）支撑应到位。车辆前后、左右呈水平
			斗臂车操作人员将绝缘斗臂车可靠接地： 1）接地线应采用有透明护套的不小于 16mm² 的多股软铜线； 2）临时接地体埋深应不少于 0.6m
	5	布置工作现场	工作负责人组织班组成员设置工作现场的安全围栏、安全警示标志： 1）安全围栏的范围应考虑作业中高空坠落和高空落物的影响以及道路交通，必要时联系交通部门； 2）围栏的出入口应设置合理； 3）警示标示应包括"从此进出""在此工作"等，道路两侧应有"前方施工，车辆慢行"标示或路障
			班组成员按要求将绝缘工器具放在防潮苫布上： 1）防潮苫布应清洁、干燥； 2）工器具应按管理要求分类摆放； 3）绝缘工器具不能与金属工具、材料混放
	6	检查绝缘工器具	班组成员逐件对绝缘工器具进行外观检查： 1）检查人员应戴清洁、干燥的手套； 2）绝缘工具表面不应有裂纹、变形损坏，操作应灵活； 3）个人安全防护用具和遮蔽、隔离用具应无针孔、砂眼、裂纹； 4）检查斗内专用绝缘安全带外观，并作冲击试验
			班组成员使用绝缘电阻检测仪分段检测绝缘工具（本项目的绝缘工具为绝缘传递绳和绝缘绳套）的表面绝缘电阻值： 1）测量电极应符合规程要求（极宽 2cm、极间距 2cm）； 2）正确使用（自检、测量）绝缘电阻检测仪（应采用点测的方法，不应使电极在绝缘工具表面滑动，避免刮伤绝缘工具表面）； 3）绝缘电阻值不得低于 700MΩ
			绝缘工器具检查完毕，向工作负责人汇报检查结果
	7	检查绝缘斗臂车	斗内电工检查绝缘斗臂车表面状况：绝缘斗、绝缘臂应清洁、无裂纹损伤
			斗内电工试操作绝缘斗臂车： 1）试操作应空斗进行； 2）试操作应充分，有回转、升降、伸缩的过程。确认液压、机械、电气系统正常可靠、制动装置可靠
			绝缘斗臂车检查和试操作完毕，斗内电工向工作负责人汇报检查结果
	8	检测（新）跌落式熔断器	班组成员检测三只新跌落式熔断器： 1）（新）跌落式熔断器进行表面清洁和检查：绝缘子各部分零件完整；瓷件表面光滑，无麻点、裂痕等现象；转轴光滑灵活，铸件不应有裂纹、砂眼、锈蚀； 2）安装熔管进行试拉合，合闸机构应良好； 3）用绝缘电阻检测仪检测跌落式熔断器上下接线柱与中间安装连板之间的绝缘电阻不应低于 500MΩ； 4）检测完毕，向工作负责人汇报检测结果

续表

√	序号	作业内容	步骤及要求
	9	斗内电工进入绝缘斗臂车绝缘斗	斗内电工穿戴好个人安全防护用具： 1）个人安全防护用具包括绝缘帽、绝缘衣（披肩）、绝缘手套（戴防穿刺手套）等； 2）工作负责人应检查斗内电工个人防护用具的穿戴是否正确
			斗内电工携带工器具进入绝缘斗，工器具应分类放置，工具和人员重量不得超过绝缘斗额定载荷
			斗内电工将斗内专用绝缘安全带系挂在斗内专用挂钩上

5.2 操作过程

√	序号	作业内容	步骤及要求
	1	进入带电作业区域	斗内电工经工作负责人许可后，操作绝缘斗臂车，进入带电作业区域，绝缘斗移动应平稳匀速，在进入带电作业区域时： 1）应无大幅晃动现象； 2）绝缘斗下降、上升的速度不应超过 0.4m/s； 3）绝缘斗边沿的最大线速度不应超过 0.5m/s； 4）转移绝缘斗时应注意绝缘斗臂车周围杆塔、线路等情况，绝缘臂的金属部位与带电体和地电位物体的距离大于 1.1m； 5）进入带电作业区域作业后，绝缘斗臂车绝缘臂的有效绝缘长度不应小于 1.2m
	2	验电	在工作负责人的监护下，使用验电器确认作业现场无漏电现象。应注意： 1）验电时，必须戴绝缘手套； 2）验电前，应验电器进行自检，确认是否合格（在保证安全距离的情况下也可在带电体上进行）； 3）验电时，电工应与邻近的构件、导体保持足够的距离； 4）如横担等接地构件有电，不应继续进行
	3	设置近边相绝缘遮蔽、隔离措施	1）获得工作负责人许可后，斗内电工将绝缘斗调整到近边相的合适位置，按照"从近到远、从下到上、先带电体后接地体"的原则对作业中可能触及的部位进行绝缘遮蔽隔离； 2）斗内电工在设置绝缘遮蔽隔离措施时，动作应轻缓，与横担之间应有足够的安全距离，与邻相导线之间应有足够的安全距离； 3）绝缘遮蔽隔离措施应严密、牢固，绝缘遮蔽组合的重叠距离不得小于 0.2m
	4	设置远边相绝缘遮蔽、隔离措施	获得工作负责人许可后，斗内电工转移绝缘斗到远边相的合适位置，按照与近边相相同的方法对远边相设置绝缘遮蔽隔离措施
	5	设置中间相绝缘遮蔽、隔离措施	获得工作负责人许可后，斗内电工转移绝缘斗到中间相的合适位置，按照与近边相相同的方法对中间相设置绝缘遮蔽隔离措施
	6	更换中间相跌落式熔断器	获得工作负责人许可后，斗内电工拆开跌落式熔断器上接线柱处地绝缘遮蔽隔离措施。注意应保留跌落式熔断器安装连板处的绝缘遮蔽隔离措施，并有足够的覆盖宽度

续表

√	序号	作业内容	步骤及要求
	6	更换中间相跌落式熔断器	斗内电工拆开跌落式熔断器上接线柱的螺栓。应注意： 1）应使用绝缘手工工具； 2）应控制动作幅度，手工工具不应与周围构件撞击
			斗内电工将跌落式熔断器上引线固定到竖引上，并对引线裸露部分进行绝缘遮蔽隔离
			斗内电工拆开下接线柱引线并用绝缘绳套固定
			斗内电工更换跌落式熔断器： 1）拆跌落式熔断器之前应用绝缘传递绳将其捆好； 2）拆卸旧跌落式熔断器和安装新跌落式熔断器前，应检查确认针式绝缘子上的绝缘遮蔽措施； 3）不得有高空落物现象
			斗内电工试拉合跌落式熔断器，跌落式熔断器的安装工艺应符合要求： 1）新跌落式熔断器应安装牢固、排列整齐，无歪斜现象； 2）熔断器水平间距离合适； 3）跌落式熔断器熔管轴线与地面的垂线夹角为 15°～30°； 4）新跌落式熔断器的绝缘子不应有破损现象； 5）操作时灵活可靠、接触紧密。合熔丝管时上触头应有一定的压缩行程
			斗内电工将下桩头引线安装好，引线应搭接牢固，形状优美
			斗内电工恢复跌落式熔断器安装连板处地绝缘遮蔽隔离措施，遮蔽隔离措施应严密牢固，与横担上的绝缘遮蔽组合应有不少于 0.2m 的重叠长度
			斗内电工将上桩头引线安装到跌落式熔断器上接线柱上，引线应搭接牢固，形状优美
			斗内电工恢复跌落式熔断器上接线柱上的绝缘遮蔽隔离措施，遮蔽隔离措施应严密牢固
	7	更换远边相跌落式熔断器	在工作负责人监护下，斗内电工按照与中间相相同方法更换远边相跌落式熔断器
	8	更换内变相跌落式熔断器	在工作负责人监护下，斗内电工按照与中间相相同方法更换近边相跌落式熔断器
	9	拆除中间相绝缘遮蔽隔离措施	1）获得工作负责人的许可后，斗内电工调整绝缘斗至中间相，依次拆除中间相绝缘遮蔽隔离措施； 2）拆除绝缘遮蔽隔离措施时，动作应尽量轻缓
	10	拆除远边相绝缘遮蔽隔离措施	获得工作负责人的许可后，斗内电工转移绝缘斗至远边相，按照拆除中间相绝缘遮蔽隔离措施相同的方法依次拆除远边相上的绝缘遮蔽隔离措施
	11	拆除近边相绝缘遮蔽隔离措施	获得工作负责人的许可后，斗内电工转移绝缘斗至远边相，按照拆除中间相绝缘遮蔽隔离措施相同的方法依次拆除远边相上的绝缘遮蔽隔离措施
	12	工程验收	斗内电工撤出带电作业区域。撤出带电作业区域时： 1）应无大幅晃动现象； 2）绝缘斗下降、上升的速度不应超过 0.4m/s； 3）绝缘斗边沿的最大线速度不应超过 0.5m/s

续表

√	序号	作业内容	步骤及要求
	12	工程验收	斗内电工检查施工质量： 1）杆上无遗漏物； 2）装置无缺陷符合运行条件； 3）向工作负责人汇报施工质量
	13	撤离杆塔	斗内电工下降绝缘斗返回地面、收回绝缘臂时应注意绝缘斗臂车周围杆塔、线路等情况

6. 工作结束

√	序号	作业内容	步骤及要求
	1	清理现场	绝缘斗臂车各部件复位，收回绝缘斗臂车支腿
			工作负责人组织班组成员整理工具、材料。将工器具清洁后放入专用的箱（袋）中。清理现场，做到"工完、料尽、场地清"
	2	召开收工会	工作负责人组织召开现场收工会，做工作总结和点评工作： 1）正确点评本项工作的施工质量； 2）点评班组成员在作业中的安全措施的落实情况； 3）点评班组成员对规程的执行情况
	3	办理工作终结手续	工作负责人向调度汇报工作结束，并终结工作票

7. 验收记录

记录检修中发现的问题	
存在问题及处理意见	

8. 现场标准化作业指导书执行情况评估

评估内容	符合性	优		可操作项	
		良		不可操作项	
	可操作性	优		修改项	
		良		遗漏项	
存在问题					
改进意见					

第七节　带电更换直线杆绝缘子

017　绝缘手套作业法更换直线杆绝缘子

1. 范围

本规程规定了采用绝缘手套作业法带电更换 10kV××线路××杆两边相绝缘子的现

场标准化作业的工作步骤和技术要求。

本规程适用于绝缘手套作业法带电更换 10kV××线路××杆两边相绝缘子。

2. 人员组合

本项目需要 4 人。

2.1 作业人员要求

√	序号	责任人	资质	人数
	1	工作负责人（监护人）	应具有 3 年以上的配电带电作业实际工作经验，熟悉设备状况，具有一定组织能力和事故处理能力，并经工作负责人的专门培训，考试合格。经本单位总工程师批准、书面公布	1
	2	斗内电工	应通过配网不停电作业专项培训，考试合格并持有上岗证	2
	3	地面电工	应通过配网不停电作业专项培训，考试合格并持有上岗证	1

2.2 作业人员分工

√	序号	责任人	分工	责任人签名
	1		工作负责人	
	2		1 号斗内电工	
	3		2 号斗内电工	
	4		地面电工	

3. 工器具

领用绝缘工具、安全用具及辅助器具，应核对工器具的使用电压等级和试验周期。领用绝缘工器具，应检查外观完好无损。

工器具运输，应存放在专用的工具袋、工具箱或工具车内；金属工具和绝缘工器具应分开装运。

3.1 装备

√	序号	名称	规格/编号	单位	数量	备注
	1	绝缘斗臂车		辆	1	

3.2 个人防护用具

√	序号	名称	规格/编号	单位	数量	备注
	1	绝缘安全帽	10kV	顶	2	
	2	绝缘手套	10kV	双	2	
	3	防护手套	10kV	双	2	
	4	绝缘衣（披肩）	10kV	件	2	
	5	斗内安全带	10kV	副	2	
	6	护目镜		副	2	
	7	普通安全帽		顶	4	

3.3　绝缘遮蔽用具

√	序号	名称	规格/编号	单位	数量	备注
	1	导线遮蔽罩	10kV	根	若干	根据实际情况选用
	2	针式绝缘子遮蔽罩	10kV	只	若干	根据实际情况选用
	3	绝缘毯	10kV	块	若干	
	4	绝缘毯夹		只	若干	

3.4　绝缘工具

√	序号	名称	规格/编号	单位	数量	备注
	1	绝缘横担（含支架）	10kV	套	1	根据实际情况选用
	2	绝缘传递绳		根	1	
	3	绝缘滑车		只	若干	
	4	绝缘绳套		根	若干	

3.5　仪器仪表

√	序号	名称	规格/编号	单位	数量	备注
	1	验电器	10kV	支	1	
	2	高压发生器	10kV	只	1	
	3	绝缘电阻检测仪	2500V	只	1	
	4	风速仪		只	1	
	5	温、湿度计		只	1	
	6	对讲机		套	若干	根据情况决定是否使用

3.6　其他工具

√	序号	名称	规格/编号	单位	数量	备注
	1	防潮苫布		块	1	
	2	个人常用工具		套	1	
	3	安全遮栏、安全围绳		副	若干	
	4	标示牌	"从此进出！"	块	1	根据实际情况使用对应标示牌
	5	标示牌	"在此工作！"	块	2	
	6	路障	"前方施工，车辆慢行"	块	2	

3.7 材料

√	序号	名称	规格/编号	单位	数量	备注
	1	柱式绝缘子		只	2	
	2	绑线		圈	3	
	3	铝包带		m	若干	
	4	毛巾		条	2	

4. 危险点分析及安全控制措施

√	序号	危险点	安全控制措施	备注
	1	人身触电	1）作业人员必须穿戴齐全合格的个人绝缘防护用具（绝缘手套、绝缘安全帽、防护手套等），使用合格适当的绝缘工器具； 2）严格按照不停电作业操作规程中的遮蔽顺序（由近至远、由低到高、先带电体后接地体）进行遮蔽，绝缘遮蔽组合应保持不少于0.2m 的重叠； 3）人体对带电体应有足够安全距离，斗臂车金属臂回转升降过程中与带电体间的安全距离不应小于 1.1m，安全距离不足应有绝缘隔离措施，斗臂车的伸缩式绝缘臂有效长度不小于 1.2m； 4）斗臂车需可靠接地； 5）斗内作业人员严禁同时接触不同电位物体	
	2	高空坠落、物体打击	1）斗内作业人员必须系好绝缘安全带，戴好绝缘安全帽； 2）使用的工具、材料等应用绝缘绳索传递或装在工具袋内，禁止乱扔、乱放； 3）现场除指定人员外，禁止其他人员进入工作区域，地面电工在传递工具、材料不要在作业点正下方，防止掉物伤人； 4）执行《带电作业绝缘斗臂车使用管理办法》； 5）作业现场按标准设置防护围栏，加强监护，禁止行人入内； 6）斗臂车绝缘斗升降过程中注意避开带电体、接地体及障碍物。绝缘斗升降、移动时应防止绝缘臂被过往车辆刮碰，绝缘斗位置固定后绝缘臂应在围栏保护范围内	
	3	二次电击伤害	本项作业需要停用重合闸，防止因相间或相地之间短路线路重合闸造成二次电击伤害	

5. 作业程序
5.1 开工准备

√	序号	作业内容	步骤及要求
	1	现场复勘	工作负责人核对工作线路双重命名、杆号
			工作负责人检查地形环境是否符合作业要求： 1）地面平整坚实； 2）地面倾斜度不大于 7° 或斗臂车说明书规定的角度

续表

√	序号	作业内容	步骤及要求
	1	现场复勘	工作负责人检查线路装置是否具备不停电作业条件。本项作业应检查的内容有： 1）作业点相邻两侧电杆埋深、杆身质量； 2）作业点相邻两侧电杆导线的固结情况； 3）作业点相邻两侧电杆之间导线应无断股等现象； 4）作业电杆埋深、杆身质量
			工作负责人检查气象条件（不需现场检查，但需在工作许可时汇报）： 1）天气应良好，无雷、雨、雪、雾； 2）风力：不大于5级； 3）气相对湿度不大于80%
			检查工作票所列安全措施是否完备，必要时在工作票上补充安全措施
	2	执行工作许可制度	工作负责人与调度联系，确认许可工作
			工作负责人在工作票上签字
	3	召开现场站班会	工作负责人宣读工作票
			工作负责人检查工作班组成员精神状态、交代工作任务进行分工、交代工作中的安全措施和技术措施
			工作负责人检查班组各成员对工作任务分工、安全措施和技术措施是否明确
			班组各成员在工作票和作业指导书上签名确认
	4	停放绝缘斗臂车	斗臂车驾驶员将绝缘斗臂车位置停放到最佳位置： 1）停放的位置应便于绝缘斗臂车绝缘斗到达作业位置，避开附近电力线和障碍物，并能保证作业时绝缘斗臂车的绝缘臂有效绝缘长度； 2）停放位置坡度不大于7°
			斗臂车操作人员支放绝缘斗臂车支腿： 1）不应支放在沟道盖板上； 2）软土地面应使用垫块或枕木； 3）支腿顺序应正确（"H"型支腿的车型，应先伸出水平支腿，再伸出垂直支腿；在坡地停放，应先支"前支腿"，后支"后支腿"）； 4）支撑应到位。车辆前后、左右呈水平
			斗臂车操作人员将绝缘斗臂车可靠接地： 1）接地线应采用有透明护套的不小于16mm²的多股软铜线； 2）临时接地体埋深应不少于0.6m
	5	布置工作现场	工作负责人组织班组成员设置工作现场的安全围栏、安全警示标志： 1）安全围栏的范围应考虑作业中高空坠落和高空落物的影响以及道路交通，必要时联系交通部门； 2）围栏的出入口应设置合理； 3）警示标示应包括"从此进出""在此工作"等，道路两侧应有"前方施工，车辆慢行"标示或路障
			班组成员按要求将绝缘工器具放在防潮苫布上： 1）防潮苫布应清洁、干燥； 2）工器具应按管理要求分类摆放； 3）绝缘工器具不能与金属根据、材料混放

√	序号	作业内容	步骤及要求
	6	检查绝缘工器具	班组成员逐件对绝缘工器具进行外观检查： 1）检查人员应戴清洁、干燥的手套； 2）绝缘工具表面不应有裂纹、变形损坏，操作应灵活； 3）个人安全防护用具和遮蔽、隔离用具应无针孔、砂眼、裂纹； 4）检查斗内专用绝缘安全带外观，并作冲击试验
			班组成员使用绝缘电阻检测仪分段检测绝缘工具（本项目的绝缘工具为绝缘横担和绝缘传递绳）的表面绝缘电阻值： 1）测量电极应符合规程要求（极宽 2cm、极间距 2cm）； 2）正确使用（自检、测量）绝缘电阻检测仪（应采用点测的方法，不应使电极在绝缘工具表面滑动，避免刮伤绝缘工具表面）； 3）绝缘电阻值不得低于 700MΩ
			绝缘工器具检查完毕，向工作负责人汇报检查结果
	7	检查绝缘斗臂车	斗内电工检查绝缘斗臂车表面状况：绝缘斗、绝缘臂应清洁、无裂纹损伤
			斗内电工试操作绝缘斗臂车： 1）试操作应空斗进行； 2）应有回转、升降、伸缩的过程，确认液压、机械、电气系统正常可靠、制动装置可靠； 3）检查绝缘斗臂车小吊绳是否有过伸长，有无断裂、变形、磨损
			绝缘斗臂车检查和试操作完毕，斗内电工向工作负责人汇报检查结果
	8	检测直线绝缘子	班组成员检测直线绝缘子： 1）班组成员对三个（新）直线绝缘子进行表面清洁和检查，绝缘子表面应无麻点、裂痕等现象； 2）用绝缘电阻检测仪检测绝缘子的绝缘电阻不应低于 500MΩ； 3）检测完毕，向工作负责人汇报检测结果
	9	斗内电工进入绝缘斗臂车绝缘斗	斗内电工穿戴好个人安全防护用具： 1）个人安全防护用具包括绝缘帽、绝缘衣（披肩）、绝缘手套（戴防穿刺手套）等； 2）工作负责人应检查斗内电工个人防护用具的穿戴是否正确
			斗内电工携带工器具进入绝缘斗，工器具应分类放置，工具和人员重量不得超过绝缘斗额定载荷
			斗内电工将斗内专用绝缘安全带系挂在斗内专用挂钩上

5.2 操作过程

√	序号	作业内容	步骤及要求
	1	进入带电作业区域	斗内电工经工作负责人许可后，操作绝缘斗臂车，进入带电作业区域，绝缘斗移动应平稳匀速，在进入带电作业区域时： 1）应无大幅晃动现象； 2）绝缘斗下降、上升的速度不应超过 0.4m/s； 3）绝缘斗边沿的最大线速度不应超过 0.5m/s； 4）转移绝缘斗时应注意绝缘斗臂车周围杆塔、线路等情况，绝缘臂的金属部位与带电体和地电位物体的距离大于 1.1m； 5）进入带电作业区域作业后，绝缘斗臂车绝缘臂的有效绝缘长度不应小于 1.2m

续表

√	序号	作业内容	步骤及要求
	2	验电	在工作负责人的监护下,使用验电器确认作业现场无漏电现象。应注意: 1)验电时,必须戴绝缘手套; 2)验电前,应验电器进行自检,确认是否合格(在保证安全距离的情况下也可在带电体上进行); 3)验电时,电工应与邻近的构件、导体保持足够的距离; 4)如横担等接地构件有电,不应继续进行
	3	设置近边相绝缘遮蔽、隔离措施	1)获得工作负责人许可后,斗内电工将绝缘斗调整到近边相合适位置,先对近边相设置绝缘遮蔽隔离措施; 2)斗内电工动作应轻缓,与横担之间应有足够的安全距离,与邻相导线之间应有足够的安全距离;在扎线部位未完成绝缘遮蔽隔离措施前,不得先对绝缘子铁件和横担设置绝缘遮蔽隔离措施; 3)绝缘遮蔽隔离措施应严密、牢固,连续遮蔽时重叠距离不得小于0.2m
	4	设置远边相绝缘遮蔽、隔离措施	获得工作负责人许可后,斗内电工转移绝缘斗到远边相外侧的合适位置,按照与近边相相同的方法对远边相设置绝缘遮蔽隔离措施
	5	设置中间相绝缘遮蔽、隔离措施	获得工作负责人许可后,斗内电工转移绝缘斗到中相的合适位置,对中相设置绝缘遮蔽隔离措施: 1)遮蔽部位和顺序依次为导线、绝缘子扎线部位; 2)斗内电工动作应轻缓,与电杆杆顶之间应有足够的安全距离; 3)绝缘遮蔽隔离措施应严密、牢固,绝缘遮蔽组合的重叠距离不得小于0.2m
	6	安装绝缘横担	地面电工将绝缘横担传递给斗内电工,斗内电工安装好绝缘横担: 1)传递绝缘横担应平稳,不应与电杆、绝缘斗发生碰撞; 2)绝缘横担应安装水平,牢固; 3)绝缘横担的安装高度应考虑导线提升的高度(不小于40cm); 4)地面电工在绝缘横担安装完毕后才能松开对绝缘传递绳的控制
	7	拆除远边相直线绝缘子绑扎线	斗内电工拆除远边相直线绝缘子上的导线绑扎线。方法如下: 1)放下绝缘斗臂车绝缘小吊绳,系牢导线并使其轻微受力。小吊绳的受力方向应在铅垂线上; 2)拆除绝缘子扎线部位的绝缘遮蔽隔离措施; 3)拆除直线绝缘子绑扎线; 4)恢复导线上的绝缘遮蔽隔离措施; 5)收起绝缘斗臂车绝缘小吊绳,提升导线,将其放入绝缘横担卡槽,并固定; 6)松开并收回导线上的小吊绳。 应注意: 1)绑扎线的展放长度不应超过10cm; 2)提升导线时应注意小吊臂和吊绳的受力情况; 3)绝缘遮蔽隔离措施恢复后应严密牢固、绝缘遮蔽组合的重叠距离不得小于0.2m
	8	拆除近边相直线绝缘子绑扎线	斗内电工转移绝缘斗至近边相合适位置,按照相同的方法拆除近边相直线绝缘子的绑扎线

√	序号	作业内容	步骤及要求
	9	更换支持绝缘子	斗内电工转移绝缘斗至合适工作位置，更换支持绝缘子。应注意： 1）斗内电工不得摘下或脱下个人安全防护用具； 2）拆、装支持绝缘子时不应失去绝缘传递绳的控制； 3）上下传递绝缘子应避免与电杆、绝缘斗碰撞； 4）地面电工不得站在绝缘斗臂车的起重臂和绝缘斗的下方； 5）不应发生高空落物。 绝缘子的安装工艺和质量应符合施工和验收规范的要求：表面应无损伤，线槽应与导线平行并安装牢固
	10	补充绝缘遮蔽隔离措施	恢复铁横担、绝缘子上的绝缘遮蔽和隔离措施，绝缘遮蔽隔离措施应严密、牢固
	11	固定近边相导线	获得工作负责人的许可后，斗内电工转移绝缘斗至近边相合适工作位置
			斗内电工用绝缘小吊绳系牢导线，并使其轻微受力
			斗内电工拆除导线上绑扎部位的绝缘遮蔽隔离措施，缓缓将导线脱离绝缘横担的卡槽后，放入直线绝缘子的线槽
			斗内电工用扎线将导线固定在绝缘子上，扎线工艺应符合要求： 1）扎线应绑扎紧密、牢固。扎线缠绕方向应与导线线股绞向一致、股数应符合要求，应有 2 个交叉将导线压在绝缘子顶槽，扎线的收尾短头应绞成小辫并压平，且麻花不少于 5 个； 2）绑扎过程中，扎线的展放长度程度不应大于 10cm
			斗内电工恢复绝缘子扎线部位的绝缘遮蔽隔离措施，绝缘遮蔽隔离措施应严密牢固，与导线上的绝缘遮蔽隔离措施重叠长度不应少于 0.2m
			斗内电工松开并收回绝缘小吊绳
	12	固定远边相导线	获得工作负责人的许可后，斗内电工转移绝缘斗至近边相合适工作位置。按照与近边相相同的方法固定导线
	13	拆除绝缘横担	斗内电工转移绝缘斗至合适位置
			斗内电工在绝缘横担上捆绑好绝缘传递绳，绳扣应牢固
			斗内电工拆除绝缘横担，与地面电工配合传递至地面： 1）绝缘横担应控制平稳，应避免发生一端翘起撞到邻近导线； 2）上下传递绝缘横担应平稳，不应发生与绝缘斗、电杆发生碰撞现象； 3）不应发生高空落物现象
	14	拆除中间相绝缘遮蔽隔离措施	获得工作负责人的许可后，斗内电工调整绝缘斗位置，依次拆除中间相绝缘遮蔽隔离措施： 1）拆除顺序为先绝缘子扎线部位的，再导线上的绝缘遮蔽隔离措施； 2）拆除绝缘子扎线部位的绝缘遮蔽隔离措施时，动作应尽量轻缓； 3）拆除导线上的绝缘遮蔽隔离措施时，应与电杆保持有足够的安全距离（不小于 0.6m）
	15	拆除远边相绝缘遮蔽隔离措施	获得工作负责人的许可后，斗内电工转移绝缘斗至远边相的外侧，依次拆除远边相上的绝缘遮蔽隔离措施： 1）拆除的顺序依次为横担、绝缘子铁件、绝缘子扎线部位、导线； 2）拆除绝缘子扎线部位的绝缘遮蔽隔离措施时，动作应尽量轻缓； 3）拆除导线上的绝缘遮蔽隔离措施时，应与电杆、横担保持有足够的安全距离（不小于 0.6m），与邻相导体保持有足够的安全距离（不小于 0.8m）

续表

√	序号	作业内容	步骤及要求
	16	拆除近边相绝缘遮蔽隔离措施	获得工作负责人的许可后，斗内电工转移绝缘斗至近边相的合适位置，按照与远边相相同的方法，依次拆除绝缘遮蔽隔离措施
	17	工程验收	斗内电工撤出带电作业区域。在撤出带电作业区域时： 1）应无大幅晃动现象； 2）绝缘斗下降、上升的速度不应超过 0.4m/s； 3）绝缘斗边沿的最大线速度不应超过 0.5m/s
			斗内电工检查施工质量： 1）杆上无遗漏物； 2）装置无缺陷符合运行条件； 3）向工作负责人汇报施工质量
	18	撤离杆塔	斗内电工下降绝缘斗返回地面、收回绝缘臂时应注意绝缘斗臂车周围杆塔、线路等情况

6. 工作结束

√	序号	作业内容	步骤及要求
	1	清理现场	绝缘斗臂车各部件复位，收回绝缘斗臂车支腿
			工作负责人组织班组成员整理工具、材料。将工器具清洁后放入专用的箱（袋）中。清理现场，做到"工完、料尽、场地清"
	2	召开收工会	工作负责人组织召开现场收工会，做工作总结和点评工作： 1）正确点评本项工作的施工质量； 2）点评班组成员在作业中的安全措施的落实情况； 3）点评班组成员对规程的执行情况
	3	办理工作终结手续	工作负责人向调度汇报工作结束，并终结工作票

7. 验收记录

记录检修中发现的问题	
存在问题及处理意见	

8. 现场标准化作业指导书执行情况评估

评估内容	符合性	优		可操作项	
		良		不可操作项	
	可操作性	优		修改项	
		良		遗漏项	
存在问题					
改进意见					

第八节　带电更换直线杆绝缘子及横担

018　绝缘手套作业法更换直线杆绝缘子及横担

1. 范围

本规程规定了采用绝缘手套作业法带电更换 10kV××线路××杆两边相绝缘子和横担的现场标准化作业的工作步骤和技术要求。

本规程适用于绝缘手套作业法带电更换 10kV××线路××杆两边相绝缘子和横担。

2. 人员组合

本项目需要 4 人。

2.1　作业人员要求

√	序号	责任人	资质	人数
	1	工作负责人（监护人）	应具有 3 年以上的配电带电作业实际工作经验，熟悉设备状况，具有一定组织能力和事故处理能力，并经工作负责人的专门培训，考试合格。经本单位总工程师批准、书面公布	1
	2	斗内电工	应通过配网不停电作业专项培训，考试合格并持有上岗证	2
	3	地面电工	应通过配网不停电作业专项培训，考试合格并持有上岗证	1

2.2　作业人员分工

√	序号	责任人	分工	责任人签名
	1		工作负责人	
	2		1 号斗内电工	
	3		2 号斗内电工	
	4		地面电工	

3. 工器具

领用绝缘工具、安全用具及辅助器具，应核对工器具的使用电压等级和试验周期。领用绝缘工器具，应检查外观完好无损。

工器具运输，应存放在专用的工具袋、工具箱或工具车内；金属工具和绝缘工器具应分开装运。

3.1　装备

√	序号	名称	规格/编号	单位	数量	备注
	1	绝缘斗臂车		辆	1	

3.2　个人防护用具

√	序号	名称	规格/编号	单位	数量	备注
	1	绝缘安全帽	10kV	顶	2	
	2	绝缘手套	10kV	双	2	
	3	防护手套	10kV	双	2	
	4	绝缘衣（披肩）	10kV	件	2	
	5	斗内安全带	10kV	副	2	
	6	护目镜		副	2	
	7	普通安全帽		顶	4	

3.3　绝缘遮蔽用具

√	序号	名称	规格/编号	单位	数量	备注
	1	导线遮蔽罩	10kV	根	若干	根据实际情况选用
	2	针式绝缘子遮蔽罩	10kV	只	若干	根据实际情况选用
	3	绝缘毯	10kV	块	若干	根据实际情况选用
	4	绝缘毯夹		只	若干	根据实际情况选用

3.4　绝缘工具

√	序号	名称	规格/编号	单位	数量	备注
	1	绝缘横担（含支架）	10kV	套	1	
	2	绝缘传递绳		根	1	
	3	绝缘滑车		只	若干	
	4	绝缘绳套		根	若干	

3.5　仪器仪表

√	序号	名称	规格/编号	单位	数量	备注
	1	验电器	10kV	支	1	
	2	高压发生器	10kV	只	1	
	3	绝缘电阻检测仪	2500V	只	1	
	4	风速仪		只	1	
	5	温、湿度计		只	1	
	6	对讲机		套	若干	根据情况决定是否使用

3.6 其他工具

√	序号	名称	规格/编号	单位	数量	备注
	1	防潮苫布		块	1	
	2	个人常用工具		套	1	
	3	安全遮栏、安全围绳		副	若干	
	4	标示牌	"从此进出！"	块	1	根据实际情况使用对应标示牌
	5	标示牌	"在此工作！"	块	2	
	6	路障	"前方施工，车辆慢行"	块	2	

3.7 材料

√	序号	名称	规格/编号	单位	数量	备注
	1	直线横担		副	1	
	2	抱箍		副	1	
	3	针式绝缘子		只	2	
	4	绑线		圈	3	
	5	毛巾		条	2	

4. 危险点分析及安全控制措施

√	序号	危险点	安全控制措施	备注
	1	人身触电	1）作业人员必须穿戴合格的个人绝缘防护用具（绝缘手套、绝缘安全帽、防护手套等），使用合格适当的绝缘工器具； 2）严格按照不停电作业操作规程中的遮蔽顺序（由近至远、由低到高、先带电体后接地体）进行遮蔽，绝缘遮蔽组合应保持不少于0.2m的重叠； 3）人体对带电体应有足够安全距离，斗臂车金属臂回转升降过程中与带电体间的安全距离不应小于1.1m，安全距离不足应有绝缘隔离措施，斗臂车的伸缩式绝缘臂有效长度不小于1.2m； 4）斗臂车需可靠接地； 5）斗内作业人员严禁同时接触不同电位物体	
	2	高空坠落、物体打击	1）斗内作业人员必须系好绝缘安全带，戴好绝缘安全帽； 2）使用的工具、材料等应用绝缘绳索传递或装在工具袋内，禁止乱扔、乱放； 3）现场除指定人员外，禁止其他人员进入工作区域，地面电工在传递工具、材料不要在作业点正下方，防止掉物伤人； 4）执行《带电作业绝缘斗臂车使用管理办法》； 5）作业现场按标准设置防护围栏，加强监护，禁止行人入内； 6）斗臂车绝缘斗升降过程中注意避开带电体、接地体及障碍物。绝缘斗升降、移动时应防止绝缘臂被过往车辆刮碰，绝缘斗位置固定后绝缘臂应在围栏保护范围内	
	3	二次电击伤害	本项作业需要停用重合闸，防止因相间或相地之间短路线路重合闸造成二次电击伤害	

5. 作业程序

5.1 开工准备

✓	序号	作业内容	步骤及要求
	1	现场复勘	工作负责人核对工作线路双重命名、杆号
			工作负责人检查地形环境是否符合作业要求： 1）地面平整坚实； 2）地面倾斜度不大于 7°或斗臂车说明书规定的角度
			工作负责人检查线路装置是否具备不停电作业条件。本项作业应检查的内容有： 1）作业点相邻两侧电杆埋深、杆身质量； 2）作业点相邻两侧电杆导线的固结情况； 3）作业点相邻两侧电杆之间导线应无断股等现象； 4）作业电杆埋深、杆身质量
			工作负责人检查气象条件（不需现场检查，但需在工作许可时汇报）： 1）天气应良好，无雷、雨、雪、雾； 2）风力：不大于 5 级； 3）气相对湿度不大于 80%
			检查工作票所列安全措施是否完备，在工作票上补充安全措施
	2	执行工作许可制度	工作负责人与调度联系，确认许可工作
			工作负责人在工作票上签字
	3	召开现场站班会	工作负责人宣读工作票
			工作负责人检查工作班组成员精神状态、交代工作任务进行分工、交代工作中的安全措施和技术措施
			工作负责人检查班组各成员对工作任务分工、安全措施和技术措施是否明确
			班组各成员在工作票和作业指导书上签名确认
	4	停放绝缘斗臂车	斗臂车驾驶员将绝缘斗臂车位置停放到最佳位置： 1）停放的位置应便于绝缘斗臂车绝缘斗到达作业位置,避开附近电力线和障碍物,并能保证作业时绝缘斗臂车的绝缘臂有效绝缘长度； 2）停放位置坡度不大于 7°
			斗臂车操作人员支放绝缘斗臂车支腿： 1）不应支放在沟道盖板上； 2）软土地面应使用垫块或枕木； 3）支腿顺序应正确（"H"型支腿的车型，应先伸出水平支腿，再伸出垂直支腿；在坡地停放，应先支"前支腿"，后支"后支腿"）； 4）支撑应到位。车辆前后、左右呈水平
			斗臂车操作人员将绝缘斗臂车可靠接地： 1）接地线应采用有透明护套的不小于 16mm² 的多股软铜线； 2）临时接地体埋深应不少于 0.6m

√	序号	作业内容	步骤及要求
	5	布置工作现场	工作负责人组织班组成员设置工作现场的安全围栏、安全警示标志： 1）安全围栏的范围应考虑作业中高空坠落和高空落物的影响以及道路交通，必要时联系交通部门； 2）围栏的出入口应设置合理； 3）警示标示应包括"从此进出""在此工作"等，道路两侧应有"前方施工，车辆慢行"标示或路障
			班组成员按要求将绝缘工器具放在防潮苫布上： 1）防潮苫布应清洁、干燥； 2）工器具应按管理要求分类摆放； 3）绝缘工器具不能与金属根据、材料混放
	6	检查绝缘工器具	班组成员逐件对绝缘工器具进行外观检查： 1）检查人员应戴清洁、干燥的手套； 2）绝缘工具表面不应有裂纹、变形损坏，操作应灵活； 3）个人安全防护用具和遮蔽、隔离用具应无针孔、砂眼、裂纹； 4）检查斗内专用绝缘安全带外观，并作冲击试验
			班组成员使用绝缘电阻检测仪分段检测绝缘工具（本项目的绝缘工具为绝缘横担和绝缘传递绳）的表面绝缘电阻值： 1）测量电极应符合规程要求（极宽 2cm、极间距 2cm）； 2）正确使用（自检、测量）绝缘电阻检测仪（应采用点测的方法，不应使电极在绝缘工具表面滑动，避免刮伤绝缘工具表面）； 3）绝缘电阻值不得低于 700MΩ
			绝缘工器具检查完毕，向工作负责人汇报检查结果
	7	检查绝缘斗臂车	斗内电工检查绝缘斗臂车表面状况：绝缘斗、绝缘臂应清洁、无裂纹损伤
			斗内电工试操作绝缘斗臂车： 1）试操作应空斗进行； 2）应有回转、升降、伸缩的过程，确认液压、机械、电气系统正常可靠、制动装置可靠； 3）检查绝缘斗臂车小吊绳是否有过伸长，有无断裂、变形、磨损
			绝缘斗臂车检查和试操作完毕，斗内电工向工作负责人汇报检查结果
	8	检测直线绝缘子	班组成员检测直线绝缘子： 1）班组成员对三个（新）直线绝缘子进行表面清洁和检查，绝缘子表面应无麻点、裂痕等现象； 2）用绝缘电阻检测仪检测绝缘子的绝缘电阻不应低于 500MΩ； 3）检测完毕，向工作负责人汇报检测结果
	9	斗内电工进入绝缘斗臂车绝缘斗	斗内电工穿好个人安全防护用具： 1）个人安全防护用具包括绝缘帽、绝缘衣（披肩）、绝缘手套（戴防穿刺手套）等； 2）工作负责人应检查斗内电工个人防护用具的穿戴是否正确
			斗内电工携带工器具进入绝缘斗： 1）工器具应分类放置工具袋中； 2）工器具的金属部分不准超出绝缘斗沿面； 3）工具和人员重量不得超过绝缘斗额定载荷
			斗内电工将斗内专用绝缘安全带系挂在斗内专用挂钩上

5.2 作业过程

✓	序号	作业内容	步骤及要求
	1	进入带电作业区域	斗内电工经工作负责人许可后,操作绝缘斗臂车,进入带电作业区域,绝缘斗移动应平稳匀速,在进入带电作业区域时: 1)应无大幅晃动现象; 2)绝缘斗下降、上升的速度不应超过 0.4m/s; 3)绝缘斗边沿的最大线速度不应超过 0.5m/s; 4)转移绝缘斗时应注意绝缘斗臂车周围杆塔、线路等情况,绝缘臂的金属部位与带电体和地电位物体的距离大于 1.1m; 5)进入带电作业区域作业后,绝缘斗臂车绝缘臂的有效绝缘长度不应小于 1.2m
	2	验电	在工作负责人的监护下,使用验电器确认作业现场无漏电现象。应注意: 1)验电时,必须戴绝缘手套; 2)验电前,应验电器进行自检,确认是否合格(在保证安全距离的情况下也可在带电体上进行); 3)验电时,电工应与邻近的构件、导体保持足够的距离; 4)如横担等接地构件有电,不应继续进行
	3	设置近边相绝缘遮蔽、隔离措施	获得工作负责人许可后,斗内电工将绝缘斗调整到近边相合适位置,先对近边相设置绝缘遮蔽隔离措施: 1)斗内电工在对导线设置绝缘遮蔽隔离措施时,动作应轻缓,与横担之间应有足够的安全距离,与邻相导线之间应有足够的安全距离; 2)斗内电工在对绝缘子扎线设置绝缘遮蔽隔离措施时动作应轻缓,在扎线部位未完成绝缘遮蔽隔离措施前,不得先对绝缘子铁件和横担设置绝缘遮蔽隔离措施; 3)绝缘遮蔽隔离措施应严密、牢固,连续遮蔽时重叠距离不得小于 0.2m
	4	设置远边相绝缘遮蔽、隔离措施	获得工作负责人许可后,斗内电工转移绝缘斗到远边相外侧的合适位置,按照与近边相相同的方法对远边相设置绝缘遮蔽隔离措施
	5	设置中间相绝缘遮蔽、隔离措施	获得工作负责人许可后,斗内电工转移绝缘斗到中相的合适位置,对中相设置绝缘遮蔽隔离措施: 1)遮蔽部位和顺序依次为导线、绝缘子扎线部位; 2)斗内电工在对导线设置绝缘遮蔽隔离措施时,动作应轻缓,与电杆杆顶之间应有足够的安全距离; 3)绝缘遮蔽隔离措施应严密、牢固,绝缘遮蔽组合的重叠距离不得小于 0.2m
	6	安装绝缘横担	地面电工将绝缘横担传递给斗内电工,斗内电工安装好绝缘横担: 1)传递绝缘横担应平稳,不应与电杆、绝缘斗发生碰撞; 2)绝缘横担应安装水平,牢固; 3)绝缘横担的安装高度应高于铁横担 40cm 及以上; 4)地面电工在绝缘横担安装完毕后才能松开对绝缘传递绳的控制
	7	拆除远边相直线绝缘子绑扎线	斗内电工拆除远边相直线绝缘子上的导线绑扎线。方法如下: 1)放下绝缘斗臂车绝缘小吊绳,系牢导线并使其轻微受力,小吊绳的受力方向应在铅垂线上; 2)拆除绝缘子扎线部位的绝缘遮蔽隔离措施; 3)拆除直线绝缘子绑扎线; 4)恢复导线上的绝缘遮蔽隔离措施;

✓	序号	作业内容	步骤及要求
	7	拆除远边相直线绝缘子绑扎线	5）收起绝缘斗臂车绝缘小吊绳，提升导线，将其放入绝缘横担卡槽，并固定； 6）松开并收回导线上的小吊绳。 应注意： 1）绑扎线的展放长度不应超过 10cm； 2）提升导线时应注意小吊臂和吊绳的受力情况； 3）绝缘遮蔽隔离措施恢复后应严密牢固、绝缘遮蔽组合的重叠距离不得小于 0.2m
	8	拆除近边相直线绝缘子绑扎线	斗内电工转移绝缘斗至近边相合适位置，按照相同的方法拆除近边相直线绝缘子的绑扎线
	9	拆除旧横担	斗内电工转移绝缘斗至合适工作位置，在旧横担上打好绳结，并在横担安装的位置处做好记号，然后拆除旧横担： 1）斗内电工不得摘下或脱下个人安全防护用具； 2）应避免横担翘起碰撞到边相或中间相导线上； 3）绝缘子应先拆除，且不应直接搁置在绝缘斗内； 4）向下传递铁横担时，应注意不得与绝缘斗、电杆发生碰撞； 5）地面电工不得站在绝缘斗臂车的起重臂和绝缘斗的下方； 6）不应发生高空落物
	10	安装新横担	斗内电工和地面电工配合，按照拆旧横担相同的要求安装好新的铁横担和绝缘子。横担和绝缘子的安装工艺应该符合要求： 1）横担的安装高度应与原横担相同； 2）横担应安装水平牢固。横担端部上下歪斜不应大于 20mm，横担端部左右扭斜不应大于 20mm； 3）绝缘子应在杆上组装，表面应无损伤，线槽应与导线平行并安装牢固
	11	恢复绝缘遮蔽隔离措施	恢复铁横担、绝缘子上的绝缘遮蔽和隔离措施，绝缘遮蔽隔离措施应严密、牢固
	12	固定近边相导线	获得工作负责人的许可后，斗内电工转移绝缘斗至近边相合适工作位置 斗内电工用绝缘小吊绳系牢导线，并使其轻微受力 斗内电工拆除导线上绑扎部位的绝缘遮蔽隔离措施，缓缓将导线脱离绝缘横担的卡槽后，放入直线绝缘子的线槽 斗内电工用扎线将导线固定在绝缘子上，扎线工艺应符合要求： 1）扎线应绑扎紧密、牢固。扎线缠绕方向应与导线线股绞向一致、股数应符合要求，应有 2 个交叉将导线压在绝缘子顶槽，扎线的收尾短头应绞成小辫并压平，且麻花不少于 5 个； 2）绑扎过程中，扎线的展放长度程度不应大于 10cm 斗内电工恢复绝缘子扎线部位的绝缘遮蔽隔离措施，绝缘遮蔽隔离措施应严密牢固，与导线上的绝缘遮蔽隔离措施重叠长度不应少于 0.2m 斗内电工松开并收回绝缘小吊绳
	13	固定远边相导线	获得工作负责人的许可后，斗内电工转移绝缘斗至近边相合适工作位置。按照与近边相相同的方法固定导线

续表

√	序号	作业内容	步骤及要求
	14	拆除绝缘横担	斗内电工转移绝缘斗至合适位置
			斗内电工在绝缘横担上捆绑好绝缘传递绳，绳扣应牢固
			斗内电工拆除绝缘横担，与地面电工配合传递至地面： 1）绝缘横担应控制平稳，应避免发生一端翘起撞到邻近导线； 2）上下传递绝缘横担应平稳，不应发生与绝缘斗、电杆发生碰撞现象； 3）不应发生高空落物现象
	15	拆除中间相绝缘遮蔽隔离措施	获得工作负责人的许可后，斗内电工调整绝缘斗位置，依次拆除中间相绝缘遮蔽隔离措施： 1）拆除绝缘子扎线部位的绝缘遮蔽隔离措施时，动作应尽量轻缓； 2）拆除导线上的绝缘遮蔽隔离措施时，应与电杆保持有足够的安全距离
	16	拆除远边相绝缘遮蔽隔离措施	获得工作负责人的许可后，斗内电工转移绝缘斗至远边相的外侧，依次拆除远边相上的绝缘遮蔽隔离措施： 1）拆除绝缘子扎线部位的绝缘遮蔽隔离措施时，动作应尽量轻缓； 2）拆除导线上的绝缘遮蔽隔离措施时，应与电杆、横担保持有足够的安全距离，与邻相导体保持有足够的安全距离
	17	拆除近边相绝缘遮蔽隔离措施	获得工作负责人的许可后，斗内电工转移绝缘斗至近边相的合适位置，按照与远边相相同的方法，依次拆除绝缘遮蔽隔离措施
	18	工程验收	斗内电工撤出带电作业区域。在撤出带电作业区域时： 1）应无大幅晃动现象； 2）绝缘斗下降、上升的速度不应超过 0.4m/s； 3）绝缘斗边沿的最大线速度不应超过 0.5m/s
			斗内电工检查施工质量： 1）杆上无遗漏物； 2）装置无缺陷符合运行条件； 3）向工作负责人汇报施工质量
	19	撤离杆塔	斗内电工下降绝缘斗返回地面、收回绝缘臂时应注意绝缘斗臂车周围杆塔、线路等情况

6. 工作结束

√	序号	作业内容	步骤及要求
	1	清理现场	绝缘斗臂车各部件复位，收回绝缘斗臂车支腿
			工作负责人组织班组成员整理工具、材料。将工器具清洁后放入专用的箱（袋）中。清理现场，做到"工完、料尽、场地清"
	2	召开收工会	工作负责人组织召开现场收工会，做工作总结和点评工作： 1）正确点评本项工作的施工质量； 2）点评班组成员在作业中的安全措施的落实情况； 3）点评班组成员对规程的执行情况
	3	办理工作终结手续	工作负责人向调度汇报工作结束，并终结工作票

7. 验收记录

记录检修中发现的问题	
存在问题及处理意见	

8. 现场标准化作业指导书执行情况评估

评估内容	符合性	优		可操作项	
		良		不可操作项	
	可操作性	优		修改项	
		良		遗漏项	
存在问题					
改进意见					

第九节　带电更换耐张杆绝缘子串

019　绝缘手套作业法更换耐张绝缘子串

1. 范围

本规程规定了采用绝缘手套作业法带电更换 10kV××线路××杆的中相耐张绝缘子串的现场标准化作业的工作步骤和技术要求。

本规程适用于绝缘手套作业法带电更换的中相耐张绝缘子串。

2. 人员组合

本项目需要 4 人。

2.1　作业人员要求

√	序号	责任人	资质	人数
	1	工作负责人（监护人）	应具有 3 年以上的配电带电作业实际工作经验，熟悉设备状况，具有一定组织能力和事故处理能力，并经工作负责人的专门培训，考试合格。经本单位总工程师批准、书面公布	1
	2	斗内电工	应通过配网不停电作业专项培训，考试合格并持有上岗证	2
	3	地面电工	应通过配网不停电作业专项培训，考试合格并持有上岗证	1

2.2　作业人员分工

√	序号	责任人	分工	责任人签名
	1		工作负责人	
	2		1 号斗内电工	
	3		2 号斗内电工	
	4		地面电工	

3. 工器具

领用绝缘工具、安全用具及辅助器具，应核对工器具的使用电压等级和试验周期。领用绝缘工器具，应检查外观完好无损。

工器具运输，应存放在专用的工具袋、工具箱或工具车内；金属工具和绝缘工器具应分开装运。

3.1　装备

√	序号	名称	规格/编号	单位	数量	备注
	1	绝缘斗臂车		辆	1	

3.2　个人防护用具

√	序号	名称	规格/编号	单位	数量	备注
	1	绝缘安全帽	10kV	顶	2	
	2	绝缘手套	10kV	双	2	
	3	防护手套		双	2	
	4	绝缘衣（披肩）	10kV	件	2	
	5	斗内绝缘安全带	10kV	副	2	
	6	护目镜		副	2	
	7	普通安全帽		顶	4	

3.3　绝缘遮蔽用具

√	序号	名称	规格/编号	单位	数量	备注
	1	导线遮蔽罩	10kV	根	若干	根据实际情况选用
	2	跳线导线软质遮蔽罩	10kV	只	若干	根据实际情况选用
	3	绝缘毯	10kV	块	若干	根据实际情况选用
	4	绝缘毯夹		只	若干	根据实际情况选用

3.4　绝缘工具

√	序号	名称	规格/编号	单位	数量	备注
	1	绝缘紧线器		把	1	
	2	绝缘传递绳		根	若干	
	3	绝缘绳套		根	若干	

3.5 金属工具

√	序号	名称	规格/编号	单位	数量	备注
	1	卡线器		只	2	
	2	取销钳		把	1	

3.6 仪器仪表

√	序号	名称	规格/编号	单位	数量	备注
	1	绝缘电阻检测仪	2500V 及以上	套	1	
	2	验电器	10kV	支	1	
	3	高压发生器	10kV	只	1	
	4	风速仪		只	1	
	5	温、湿度计		只	1	
	6	对讲机		套	若干	根据情况决定是否使用

3.7 其他工具

√	序号	名称	规格/编号	单位	数量	备注
	1	防潮苫布		块	1	
	2	个人常用工具		套	1	
	3	安全遮栏、安全围绳		副	若干	
	4	标示牌	"从此进出!"	块	1	根据实际情况使用对应标示牌
	5	标示牌	"在此工作!"	块	2	
	6	路障	"前方施工,车辆慢行"	块	2	

3.8 材料

√	序号	名称	规格/编号	单位	数量	备注
	1	绝缘子		片	若干	
	2	毛巾		条	若干	

4. 危险点分析及安全控制措施

√	序号	危险点	安全控制措施	备注
	1	人身触电	1）作业人员必须穿戴合格的个人绝缘防护用具（绝缘手套、绝缘安全帽、防护手套等），使用合格适当的绝缘工器具； 2）严格按照不停电作业操作规程中的遮蔽顺序（由近至远、由低到高、先带电体后接地体）进行遮蔽，绝缘遮蔽组合应保持不少于 0.2m 的重叠； 3）人体对带电体应有足够安全距离，斗臂车金属臂回转升降过程中与带电体间的安全距离不应小于 1.1m，安全距离不足应有绝缘隔离措施，斗臂车的伸缩式绝缘臂有效长度不小于 1.2m； 4）斗臂车需可靠接地； 5）斗内作业人员严禁同时接触不同电位物体	
	2	高空坠落、物体打击	1）斗内作业人员必须系好绝缘安全带，戴好绝缘安全帽； 2）使用的工具、材料等应用绝缘绳索传递或装在工具袋内，禁止乱扔、乱放； 3）现场除指定人员外，禁止其他人员进入工作区域，地面电工在传递工具、材料不要在作业点正下方，防止掉物伤人； 4）执行《带电作业绝缘斗臂车使用管理办法》； 5）作业现场按标准设置防护围栏，加强监护，禁止行人入内； 6）斗臂车绝缘斗升降过程中注意避开带电体、接地体及障碍物。绝缘斗升降、移动时应防止绝缘臂被过往车辆刮碰，绝缘斗位置固定后绝缘臂应在围栏保护范围内	
	3	二次电击伤害	本项作业需要停用重合闸，防止因相间或相地之间短路线路重合闸造成二次电击伤害	

5. 作业程序

5.1　开工准备

√	序号	作业内容	步骤及要求
	1	现场复勘	工作负责人核对工作线路双重命名、杆号
			工作负责人检查地形环境是否符合作业要求： 1）地面平整坚实； 2）地面倾斜度不大于 7° 或斗臂车说明书规定的角度
			工作负责人检查线路装置是否具备不停电作业条件。本项作业应检查的内容有： 1）作业点相邻两侧电杆埋深、杆身质量； 2）作业点相邻两侧电杆导线的固结情况； 3）作业点相邻两侧电杆之间导线应无断股等现象； 4）作业电杆埋深、杆身质量
			工作负责人检查气象条件（不需现场检查，但需在工作许可时汇报）： 1）天气应良好，无雷、雨、雪、雾； 2）风力：不大于 5 级； 3）气相对湿度不大于 80%
			检查工作票所列安全措施，在工作票上补充安全措施

续表

√	序号	作业内容	步骤及要求
	2	执行工作许可制度	工作负责人与调度联系，确认许可工作
			工作负责人在工作票上签字
	3	召开现场站班会	工作负责人宣读工作票
			工作负责人检查工作班组成员精神状态、交代工作任务进行分工、交代工作中的安全措施和技术措施
			工作负责人检查班组各成员对工作任务分工、安全措施和技术措施是否明确
			班组各成员在工作票和作业指导书上签名确认
	4	停放绝缘斗臂车	斗臂车驾驶员将绝缘斗臂车位置停放到最佳位置： 1）停放的位置应便于绝缘斗臂车绝缘斗到达作业位置，避开附近电力线和障碍物，并能保证作业时绝缘斗臂车的绝缘臂有效绝缘长度； 2）停放位置坡度不大于 7°
			斗臂车操作人员支放绝缘斗臂车支腿： 1）不应支放在沟道盖板上； 2）软土地面应使用垫块或枕木； 3）支腿顺序应正确（"H"型支腿的车型，应先伸出水平支腿，再伸出垂直支腿；在坡地停放，应先支"前支腿"，后支"后支腿"）； 4）支撑应到位。车辆前后、左右呈水平
			斗臂车操作人员将绝缘斗臂车可靠接地： 1）接地线应采用有透明护套的不小于 16mm² 的多股软铜线； 2）临时接地体埋深应不少于 0.6m
	5	布置工作现场	工作负责人组织班组成员设置工作现场的安全围栏、安全警示标志： 1）安全围栏的范围应考虑作业中高空坠落和高空落物的影响以及道路交通，必要时联系交通部门； 2）围栏的出入口应设置合理； 3）警示标示应包括"从此进出""在此工作"等，道路两侧应有"前方施工，车辆慢行"标示或路障
			班组成员按要求将绝缘工器具放在防潮苫布上： 1）防潮苫布应清洁、干燥； 2）工器具应按管理要求分类摆放； 3）绝缘工器具不能与金属工具、材料混放
√	6	检查绝缘工器具	班组成员对绝缘工器具进行外观检查： 1）检查人员应戴清洁、干燥的手套； 2）绝缘工具表面不应有裂纹、变形损坏，操作应灵活； 3）个人安全防护用具和遮蔽、隔离用具应无针孔、砂眼、裂纹； 4）检查斗内专用绝缘安全带外观，并作冲击试验
			班组成员使用绝缘电阻检测仪分段检测绝缘工具（本项目的绝缘工具为绝缘绳套、绝缘吊绳和扁带式绝缘紧线器）的表面绝缘电阻值： 1）测量电极应符合规程要求（极宽 2cm、极间距 2cm）； 2）正确使用（自检、测量）绝缘电阻检测仪（应采用点测的方法，不应使电极在绝缘工具表面滑动，避免刮伤绝缘工具表面）； 3）绝缘电阻值不得低于 700MΩ
			绝缘工器具检查完毕，向工作负责人汇报检查结果

√	序号	作业内容	步骤及要求
	7	检查绝缘斗臂车	斗内电工检查绝缘斗臂车表面状况：绝缘斗、绝缘臂应清洁、无裂纹损伤
			斗内电工试操作绝缘斗臂车： 1）试操作应空斗进行； 2）应有回转、升降、伸缩的过程，确认液压、机械、电气系统正常可靠、制动装置可靠
			绝缘斗臂车检查和试操作完毕，斗内电工向工作负责人汇报检查结果
	8	检测绝缘子	班组成员检测耐张绝缘子： 1）对（新）耐张绝缘子进行表面清洁和检查，绝缘子表面应光滑，无麻点、裂痕等现象；开口销不应有折断、裂纹等现象； 2）用绝缘电阻检测仪检测绝缘子的绝缘电阻不应低于 500MΩ； 3）检测完毕，向工作负责人汇报检测结果
	9	斗内电工进入绝缘斗臂车绝缘斗	斗内电工穿戴好个人安全防护用具： 1）个人安全防护用具包括绝缘帽、绝缘衣（披肩）、绝缘手套（戴防穿刺手套）等； 2）工作负责人应检查斗内电工个人防护用具的穿戴是否正确
			斗内电工携带工器具进入绝缘斗，工器具应分类放置，工具和人员重量不得超过绝缘斗额定载荷
			斗内电工将斗内专用绝缘安全带系挂在斗内专用挂钩上

5.2　作业过程

√	序号	作业内容	步骤及要求
	1	进入带电作业区域	斗内电工经工作负责人许可后，操作绝缘斗臂车，进入带电作业区域，绝缘斗移动应平稳匀速，在进入带电作业区域时： 1）应无大幅晃动现象； 2）绝缘斗下降、上升的速度不应超过 0.4m/s； 3）绝缘斗边沿的最大线速度不应超过 0.5m/s； 4）转移绝缘斗时应注意绝缘斗臂车周围杆塔、线路等情况，绝缘臂的金属部位与带电体和地电位物体的距离大于 1.1 m； 5）进入带电作业区域作业后，绝缘斗臂车绝缘臂的有效绝缘长度不应小于 1.2m
	2	验电	在工作负责人的监护下，使用验电器确认作业现场无漏电现象。应注意： 1）验电时，必须戴绝缘手套； 2）验电前，应验电器进行自检，确认是否合格（在保证安全距离的情况下也可在带电体上进行）； 3）验电时，电工应与邻近的构件、导体保持足够的距离； 4）如横担等接地构件有电，不应继续进行
	3	设置近边相绝缘遮蔽、隔离措施	获得工作负责人许可后，斗内电工将绝缘斗调整到近边道路侧（即靠近绝缘斗臂车）的合适位置，再按照"由近及远"的原则对近边相设置绝缘遮蔽隔离措施： 1）绝缘斗臂车绝缘臂的有效绝缘长度不应小于 1.2m； 2）斗内电工在对导线和引线设置绝缘遮蔽隔离措施时，动作应轻缓，与横担之间应有足够的安全距离，与邻相导线之间应有足够的安全距离； 3）绝缘遮蔽隔离措施应严密、牢固,连续遮蔽时重叠距离不得小于 0.2m

续表

√	序号	作业内容	步骤及要求
	4	设置远边相绝缘遮蔽、隔离措施	获得工作负责人许可后，斗内电工转移绝缘斗到远边相外侧的合适位置，按照与近边相相同的方法对远边相设置绝缘遮蔽隔离措施
	5	设置中间相绝缘遮蔽、隔离措施	获得工作负责人许可后，斗内电工转移绝缘斗到中相的合适位置，按照"由近及远"的原则对中相设置绝缘遮蔽隔离措施： 1）斗内电工在对导线和引线设置绝缘遮蔽隔离措施时，动作应轻缓，与电杆、横担之间应有足够的安全距离； 2）绝缘遮蔽隔离措施应严密、牢固，连续遮蔽时重叠距离不得小于 0.2m
	6	安装主紧线工具	斗内电工调整绝缘斗至中间相导线和远边相导线之间的合适位置，将绝缘绳套拴在电杆上： 1）绝缘绳套不应拴在绝缘遮蔽材料上； 2）绝缘绳套不应直接拴在电杆上，在其内侧应垫好毛巾或其他防止绳套磨损的措施； 3）紧线工具应尽量平直； 4）绝缘绳套与绝缘紧线器连接的端部应超出绝缘子串（的线路侧），有效绝缘长度不应小于 0.6m； 5）应及时恢复电杆的绝缘遮蔽隔离措施
			斗内电工调整绝缘斗位置，解开引线外侧的导线上的遮蔽措施，在导线上安装好卡线器和绝缘紧线器
			斗内电工恢复导线及增加卡线器上的绝缘遮蔽隔离措施
	7	紧线	斗内电工一边观察导线、电杆和紧线工具的受力情况，一边慢慢收紧导线，直至耐张绝缘子串松弛
	8	安装后备保护绳	斗内电工在非作业侧的横担上拴好绝缘绳套，绝缘绳套内侧应有防止绳套磨损的措施
			斗内电工在主紧线用的卡线器外侧安装后备保护用的另一个卡线器和绝缘短绳
			斗内电工恢复导线及增加卡线器上的绝缘遮蔽隔离措施
			斗内电工收紧绝缘短绳绳并固定。(后备保护与主紧线工具应固定在构件不同的部位)
	9	更换耐张绝缘子串	更换耐张绝缘子串时应注意： 1）绝缘子串无论先从哪侧先脱开或先安装，应及时恢复绝缘遮蔽隔离措施； 2）耐张绝缘子脱开一侧后，应先捆绑绝缘吊绳；反之，在挂好耐张绝缘子一侧后，才能解开绝缘吊绳； 3）挂接新耐张绝缘子串时，应确认连接良好，耐张串上的开口销不应有折断、裂纹等现象。严禁用线材或其他材料代替闭口销、开口销； 4）不得有高空落物现象
	10	拆除后备保护绳	斗内电工和地面电工配合慢慢松开、拆除后备保护绳
			斗内电工及时恢复导线侧的绝缘遮蔽隔离措施
	11	拆除主紧线工具	斗内电工松开扁带式绝缘紧线器，拆除主紧线工具： 1）松开绝缘紧线器时，动作应缓慢并应同时观察绝缘子受力情况； 2）应及时恢复绝缘遮蔽措施

√	序号	作业内容	步骤及要求
	12	拆除中间相绝缘遮蔽隔离措施	获得工作负责人的许可后，斗内电工调整绝缘斗位置，按照"从上到下""由远到近"的顺序依次拆除中间相绝缘遮蔽隔离措施： 1）拆除引线的绝缘遮蔽隔离措施时，动作应尽量轻缓； 2）拆除导线上的绝缘遮蔽隔离措施时，应与电杆保持有足够的安全距离（不小于 0.6m）
	13	拆除远边相绝缘遮蔽隔离措施	获得工作负责人的许可后，斗内电工转移绝缘斗至远边相的外侧，按照"从上到下""由远到近"的顺序依次拆除远边相上的绝缘遮蔽隔离措施： 1）拆除引线的绝缘遮蔽隔离措施时，动作应尽量轻缓； 2）拆除导线上的绝缘遮蔽隔离措施时，应与电杆、横担保持有足够的安全距离，与邻相导体保持有足够的安全距离
	14	拆除近边相绝缘遮蔽隔离措施	获得工作负责人的许可后，斗内电工转移绝缘斗至近边相的合适位置，按照与远边相相同的方法，拆除绝缘遮蔽隔离措施
	15	工程验收	斗内电工撤出带电作业区域。撤出带电作业区域时： 1）应无大幅晃动现象； 2）绝缘斗下降、上升的速度不应超过 0.4m/s； 3）绝缘斗边沿的最大线速度不应超过 0.5m/s
			斗内电工检查施工质量： 1）杆上无遗漏物； 2）装置无缺陷符合运行条件； 3）向工作负责人汇报施工质量
	16	撤离杆塔	斗内电工下降绝缘斗返回地面、收回绝缘臂时应注意绝缘斗臂车周围杆塔、线路等情况

6. 工作结束

√	序号	作业内容	步骤及要求
	1	清理现场	绝缘斗臂车各部件复位，收回绝缘斗臂车支腿
			工作负责人组织班组成员整理工具、材料。将工器具清洁后放入专用的箱（袋）中。清理现场，做到"工完、料尽、场地清"
	2	召开收工会	工作负责人组织召开现场收工会，做工作总结和点评工作： 1）正确点评本项工作的施工质量； 2）点评班组成员在作业中的安全措施的落实情况； 3）点评班组成员对规程的执行情况
	3	办理工作终结手续	工作负责人向调度汇报工作结束，并终结工作票

7. 验收记录

记录检修中发现的问题	
存在问题及处理意见	

8. 现场标准化作业指导书执行情况评估

评估内容	符合性	优		可操作项	
		良		不可操作项	
	可操作性	优		修改项	
		良		遗漏项	
存在问题					
改进意见					

第十节　带电更换柱上开关或隔离开关

020　绝缘手套作业法更换柱上开关或隔离开关

1. 范围

本规程规定了采用绝缘手套作业法带电更换 10kV××线路××杆柱上负荷开关的现场标准化作业的工作步骤和技术要求。

本规程适用于绝缘手套作业法带电更换 10kV××线路××杆柱上负荷开关。

2. 人员组合

本项目需要 5 人。

2.1　作业人员要求

√	序号	责任人	资质	人数
	1	工作负责人（监护人）	应具有 3 年以上的配电带电作业实际工作经验，熟悉设备状况，具有一定组织能力和事故处理能力，并经工作负责人的专门培训，考试合格。经本单位总工程师批准、书面公布	1
	2	斗内电工	应通过配网不停电作业专项培训，具备带电作业复杂作业资格，考试合格并持有上岗证	2
	3	杆上电工	应通过配网不停电作业专项培训，具备带电作业复杂作业资格，考试合格并持有上岗证	1
	4	地面电工	应通过配网不停电作业专项培训，考试合格并持有上岗证	1

2.2　作业人员分工

√	序号	责任人	分工	责任人签名
	1		工作负责人	
	2		1 号斗内电工	
	3		2 号斗内电工	
	4		杆上电工	
	5		地面电工	

3. 工器具

领用绝缘工具、安全用具及辅助器具，应核对工器具的使用电压等级和试验周期。领用绝缘工器具，应检查外观完好无损。

工器具运输，应存放在专用的工具袋、工具箱或工具车内；金属工具和绝缘工器具应分开装运。

3.1 装备

√	序号	名称	型号/规格	单位	数量	备注
	1	绝缘斗臂车		辆	1	带绝缘吊臂

3.2 个人防护用具

√	序号	名称	型号/规格	单位	数量	备注
	1	绝缘安全帽	10kV	顶	2	
	2	绝缘手套	10kV	双	2	
	3	防护手套		双	2	
	4	绝缘衣（披肩）	10kV	件	2	
	5	斗内绝缘安全带		副	2	
	6	护目镜		副	2	
	7	普通安全帽		顶	5	

3.3 绝缘遮蔽用具

√	序号	名称	型号/规格	单位	数量	备注
	1	导线遮蔽罩	10kV	根	若干	根据实际情况选用
	2	导线软质遮蔽罩	10kV	根	若干	根据实际情况选用
	3	绝缘毯	10kV	块	若干	根据实际情况选用
	4	绝缘毯夹		只	若干	根据实际情况选用

3.4 绝缘工具

√	序号	名称	型号/规格	单位	数量	备注
	1	绝缘拉杆		套	若干	根据实际情况选用
	2	绝缘操作杆		根	若干	根据实际情况选用
	3	绝缘断线杆		把	若干	根据实际情况选用
	4	绝缘传递绳		根	若干	根据实际情况选用
	5	绝缘绳套		根	若干	

3.5 金属工具

√	序号	名称	型号/规格	单位	数量	备注
	1	卸扣		只	若干	
	2	棘轮断线钳		把	1	
	3	剥皮器		把	1	

3.6 仪器仪表

√	序号	名称	型号/规格	单位	数量	备注
	1	绝缘电阻检测仪	2500V 及以上	套	1	
	2	钳形电流表		台（只）	1	
	3	验电器	10kV	支	1	
	4	高压发生器	10kV	只	1	
	5	对讲机		套	若干	根据情况决定是否使用
	6	风速仪		只	1	
	7	温、湿度计		只	1	

3.7 其他工具

√	序号	名称	型号/规格	单位	数量	备注
	1	防潮苫布		块	1	
	2	个人常用工具		套	1	
	3	钢丝刷		把	2	
	4	安全遮栏、安全围绳		副	若干	
	5	标示牌	"从此进出！"	块	1	根据实际情况使用对应标示牌
	6	标示牌	"在此工作！"	块	2	
	7	路障	"前方施工，车辆慢行"	块	2	

3.8 材料

√	序号	名称	型号/规格	单位	数量	备注
	1	柱上负荷开关		台	1	
	2	避雷器		只	3	
	3	绝缘导线		m	若干	
	4	绝缘导线		m	若干	

√	序号	名称	型号/规格	单位	数量	备注
	5	并沟线夹		只	若干	
	6	铜铝端子		只	若干	
	7	铜铝过渡设备线夹		只	若干	
	8	干燥清洁布		条	若干	

4. 危险点分析及安全控制措施

√	序号	危险点	安全控制措施	备注
	1	人身触电	1）作业人员必须穿戴合格的个人绝缘防护用具（绝缘手套、绝缘安全帽、防护手套等），使用合格适当的绝缘工器具； 2）严格按照不停电作业操作规程中的遮蔽顺序（由近至远、由低到高、先带电体后接地体）进行遮蔽，绝缘遮蔽组合应保持不少于 0.2m 的重叠； 3）人体对带电体应有足够安全距离，斗臂车金属臂回转升降过程中与带电体间的安全距离不应小于 1.1m，安全距离不足应有绝缘隔离措施，斗臂车的伸缩式绝缘臂有效长度不小于 1.2m； 4）斗臂车需可靠接地； 5）斗内作业人员严禁同时接触不同电位物体	
	2	高空坠落、物体打击	1）斗内作业人员必须系好绝缘安全带，戴好绝缘安全帽； 2）使用的工具、材料等应用绝缘绳索传递或装在工具袋内，禁止乱扔、乱放； 3）现场除指定人员外，禁止其他人员进入工作区域，地面电工在传递工具、材料不要在作业点正下方，防止掉物伤人； 4）执行《带电作业绝缘斗臂车使用管理办法》； 5）作业现场按标准设置防护围栏，加强监护，禁止行人入内； 6）斗臂车绝缘斗升降过程中注意避开带电体、接地体及障碍物。绝缘斗升降、移动时应防止绝缘臂被往车辆刮碰，绝缘斗位置固定后绝缘臂应在围栏保护范围内	
	3	二次电击伤害	本项作业需要停用重合闸，防止因间或相地之间短路，线路重合闸造成二次电击伤害	

5. 作业程序
5.1　开工准备

√	序号	作业内容	步骤及要求
	1	现场复勘	工作负责人核对工作线路双重命名、杆号
			工作负责人检查地形环境是否符合作业要求： 1）地面平整坚实； 2）地面倾斜度不大于 7° 或斗臂车说明书规定的角度

续表

√	序号	作业内容	步骤及要求
	1	现场复勘	工作负责人检查线路装置是否具备不停电作业条件。本项作业应检查确认的内容有： 1）作业电杆埋深、杆身质量； 2）检查柱上负荷开关外观，确认负荷开关已处于分闸位置
			工作负责人检查气象条件（不需现场检查，但需在工作许可时汇报）： 1）天气应良好，无雷、雨、雪、雾； 2）风力：不大于 5 级； 3）气相对湿度不大于 80%
			工作负责人检查工作票所列安全措施是否完备，在工作票上补充安全措施
	2	执行工作许可制度	工作负责人与调度联系，确认许可工作
			工作负责人在工作票上签字
	3	召开现场站班会	工作负责人宣读工作票
			工作负责人检查工作班组成员精神状态、交代工作任务进行分工、交代工作中的安全措施和技术措施
			工作负责人检查班组各成员对工作任务分工、安全措施和技术措施是否明确
			班组各成员在工作票和作业指导书上签名确认
	4	停放绝缘斗臂车	斗臂车驾驶员将绝缘斗臂车位置停放到最佳位置： 停放的位置应便于绝缘斗臂车绝缘斗到达作业位置，避开附近电力线和障碍物，并能保证作业时绝缘斗臂车的绝缘臂有效绝缘长度
			斗臂车操作人员支放绝缘斗臂车支腿： 1）不应支放在沟道盖板上； 2）软土地面应使用垫块或枕木； 3）支腿顺序应正确（"H"型支腿的车型，应先伸出水平支腿，再伸出垂直支腿；在坡地停放，应先支"前支腿"，后支"后支腿"）； 4）支撑应到位。车辆前后、左右呈水平
			斗臂车操作人员将绝缘斗臂车可靠接地： 1）接地线应采用有透明护套的不小于 16mm² 的多股软铜线； 2）临时接地体埋深应不少于 0.6m
	5	布置工作现场	工作负责人组织班组成员设置工作现场的安全围栏、安全警示标志： 1）安全围栏的范围应考虑作业中高空坠落和高空落物的影响以及道路交通，必要时联系交通部门； 2）围栏的出入口应设置合理； 3）警示标示应包括"从此进出""在此工作"等，道路两侧应有"前方施工，车辆慢行"标示或路障
			班组成员按要求将绝缘工器具放在防潮苫布上： 1）防潮苫布应清洁、干燥； 2）工器具应按管理要求分类摆放； 3）绝缘工器具不能与金属根据、材料混放

续表

√	序号	作业内容	步骤及要求
	6	检查绝缘工器具	班组成员逐件对绝缘工器具进行外观检查： 1）检查人员应戴清洁、干燥的手套； 2）绝缘工具表面不应破损或有裂纹、变形损坏，操作应灵活； 3）个人安全防护用具和遮蔽、隔离用具应无针孔、砂眼、裂纹； 4）检查斗内专用绝缘安全带外观，并作冲击试验
			班组成员使用绝缘电阻检测仪分段检测绝缘工具（本项目的绝缘工具为绝缘拉杆、绝缘传递绳和绝缘绳套）的表面绝缘电阻值： 1）测量电极应符合规程要求（极宽2cm、极间距2cm）； 2）正确使用（自检、测量）绝缘电阻检测仪（应采用点测的方法，不应使电极在绝缘工具表面滑动，避免刮伤绝缘工具表面）； 3）绝缘电阻值不得低于700MΩ
			绝缘工器具检查完毕，向工作负责人汇报检查结果
	7	检查绝缘斗臂车	斗内电工检查绝缘斗臂车表面状况：绝缘斗、绝缘臂应清洁、无裂纹损伤
			斗内电工试操作绝缘斗臂车： 1）试操作应空斗进行； 2）试操作应充分，有回转、升降、伸缩的过程。确认液压、机械、电气系统正常可靠、制动装置可靠
			绝缘斗臂车检查和试操作完毕，斗内电工向工作负责人汇报检查结果
	8	检测（新）柱上负荷开关、避雷器	班组成员检测（新）柱上负荷开关。检查的内容有： 1）试验报告和出厂合格证； 2）清洁瓷件，并作表面检查。瓷件表面应光滑，无麻点，裂痕等； 3）操动机构动作灵活，分、合位置指示正确
			检测避雷器。检查内容有： 1）试验报告和出厂合格证； 2）用绝缘高阻表检测其绝缘电阻不小于1000MΩ
	9	斗内电工进入绝缘斗臂车绝缘斗	斗内电工穿戴好个人安全防护用具： 1）个人安全防护用具包括绝缘帽、绝缘衣（披肩）、绝缘手套（戴防穿刺手套）、护目镜等； 2）工作负责人应检查斗内电工个人防护用具的穿戴是否正确
			斗内电工携带工器具进入绝缘斗，工器具应分类放置，工具和人员重量不得超过绝缘斗额定载荷
			斗内电工将斗内专用绝缘安全带系挂在斗内专用挂钩上

5.2 作业过程

√	序号	作业内容	步骤及要求
	1	进入带电作业区域	斗内电工经工作负责人许可后，操作绝缘斗臂车，进入带电作业区域，绝缘斗移动应平稳匀速，在进入带电作业区域时： 1）应无大幅晃动现象；

高海拔地区 10kV 配网不停电作业指导书 >>>

续表

√	序号	作业内容	步骤及要求
	1	进入带电作业区域	2）绝缘斗下降、上升的速度不应超过 0.4m/s； 3）绝缘斗边沿的最大线速度不应超过 0.5m/s； 4）转移绝缘斗时应注意绝缘斗臂车周围杆塔、线路等情况，绝缘臂的金属部位与带电体和地电位物体的距离大于 1.1m； 5）进入带电作业区域作业后，绝缘斗臂车绝缘臂的有效绝缘长度不应小于 1.2m
	2	验电	在工作负责人的监护下，使用验电器确认作业现场无漏电现象。应注意： 1）验电时，必须戴绝缘手套； 2）验电前，应验电器进行自检，确认是否合格（在保证安全距离的情况下也可在带电体上进行）； 3）验电时，电工应与邻近的构件、导体保持足够的距离； 4）如横担等接地构件有电，不应继续进行
	3	测量柱架空线路负荷电流，确认柱上负荷开关已断开	在工作负责人的监护下，斗内电工用钳形电流表检测架空线路负荷电流，确认柱上负荷开关确已断开。应注意： 1）使用钳形电流表时，应先选择最大量程，按照实际符合电流情况逐级向下一级量程切换并读取数据； 2）检测电流时，应选择近边相架空线路，并与相邻的异电位导体或构件保持足够的安全距离。记录线路负荷电流数值：_____A
	4	设置作业装置右侧绝缘遮蔽隔离措施	在工作负责人的监护下，斗内电工转移绝缘斗到达装置合适工作位置，按照"由近及远""从下到上"的顺序对作业中可能触及的部位进行绝缘遮蔽隔离。应注意： 1）三相的绝缘遮蔽隔离的顺序宜按照"先近边相、再远边相、最后中间相"的进行； 2）每相绝缘遮蔽隔离的部位和顺序宜为主导线、柱上负荷开关引线、柱上负荷开关出线套管、避雷器引线及避雷器上接线柱、耐张线夹、耐张绝缘子串以及作业点临近的接地体； 3）斗内电工在对带电体设置绝缘遮蔽隔离措施时，动作应轻缓，与横担等地电位构件间应有足够的安全距离，与邻相导线之间应有足够的安全距离； 4）绝缘遮蔽隔离措施应严密、牢固，绝缘遮蔽组合的重叠距离不得小于 0.2m； 5）斗内电工转移作业相，应获得工作负责人的许可
	5	设置作业装置左侧绝缘遮蔽隔离措施	在工作负责人的监护下，斗内电工转移绝缘斗到达装置合适工作位置，按照"由近及远""从下到上"的顺序对作业中可能触及的部位进行绝缘遮蔽隔离。应注意： 1）三相的绝缘遮蔽隔离的顺序宜按照"先近边相、再远边相、最后中间相"的进行； 2）每相绝缘遮蔽隔离的部位和顺序宜为主导线、避雷器引线及避雷器上接线柱、柱上负荷开关出线套管、耐张线夹、耐张绝缘子串以及作业点临近的接地体； 3）斗内电工在对带电体设置绝缘遮蔽隔离措施时，动作应轻缓，与横担等地电位构件间应有足够的安全距离，与邻相导线之间应有足够的安全距离； 4）绝缘遮蔽隔离措施应严密、牢固，绝缘遮蔽组合的重叠距离不得小于 0.2m； 5）斗内电工转移作业相，应获得工作负责人的许可

续表

√	序号	作业内容	步骤及要求
	6	断柱上负荷开关左侧引线	在工作负责人的监护下,斗内电工转移绝缘斗到达柱上负荷开关合适工作位置,相互配合断开三相引流线 断开引流线的方法如下: 1)斗内电工用带有双沟线夹的绝缘操作杆锁住引流线; 2)斗内电工用绝缘断线杆从耐张线夹出线侧剪断引线,耐张线夹处引线余留长度应为5cm左右; 3)将引线作妥善固定; 4)恢复耐张线夹处的绝缘遮蔽隔离措施。 应注意: 1)由于避雷器可能存在非线性电阻老化的现象,在断开引线时可能有一定的泄漏电流而引发的电弧,因此不得直接作业,必须使用操作杆来断开引线,且与断开点保持足够的距离; 2)断三相引线的应按"先近边相、再远边相、最后中间相"的顺序进行; 3)防止引线大幅晃动,避免高空落物; 4)恢复的绝缘遮蔽隔离措施应严密、牢固,绝缘遮蔽组合的重叠距离不得小于0.2m
	7	断柱上负荷开关右侧引线	在工作负责人的监护下2号斗内电工转移绝缘斗到达柱上负荷开关合适工作位置,按照相同的方法和要求,斗内电工相互配合断开三相引流线
	8	安装绝缘斗臂车绝缘吊臂	斗内电工操作绝缘斗臂车,将绝缘斗降至地面,安装绝缘吊臂,并进行清洁和检查。应注意: 1)绝缘吊臂表面不应有裂痕、明显的磨损等现象; 2)安装后,应进行试操作,检查机构是否灵活; 3)绝缘吊绳不应过伸长,无断股和松股扭曲现象; 4)核对吊臂最小承载能力应大于柱上负荷开关的重量
	9	拆除(旧)柱上负荷开关	绝缘斗臂车绝缘斗重新升空,到达合适的工作位置后,斗内电工与地面电工配合拆除旧的柱上负荷开关。拆除柱上负荷开关的方法如下: 1)斗内电工将卸扣和绝缘绳套安装在柱上负荷开关的吊环上; 2)斗内电工调整好绝缘吊臂的角度和位置,放下绝缘吊绳,将吊钩勾住吊点,然后操作绝缘小吊,使绝缘吊绳回缩轻微受力。绝缘吊臂端头和吊钩及柱上负荷开关的重心应在同一铅垂线上; 3)杆上电工登杆,拆除负荷开关外壳的接地保护线和底座的固定螺丝; 4)杆上电工在开关上绑好绝缘绳(起吊负荷开关时控制开关用); 5)斗内电工操作绝缘小吊,缓慢提升柱上负荷开关,提升高度达到约10cm时,再次检查并确认绝缘吊绳、绝缘绳套、卸扣的受力正常后,缓慢地将负荷开关水平移出安装支架,再垂直放至地面。 应注意: 1)杆上电工前应对脚扣、安全带进行冲击试验并检查; 2)杆上电工应在绝缘斗臂车绝缘臂和绝缘斗的对侧登杆; 3)杆上电工登杆过程中应全程使用安全带,到达作业位置后应使用后备保护绳; 4)负荷开关移动速度应缓慢,禁止在水平移动负荷开关时同时伸缩、起降绝缘斗臂车绝缘臂,防止负荷开关大幅晃动; 5)地面电工应用绝缘绳控制负荷开关,防止其大幅晃动; 6)杆上电工应注意防止重物打击,避开绝缘臂、绝缘吊臂和绝缘斗;地面人员禁止在绝缘斗臂车绝缘臂下方逗留

√	序号	作业内容	步骤及要求
	10	安装（新）柱上负荷开关	斗内电工与杆上电工、地面电工配合按照与拆除负荷开关相同的要求安装新的柱上负荷开关。安装方法如下： 1）地面电工将卸扣和绝缘绳套安装在柱上负荷开关的吊环上； 2）斗内电工调整好绝缘吊臂的角度和位置，放下绝缘吊绳。地面电工将吊钩勾住吊点，由斗内电工操作绝缘小吊，使绝缘吊绳回缩轻微受力。绝缘吊臂端头和吊钩及柱上负荷开关的重心应在同一铅垂线上； 3）地面电工在开关上绑好绝缘绳（起吊负荷开关时控制开关用）； 4）杆上电工登杆； 5）斗内电工操作绝缘小吊，缓慢提升柱上负荷开关，离地高度达到约 30cm 左右时，再次检查并确认绝缘吊绳、绝缘绳套、卸扣的受力正常后，缓慢提升负荷开关至安装支架，将开关水平移至安装支架上方，在杆上电工的配合下对准底座安装孔垂直放至安装支架； 6）杆上电工紧固负荷开关外壳底座的固定螺丝和接地保护线； 7）试拉合检查柱上负荷开关，最后使其操动机构处于分闸位置。 柱上负荷开关的安装工艺质量应满足施工验收规范的要求： 1）柱上负荷开关安装方向正确，操动机构应面向外侧； 2）底座螺丝固定牢靠； 3）外壳干净； 4）外壳接地可靠，接地电阻值符合规定
	11	撤除绝缘斗臂车绝缘吊臂	斗内电工操作绝缘斗臂车，将绝缘斗降至地面，撤除绝缘吊臂，收好绝缘吊绳
	12	安装相关附件（两侧引线，左侧避雷器及其引线）	斗内电工操作绝缘斗臂车重新升空，安装柱上负荷开关两侧引线，并在其左侧安装好避雷器及其引线。安装工艺应符合要求： 1）引线应用绝缘导线； 2）引线应安装牢固，线夹垫片整齐无歪斜； 3）引线应平直，无金钩、灯笼或散股现象
	13	补充绝缘遮蔽隔离措施	斗内电工恢复和补充柱上负荷开关避雷器引线及接线柱、柱上负荷开关出线套管处的绝缘遮蔽隔离措施。应注意：绝缘遮蔽隔离措施应严密、牢固，绝缘遮蔽组合的重叠距离不得小于 0.2m
	14	搭接柱上负荷开关右侧引线	在工作负责人的监护下，斗内电工互相配合搭接柱上负荷开关三相引线。引线搭接的方法如下： 1）解开主导线上搭接柱上负荷开关引线处的绝缘遮蔽隔离措施； 2）用钢丝刷清除主导线上的金属氧化物或脏污； 3）用带有双沟线夹的绝缘操作杆锁住引线后将引线固定在主导线上； 4）用并沟线夹将引线搭接到主导线上； 5）补充主导线和引线上的绝缘遮蔽隔离措施。 应注意： 1）应首先确认隔离开关处于断开位置； 2）三相引线的安装应按照"先中间相、在远边相、最后近边相"的顺序依次进行； 3）用带有双沟线夹的绝缘操作杆将引线固定到主导线时，斗内人员与搭接点应保持足够的距离； 4）安装引线时，斗内电工不应串入电路； 5）斗内应注意动作幅度，不得发生手工工具与其他部件发生撞击现象； 6）绝缘遮蔽隔离措施应严密牢固，绝缘遮蔽组合的重叠长度不得小于 0.2m。

续表

✓	序号	作业内容	步骤及要求
	14	搭接柱上负荷开关右侧引线	引线的工艺质量应满足施工验收规范的要求： 1）引线应安装牢固，线夹垫片整齐无歪斜； 2）引线应平直，无金钩、灯笼或散股现象； 3）引线与地电位构件之间保持安全距离
	15	搭接柱上负荷开关左侧引线	在工作负责人的监护下，斗内电工按照相同的方法和要求互相配合搭接柱上负荷开关左侧三相引线
	16	拆除柱上负荷开关左侧绝缘遮蔽隔离措施	在工作负责人的监护下，斗内电工转移绝缘斗柱上负荷开关左侧合适工作位置，按照与设置绝缘遮蔽隔离措施相反的顺序拆除绝缘遮蔽隔离措施： 1）拆除三相绝缘遮蔽隔离措施应按照"先中间相、在远边相、最后近边相"的顺序进行； 2）每相的绝缘遮蔽隔离措施拆除的顺序依次为作业点临近的接地体、耐张绝缘子串、耐张线夹、避雷器及引线、柱上负荷开关出线套管、柱上负荷开关引线、主导线； 3）斗内电工在拆除带电体上的绝缘遮蔽隔离措施时，动作应轻缓，与横担等地电位构件间应有足够的安全距离，与邻相导线之间应有足够的安全距离
	17	拆除柱上负荷开关右侧绝缘遮蔽隔离措施	在工作负责人的监护下，斗内电工转移绝缘斗到达柱上负荷开关合适工作位置，按照相同的方法和要求拆除绝缘遮蔽隔离措施
	18	工程验收	斗内电工撤出带电作业区域。撤出带电作业区域时： 1）应无大幅晃动现象； 2）绝缘斗下降、上升的速度不应超过 0.4m/s； 3）绝缘斗边沿的最大线速度不应超过 0.5m/s
			斗内电工检查施工质量： 1）杆上无遗漏物； 2）装置无缺陷符合运行条件； 3）向工作负责人汇报施工质量
	19	撤离杆塔	斗内电工下降绝缘斗返回地面、收回绝缘臂时应注意绝缘斗臂车周围杆塔、线路等情况

6. 工作结束

✓	序号	作业内容	步骤及要求
	1	清理现场	绝缘斗臂车各部件复位，收回绝缘斗臂车支腿
			工作负责人组织班组成员整理工具、材料。将工器具清洁后放入专用的箱（袋）中。清理现场，做到"工完、料尽、场地清"
	2	召开收工会	工作负责人组织召开现场收工会，做工作总结和点评工作： 1）正确点评本项工作的施工质量； 2）点评班组成员在作业中的安全措施的落实情况； 3）点评班组成员对规程的执行情况
	3	办理工作终结手续	工作负责人向调度汇报工作结束，并终结工作票

7. 验收记录

记录检修中发现的问题	
存在问题及处理意见	

8. 现场标准化作业指导书执行情况评估

评估内容	符合性	优		可操作项	
		良		不可操作项	
	可操作性	优		修改项	
		良		遗漏项	
存在问题					
改进意见					

第四章 第三类作业项目

第一节 带电更换直线杆绝缘子

021 绝缘杆作业法更换直线杆绝缘子

1. 范围

本规程规定了采用绝缘杆作业法带电更换 10kV××线路××杆两边相绝缘子的现场标准化作业的工作步骤和技术要求。该装置为单横担直线杆装置。

本规程适用于绝缘杆作业法带电更换 10kV××线路××杆两边相绝缘子。

2. 人员组合

本项目需要 4 人。

2.1 作业人员要求

√	序号	责任人	资质	人数
	1	工作负责人（监护人）	应具有 3 年以上的配电带电作业实际工作经验，熟悉设备状况，具有一定组织能力和事故处理能力，并经工作负责人的专门培训，考试合格。经本单位总工程师批准、书面公布	1
	2	杆上电工（1 号和 2 号）	应通过配网不停电作业专项培训，考试合格并持有上岗证	2
	3	地面电工	应通过配网不停电作业专项培训，考试合格并持有上岗证	1

2.2 作业人员分工

√	序号	责任人	分工	责任人签名
	1		工作负责人	
	2		1 号杆上电工	
	3		2 号杆上电工	
	4		地面电工	

3. 工器具

领用绝缘工具、安全用具及辅助器具，应核对工器具的使用电压等级和试验周期。领用绝缘工器具，应检查外观完好无损。

工器具运输，应存放在专用的工具袋、工具箱或工具车内；金属工具和绝缘工器具应

157

分开装运。

3.1 装备

√	序号	名称	规格/编号	单位	数量	备注
	1	导线遮蔽罩	10kV	根	若干	根据实际情况选用
	2	柱式绝缘子遮蔽罩	10kV	只	若干	根据实际情况选用
	3	横担、柱式绝缘子组合遮蔽罩	10kV	只	若干	根据实际情况选用

3.2 个人防护用品

√	序号	名称	规格/编号	单位	数量	备注
	1	绝缘安全帽	10kV	顶	2	
	2	绝缘手套	10kV	双	2	
	3	防护手套	10kV	双	2	
	4	绝缘衣（披肩）	10kV	件	2	
	5	安全带		副	2	
	6	后备保护绳		副	2	
	7	护目镜		副	2	
	8	普通安全帽		顶	4	

3.3 绝缘工具

√	序号	名称	规格/编号	单位	数量	备注
	1	多功能绝缘抱杆		套	1	
	2	三齿耙绝缘操作杆		把	2	
	3	尖嘴钳绝缘操作杆		把	2	
	4	斜口钳绝缘操作杆		把	2	
	5	绝缘操作杆		把	1	设置绝缘遮蔽罩用
	6	绝缘传递绳		根	1	

3.4 仪器仪表

√	序号	名称	规格/编号	单位	数量	备注
	1	验电器	10kV	支	1	
	2	高压发生器	10kV	只	1	
	3	绝缘电阻检测仪	2500V	只	1	
	4	风速仪		只	1	
	5	温、湿度计		只	1	
	6	对讲机		套	若干	根据情况决定是否使用

3.5　其他工具

√	序号	名称	规格/编号	单位	数量	备注
	1	脚扣		副	2	
	2	防潮苫布		块	1	
	3	个人常用工具		套	1	
	4	安全遮栏、安全围绳		副	若干	
	5	标示牌	"从此进出！"	块	1	根据实际情况使用对应标示牌
	6	标示牌	"在此工作！"	块	2	
	7	路障	"前方施工，车辆慢行"	块	2	

3.6　材料

√	序号	名称	规格/编号	单位	数量	备注
	1	柱式绝缘子		只	2	
	2	绑线		圈	2	
	3	毛巾		条	2	

4. 危险点分析及安全控制措施

√	序号	危险点	安全控制措施	备注
	1	人身触电	1）作业人员必须穿戴齐全合格的个人绝缘防护用具（绝缘手套、绝缘安全帽、防护手套等），使用合格适当的绝缘工器具； 2）严格按照不停电作业操作规程中的遮蔽顺序（由近至远、由低到高、先带电体后接地体）进行遮蔽，绝缘遮蔽组合应保持不少于0.2m的重叠； 3）人体对带电体应有足够安全距离	
	2	高空坠落、物体打击	1）登杆作业人员必须系好安全带，戴好安全帽； 2）使用的工具、材料等应用绝缘绳索传递或装在工具袋内，禁止乱扔、乱放； 3）现场除指定人员外，禁止其他人员进入工作区域，地面电工在传递工具、材料不要在作业点正下方，防止掉物伤人； 4）作业现场按标准设置防护围栏，加强监护，禁止行人入内	
	3	倒杆、断杆	蹬杆作业人员上杆前检查杆跟是否牢固，杆身是否有裂纹，必要时采取加固措施	
	4	二次电击伤害	本项作业需要停用重合闸，防止因相间或相地之间短路线路重合闸造成二次电击伤害	

5. 作业程序

5.1 开工准备

√	序号	作业内容	步骤及要求
	1	现场复勘	工作负责人核对工作线路双重命名、杆号
			工作负责人检查线路装置是否具备不停电作业条件。本项作业应检查的内容有： 1）作业点相邻两侧电杆埋深、杆身质量； 2）作业点相邻两侧电杆导线的固结情况； 3）作业点相邻两侧电杆之间导线应无断股等现象； 4）作业电杆埋深、杆身质量
			工作负责人检查气象条件（不需现场检查，但需在工作许可时汇报）： 1）天气应良好，无雷、雨、雪、雾； 2）风力：不大于 5 级； 3）气相对湿度不大于 80%
			检查工作票所列安全措施是否完备，必要时在工作票上补充安全措施
	2	执行工作许可制度	工作负责人与调度联系，确认许可工作
			工作负责人在工作票上签字
	3	召开现场站班会	工作负责人宣读工作票
			工作负责人检查工作班组成员精神状态、交代工作任务进行分工、交代工作中的安全措施和技术措施
			工作负责人检查班组各成员对工作任务分工、安全措施和技术措施是否明确
			班组各成员在工作票和作业指导书上签名确认
	4	布置工作现场	工作负责人组织班组成员设置工作现场的安全围栏、安全警示标志： 1）安全围栏的范围应考虑作业中高空坠落和高空落物的影响以及道路交通，必要时联系交通部门； 2）围栏的出入口应设置合理； 3）警示标示应包括"从此进出""在此工作"等，道路两侧应有"前方施工，车辆慢行"标示或路障
			班组成员按要求将绝缘工器具放在防潮苫布上： 1）防潮苫布应清洁、干燥； 2）工器具应按管理要求分类摆放； 3）绝缘工器具不能与金属根据、材料混放
	5	检查绝缘工器具	班组成员逐件对绝缘工器具进行外观检查： 1）检查人员应戴清洁、干燥的手套； 2）绝缘工具表面不应破损或有裂纹、变形损坏，操作应灵活； 3）个人安全防护用具和遮蔽、隔离用具应无针孔、砂眼、裂纹； 4）检查登高工具，并作冲击试验
			班组成员使用绝缘电阻检测仪分段检测绝缘工具的表面绝缘电阻值： 1）测量电极应符合规程要求（极宽 2cm，极间距 2cm）； 2）正确使用（自检、测量）绝缘电阻检测仪（应采用点测的方法，不应使电极在绝缘工具表面滑动，避免刮伤绝缘工具表面）； 3）绝缘电阻值不得低于 700MΩ
			绝缘工器具检查完毕，向工作负责人汇报检查结果

续表

√	序号	作业内容	步骤及要求
	6	检测直线绝缘子	班组成员检测直线绝缘子: 1) 班组成员对三个(新)直线绝缘子进行表面清洁和检查,绝缘子表面应无麻点、裂痕等现象; 2) 用绝缘电阻检测仪检测绝缘子的绝缘电阻不应低于 500MΩ; 3) 检测完毕,向工作负责人汇报检测结果
	7	登杆	杆上电工穿戴好绝缘安全帽、绝缘衣(披肩),并由工作负责人检查
			杆上电工对安全带、后备保护绳、脚扣进行冲击试验并检查。应注意:冲击试验的高度不应高于 0.5m
			获得工作负责人的许可后,杆上电工携带绝缘传递绳及工具袋登杆。应注意: 1) 工具袋内,绝缘手套与金属工具、材料等应分开存放;绝缘传递绳应整捆背在 2 号杆上电工身上; 2) 杆上电工应逐次交错登杆,1 号杆上电工的位置高于 2 号杆上电工; 3) 登杆过程应全程使用安全带,不得脱离安全带的保护,防止高空坠落

5.2 作业过程

√	序号	作业内容	步骤及要求
	1	进入带电作业区域	杆上电工登杆至离带电体(架空主导线)2m 左右时,调整好各自的站位,再登杆上绑好后备保护绳,并戴好绝缘手套。应注意: 1) 后备保护绳应稍高于安全带,起到高挂低用的作用; 2) 进入带电作业区域后,不能随意摘下绝缘手套
	2	验电	在工作负责人的监护下,使用验电器确认作业现场无漏电现象。应注意: 1) 验电时,必须戴绝缘手套; 2) 验电前,应验电器进行自检,确认是否合格(在保证安全距离的情况下也可在带电体上进行); 3) 验电时,电工应与邻近的构件、导体保持足够的距离; 4) 如横担等接地构件有电,不应继续进行
	3	设置绝缘遮蔽、隔离措施	获得工作负责人许可后,杆上电工设置两边相的绝缘遮蔽隔离措施: 1) 两边相各自遮蔽的部位和顺序依次为:横担、柱式绝缘子、(绝缘子两侧)导线; 2) 杆上电工与带电体的安全距离应大于 0.6m,绝缘操作杆的有效绝缘长度不应小于 0.9m; 3) 绝缘遮蔽隔离措施应严密、牢固,连续遮蔽时重叠距离不得小于 0.2m; 4) 杆上电工换相作业应获得工作负责人的许可; 5) 防止高空落物
	4	安装多功能绝缘抱杆	获得工作负责人监护下,杆上电工配合在电杆上安装好多功能绝缘抱杆。应注意: 1) 多功能绝缘抱杆安装在电源侧(即单横担对侧); 2) 多功能绝缘抱杆应先在地面将两绝缘臂调整到最低的位置,安装时抱杆尽可能高,并且将两边相导线放置在绝缘臂的线槽内;

√	序号	作业内容	步骤及要求
	4	安装多功能绝缘抱杆	3）抱杆应安装牢固； 4）上下传递工器具应使用绝缘传递绳，绝缘传递绳的尾端不应碰触潮湿地面；工器具不应与电杆发生碰撞； 5）防止高空落物
	5	拆除近边相柱式绝缘子上的导线绑扎线	在工作负责人的监护下，杆上电工互相配合，拆除近边相柱式绝缘子上的导线绑扎线。方法如下： 1）杆上电工操作多功能绝缘抱杆两绝缘臂的机构，使绝缘臂上升，导线轻微受力； 2）用绝缘操作杆取下柱式绝缘子上的绝缘遮蔽罩，并确认其他绝缘遮蔽隔离措施是否严密； 3）杆上电工互相配合用斜口钳绝缘操作杆、尖嘴钳绝缘操作杆和三齿耙绝缘操作杆拆除柱式绝缘子上的导线绑扎线； 应注意： 1）杆上电工与带电体的安全距离应大于 0.6m，绝缘操作杆的有效绝缘长度不应小于 0.9m； 2）绑扎线的展放长度不应超过 10cm
	6	拆除远边相柱式绝缘子上的导线绑扎线	在工作负责人的监护下，杆上电工按照相同的方法拆除远边相直线绝缘子的绑扎线
	7	提升导线	在工作负责人的监护下，杆上电工操作多功能绝缘抱杆两绝缘臂的机构，提升导线。应注意： 1）应逐步提升导线，保证多功能绝缘抱杆两绝缘臂受力均衡； 2）导线提升的高度应不小于 40cm； 3）提升导线时应观察多功能绝缘抱杆、导线受力情况
	8	补充绝缘遮蔽隔离措施	补充两边相导线上的绝缘遮蔽隔离措施。应注意： 1）杆上电工与带电体的安全距离应大于 0.6m，绝缘操作杆的有效绝缘长度不应小于 0.9m； 2）绝缘遮蔽隔离措施应严密牢固、绝缘遮蔽组合的重叠距离不得小于 0.2m
	9	更换支持绝缘子	在工作负责人的监护下，杆上电工更换支持绝缘子。应注意： 1）杆上电工不得摘下或脱下个人安全防护用具； 2）拆、装支持绝缘子时不应失去绝缘传递绳的控制； 3）上下传递绝缘子应避免与电杆、绝缘斗碰撞； 4）不应发生高空落物。 绝缘子的安装工艺和质量应符合施工和验收规范的要求；表面应无损伤，线槽应与导线平行并安装牢固。应预先将绑扎线固定在新的柱式绝缘子上，并呈帽翅形状
	10	补充绝缘遮蔽隔离措施	杆上电工补充绝缘遮蔽和隔离措施。应注意： 1）补充绝缘遮蔽隔离措施的部位或构件为铁横担、绝缘子； 2）杆上电工与带电体的安全距离应大于 0.6m； 3）绝缘遮蔽隔离措施应严密牢固、绝缘遮蔽组合的重叠距离不得小于 0.2m

续表

√	序号	作业内容	步骤及要求
	11	下降导线	在工作负责人的监护下，杆上电工操作多功能绝缘抱杆两绝缘臂的机构，下降导线并将其搁置在柱式绝缘子线槽内。应注意： 1）应逐步下降导线，保证多功能绝缘抱杆两绝缘臂受力均衡； 2）导线进入柱式绝缘子线槽后，多功能绝缘抱杆两绝缘臂还应轻微受力，不得让导线脱离控制
	12	固定远边相导线	在工作负责人的监护下，杆上电工调整好站位高度和作业位置后，互相配合用斜口钳绝缘操作杆、尖嘴钳绝缘操作杆和三齿耙绝缘操作杆将远边相导线固定在柱式绝缘子上。应注意： 1）杆上电工与带电体的安全距离应大于0.6m，绝缘操作杆的有效绝缘长度不应小于0.9m； 2）绑扎过程中，扎线的展放长度程度不应大于10cm； 3）防止高空落物。 绑扎线绑扎的施工工艺和质量应符合施工和验收规范的要求： 1）扎线应绑扎紧密、牢固； 2）扎线缠绕方向应与导线线股绞向一致、股数应符合要求
	13	固定近边相导线	在工作负责人的监护下，杆上电工按照与远边相相同的方法固定近边相导线
	14	补充绝缘遮蔽隔离措施	在工作负责人的监护下，杆上电工补充绝缘遮蔽隔离措施。应注意： 1）需补充绝缘遮蔽隔离措施的部位为柱式绝缘子的扎线部位； 2）杆上电工与带电体的安全距离应大于0.6m，绝缘操作杆的有效绝缘长度不应小于0.9m； 3）绝缘遮蔽隔离措施应严密牢固，与导线上的绝缘遮蔽隔离措施重叠长度不应少于0.2m
	15	拆除多功能绝缘抱杆	在工作负责人的监护下，杆上电工调整好站位高度和作业位置后，互相配合拆除多功能绝缘抱杆。应注意： 1）应预先在多功能绝缘抱杆上捆绑好绝缘传递绳，绳扣应牢固； 2）上下传递应平稳，不应发生与电杆发生碰撞现象； 3）防止高空落物
	16	撤除绝缘遮蔽隔离措施	获得工作负责人的许可后，杆上电工调整好站位高度和作业位置后，依次拆除两边相绝缘遮蔽隔离措施。应注意： 1）各边相绝缘遮蔽隔离措施的拆除顺序依次为：导线、柱式绝缘子、横担； 2）杆上电工与带电体的安全距离应大于0.6m，绝缘操作杆的有效绝缘长度不应小于0.9m； 3）杆上电工换相作业应获得工作负责人的许可； 4）防止高空落物
	17	工程验收	杆上电工检查施工质量： 1）杆上无遗漏物； 2）装置无缺陷符合运行条件； 3）向工作负责人汇报施工质量
	18	撤离杆塔	杆上电工逐次交错下杆。应注意：下杆时应全程使用安全带，防止高空坠落

6. 工作结束

√	序号	作业内容	步骤及要求
	1	清理现场	工作负责人组织班组成员整理工具、材料。将工器具清洁后放入专用的箱（袋）中。清理现场，做到"工完、料尽、场地清"
	2	召开收工会	工作负责人组织召开现场收工会，做工作总结和点评工作： 1）正确点评本项工作的施工质量； 2）点评班组成员在作业中的安全措施的落实情况； 3）点评班组成员对规程的执行情况
	3	办理工作终结手续	工作负责人向调度汇报工作结束，并终结工作票

7. 验收记录

记录检修中发现的问题	
存在问题及处理意见	

8. 现场标准化作业指导书执行情况评估

评估内容	符合性	优		可操作项	
		良		不可操作项	
	可操作性	优		修改项	
		良		遗漏项	
存在问题					
改进意见					

第二节　带电更换直线杆绝缘子及横担

022　绝缘杆作业法更换直线杆绝缘子及横担

1. 范围

本现场标准化作业指导书规定了绝缘杆作业法（登杆）带电更换直线杆绝缘子及横担的工作步骤和技术要求。

本现场标准化作业指导书适用于绝缘杆作业法（登杆）带电更换直线杆绝缘子及横担。

2. 人员组合

本项目需要 4 人。

2.1 作业人员要求

√	序号	责任人	资质	人数
	1	工作负责人（监护人）	应具有 3 年以上的配电带电作业实际工作经验，熟悉设备状况，具有一定组织能力和事故处理能力，并经工作负责人的专门培训，考试合格。经本单位总工程师批准、书面公布	1
	2	杆上电工（1 号和 2 号）	应通过配网不停电作业专项培训，考试合格并持有上岗证	2
	3	地面电工	应通过配网不停电作业专项培训，考试合格并持有上岗证	1

2.2 作业人员分工

√	序号	责任人	分工	责任人签名
	1	工作负责人（监护人）	负责监护工作、工艺标准、质量要求、施工安全和各项任务命令执行的发布工作	
	2	1 号杆上电工	负责绝缘遮蔽	
	3	2 号杆上电工	更换直线杆绝缘子及横担工作	
	4	地面作业人员	负责传递工器具、材料等地面工作	

3. 工器具

领用绝缘工器具应核对工器具的使用电压等级和试验周期，并应检查外观完好无损。

工器具运输，应存放在专用的工具袋、工具箱或工具车内；金属工具和绝缘工器具应分开装运。

3.1 个人安全防护用具

√	序号	名称	规格/编号	单位	数量	备注
	1	绝缘安全帽	10kV	顶	2	
	2	绝缘手套	10kV	双	2	
	3	防护手套	10kV	双	2	
	4	绝缘衣（披肩）	10kV	件	2	
	5	安全带		副	2	
	6	后备保护绳		副	2	
	7	护目镜		副	2	
	8	普通安全帽		顶	4	

3.2 绝缘遮蔽工具

√	序号	名称	规格/编号	单位	数量	备注
	1	导线遮蔽罩	10kV	根	若干	根据实际情况选用

√	序号	名称	规格/编号	单位	数量	备注
	2	柱式绝缘子遮蔽罩	10kV	只	若干	根据实际情况选用
	3	横担、柱式绝缘子组合遮蔽罩	10kV	只	若干	根据实际情况选用

3.3 绝缘工具

√	序号	名称	规格/编号	单位	数量	备注
	1	多功能绝缘抱杆		套	1	
	2	三齿耙绝缘操作杆		把	2	
	3	尖嘴钳绝缘操作杆		把	2	
	4	斜口钳绝缘操作杆		把	2	
	5	绝缘操作杆		把	1	设置绝缘遮蔽罩用
	6	绝缘传递绳		根	1	

3.4 仪器仪表

√	序号	名称	规格/编号	单位	数量	备注
	1	验电器	10kV	支	1	
	2	高压发生器	10kV	只	1	
	3	绝缘电阻检测仪	2500V	台	1	
	4	风速仪		只	1	
	5	温、湿度计		只	1	
	6	泄漏电流在线监测装置	T407－0327	台	1	

3.5 其他工具

√	序号	名称	规格/编号	单位	数量	备注
	1	防潮苫布		块	2	
	2	个人常用工具		套	3	
	3	安全遮栏、安全围绳		副	若干	
	4	标示牌	"从此进出！"	块	1	根据实际情况使用对应标示牌
	5	标示牌	"在此工作！"	块	2	
	6	路障	"前方施工，车辆慢行"	块	2	
	7	对讲机		套	若干	根据情况决定是否使用

3.6 材料

√	序号	名称	规格/编号	单位	数量	备注
	1	直线绝缘子		只	2	
	2	角钢横担		套	1	

4. 危险点分析及安全控制措施

√	序号	危险点	安全控制措施	备注
	1	人身触电	1）作业人员必须穿戴齐全合格的个人绝缘防护用具（绝缘手套、绝缘安全帽、防护手套等），使用合格适当的绝缘工器具； 2）严格按照不停电作业操作规程中的遮蔽顺序（由近至远、由低到高、先带电体后接地体）进行遮蔽，绝缘遮蔽组合应保持不少于 0.2m 的重叠； 3）人体对带电体应有足够安全距离	
	2	高空坠落、物体打击	1）登杆作业人员必须系好安全带，戴好安全帽； 2）使用的工具、材料等应用绝缘绳索传递或装在工具袋内，禁止乱扔、乱放； 3）现场除指定人员外，禁止其他人员进入工作区域，地面电工在传递工具、材料不要在作业点正下方，防止掉物伤人	
	3	倒杆、断杆	蹬杆作业人员上杆前检查杆跟是否牢固，杆身是否有裂纹，必要时采取加固措施	
	4	二次电击伤害	本项作业需要停用重合闸，防止因相间或相地之间短路线路重合闸造成二次电击伤害	

5. 作业程序
5.1 开工准备

√	序号	作业内容	步骤及要求
	1	现场复勘	工作负责人核对工作线路双重命名、杆号
			工作负责人检查线路装置是否具备不停电作业条件。本项作业应检查的内容有： 1）作业点相邻两侧电杆埋深、杆身质量； 2）作业点相邻两侧电杆导线的固结情况； 3）作业点相邻两侧电杆之间导线应无断股等现象； 4）作业电杆埋深、杆身质量
			工作负责人检查气象条件（不需现场检查，但需在工作许可时汇报）： 1）天气应良好，无雷、雨、雪、雾； 2）风力：不大于 5 级； 3）气相对湿度不大于80%
			检查工作票所列安全措施是否完备，必要时在工作票上补充安全措施

续表

√	序号	作业内容	步骤及要求
	2	执行工作许可制度	工作负责人与调度联系，确认许可工作
			工作负责人在工作票上签字
	3	召开现场站班会	工作负责人宣读工作票
			工作负责人检查工作班组成员精神状态、交代工作任务进行分工、交代工作中的安全措施和技术措施
			工作负责人检查班组各成员对工作任务分工、安全措施和技术措施是否明确
			班组各成员在工作票和作业指导书上签名确认
	4	布置工作现场	工作负责人组织班组成员设置工作现场的安全围栏、安全警示标志： 1）安全围栏的范围应考虑作业中高空坠落和高空落物的影响以及道路交通，必要时联系交通部门； 2）围栏的出入口应设置合理； 3）警示标示应包括"从此进出""在此工作"等，道路两侧应有"前方施工，车辆慢行"标示或路障
			班组成员按要求将绝缘工器具放在防潮苫布上： 1）防潮苫布应清洁、干燥； 2）工器具应按管理要求分类摆放； 3）绝缘工器具不能与金属根据、材料混放
	5	检查绝缘工器具	班组成员逐件对绝缘工器具进行外观检查： 1）检查人员应戴清洁、干燥的手套； 2）绝缘工具表面不应破损或有裂纹、变形损坏，操作应灵活； 3）个人安全防护用具和遮蔽、隔离用具应无针孔、砂眼、裂纹； 4）检查登高工具，并作冲击试验
			班组成员使用绝缘电阻检测仪分段检测绝缘工具的表面绝缘电阻值： 1）测量电极应符合规程要求（极宽 2cm、极间距 2cm）； 2）正确使用（自检、测量）绝缘电阻检测仪（应采用点测的方法，不应使电极在绝缘工具表面滑动，避免刮伤绝缘工具表面）； 3）绝缘电阻值不得低于 700MΩ
			绝缘工器具检查完毕，向工作负责人汇报检查结果
	6	检测直线绝缘子	班组成员检测直线绝缘子： 1）班组成员对三个（新）直线绝缘子进行表面清洁和检查，绝缘子表面应无麻点、裂痕等现象； 2）用绝缘电阻检测仪检测绝缘子的绝缘电阻不应低于 500MΩ； 3）检测完毕，向工作负责人汇报检测结果
	7	登杆	杆上电工穿戴好绝缘安全帽、绝缘衣（披肩），并由工作负责人检查
			杆上电工对安全带、后备保护绳、脚扣进行冲击试验并检查。应注意：冲击试验的高度不应高于 0.5m
			获得工作负责人的许可后，杆上电工携带绝缘传递绳及工具袋登杆。应注意： 1）工具袋内，绝缘手套与金属工具、材料等应分开存放；绝缘传递绳应整捆背在 2 号杆上电工身上； 2）杆上电工应逐次交错登杆，1 号杆上电工的位置高于 2 号杆上电工； 3）登杆过程应全程使用安全带，不得脱离安全带的保护，防止高空坠落

5.2 作业过程

√	序号	作业内容	步骤及要求
	1	进入带电作业区域	杆上电工登杆至离带电体（架空主导线）2m 左右时，调整好各自的站位，再电杆上绑好后备保护绳，并戴好绝缘手套。应注意： 1）后备保护绳应稍高于安全带，起到高挂低用的作用； 2）进入带电作业区域后，不能随意摘下绝缘手套
	2	验电	在工作负责人的监护下，使用验电器确认作业现场无漏电现象。应注意： 1）验电时，必须戴绝缘手套； 2）验电前，应验电器进行自检，确认是否合格（在保证安全距离的情况下也可在带电体上进行）； 3）验电时，电工应与邻近的构件、导体保持足够的距离； 4）如横担等接地构件有电，不应继续进行
	3	设置绝缘遮蔽、隔离措施	获得工作负责人许可后，杆上电工设置两边相的绝缘遮蔽隔离措施： 1）两边相各自遮蔽的部位和顺序依次为：横担、柱式绝缘子、（绝缘子两侧）导线； 2）杆上电工与带电体的安全距离应大于 0.6m，绝缘操作杆的有效绝缘长度不应小于 0.9m； 3）绝缘遮蔽隔离措施应严密、牢固，连续遮蔽时重叠距离不得小于 0.2m； 4）杆上电工换相作业应获得工作负责人的许可； 5）防止高空落物
	4	安装多功能绝缘抱杆	获得工作负责人监护下，杆上电工配合在电杆上安装好多功能绝缘抱杆。应注意： 1）多功能绝缘抱杆应安装在电源侧（即单横担对侧）； 2）多功能绝缘抱杆应先在地面将两绝缘臂调整到最低的位置，安装时抱杆应尽可能高，并且将两边相导线放置在绝缘臂的线槽内； 3）抱杆应安装牢固； 4）上下传递工器具应使用绝缘传递绳，绝缘传递绳的尾端不应碰触潮湿地面；工器具不应与电杆发生碰撞； 5）防止高空落物
	5	拆除近边相柱式绝缘子上的导线绑扎线	在工作负责人的监护下，杆上电工互相配合，拆除近边相柱式绝缘子上的导线绑扎线。方法如下： 1）杆上电工操作多功能绝缘抱杆两绝缘臂的机构，使绝缘臂上升，导线轻微受力； 2）用绝缘操作杆取下柱式绝缘子上的绝缘遮蔽罩，并确认其他绝缘遮蔽隔离措施是否严密； 3）杆上电工互相配合用斜口钳绝缘操作杆、尖嘴钳绝缘操作杆和三齿耙绝缘操作杆拆除柱式绝缘子上的导线绑扎线； 应注意： 1）杆上电工与带电体的安全距离应大于 0.6m，绝缘操作杆的有效绝缘长度不应小于 0.9m； 2）绑扎线的展放长度不应超过 10cm
	6	拆除远边相柱式绝缘子上的导线绑扎线	在工作负责人的监护下，杆上电工按照相同的方法拆除远边相直线绝缘子的绑扎线

续表

√	序号	作业内容	步骤及要求
	7	提升导线	在工作负责人的监护下，杆上电工操作多功能绝缘抱杆两绝缘臂的机构，提升导线。应注意： 1）应逐步提升导线，保证多功能绝缘抱杆两绝缘臂受力均衡； 2）导线提升的高度应不小于 40cm； 3）提升导线时应观察多功能绝缘抱杆、导线受力情况
	8	补充绝缘遮蔽隔离措施	补充两边相导线上的绝缘遮蔽隔离措施。应注意： 1）杆上电工与带电体的安全距离应大于 0.6m，绝缘操作杆的有效绝缘长度不应小于 0.9m； 2）绝缘遮蔽隔离措施应严密牢固、绝缘遮蔽组合的重叠距离不得小于 0.2m
	9	更换绝缘子及横担	在工作负责人的监护下，杆上电工拆除旧横担，与地面电工配合更换新横担并安装新绝缘子。应注意： 1）杆上电工不得摘下或脱下个人安全防护用具； 2）拆、装绝缘子及横担时不应失去绝缘传递绳的控制； 3）上下传递绝缘子及横担应避免与电杆、绝缘斗碰撞； 4）不应发生高空落物。 绝缘子的安装工艺和质量应符合施工和验收规范的要求：表面应无损伤，线槽应与导线平行并安装牢固。应预先将绑扎线固定在新的柱式绝缘子上，并呈帽翅形状
	10	补充绝缘遮蔽隔离措施	杆上电工补充绝缘遮蔽和隔离措施。应注意： 1）补充绝缘遮蔽隔离措施的部位或构件为铁横担、绝缘子； 2）杆上电工与带电体的安全距离应大于 0.6m； 3）绝缘遮蔽隔离措施应严密牢固、绝缘遮蔽组合的重叠距离不得小于 0.2m
	11	下降导线	在工作负责人的监护下，杆上电工操作多功能绝缘抱杆两绝缘臂的机构，下降导线并将其搁置在柱式绝缘子线槽内。应注意： 1）应逐步下降导线，保证多功能绝缘抱杆两绝缘臂受力均衡； 2）导线进入柱式绝缘子线槽后，多功能绝缘抱杆两绝缘臂还应轻微受力，不得让导线脱离控制
	12	固定远边相导线	在工作负责人的监护下，杆上电工调整好站位高度和作业位置后，互相配合用斜口钳绝缘操作杆、尖嘴钳绝缘操作杆和三齿耙绝缘操作杆将远边相导线固定在柱式绝缘子上。应注意： 1）杆上电工与带电体的安全距离应大于 0.6m，绝缘操作杆的有效绝缘长度不应小于 0.9m； 2）绑扎过程中，扎线的展放长度程度不应大于 10cm； 3）防止高空落物。 绑扎线绑扎的施工工艺和质量应符合施工和验收规范的要求： 1）扎线应绑扎紧密、牢固； 2）扎线缠绕方向应与导线线股绞向一致、股数应符合要求
	13	固定近边相导线	在工作负责人的监护下，杆上电工按照与远边相相同的方法固定近边相导线

续表

√	序号	作业内容	步骤及要求
	14	补充绝缘遮蔽隔离措施	在工作负责人的监护下，杆上电工补充绝缘遮蔽隔离措施。应注意： 1）需补充绝缘遮蔽隔离措施的部位为柱式绝缘子的扎线部位； 2）杆上电工与带电体的安全距离应大于0.6m，绝缘操作杆的有效绝缘长度不应小于0.9m； 3）绝缘遮蔽隔离措施应严密牢固，与导线上的绝缘遮蔽隔离措施重叠长度不应少于0.2m
	15	拆除多功能绝缘抱杆	在工作负责人的监护下，杆上电工调整好站位高度和作业位置后，互相配合拆除多功能绝缘抱杆。应注意： 1）应预先在多功能绝缘抱杆上捆绑好绝缘传递绳，绳扣应牢固； 2）上下传递应平稳，不应发生与电杆发生碰撞现象； 3）防止高空落物
	16	撤除绝缘遮蔽隔离措施	获得工作负责人的许可后，杆上电工调整好站位高度和作业位置后，依次拆除两边相绝缘遮蔽隔离措施。应注意： 1）各边相绝缘遮蔽隔离措施的拆除顺序依次为：导线、柱式绝缘子、横担； 2）杆上电工与带电体的安全距离应大于0.6m，绝缘操作杆的有效绝缘长度不应小于0.9m； 3）杆上电工换相作业应获得工作负责人的许可； 4）防止高空落物
	17	工程验收	杆上电工检查施工质量： 1）杆上无遗漏物； 2）装置无缺陷符合运行条件； 3）向工作负责人汇报施工质量
	18	撤离杆塔	杆上电工逐次交错下杆。应注意：下杆时应全程使用安全带，防止高空坠落

6. 工作结束

√	序号	作业内容	步骤及要求
	1	工作负责人组织班组成员清理工具和现场	工作负责人组织班组成员整理工具、材料。将工器具清洁后放入专用的箱（袋）中。清理现场，做到"工完、料尽、场地清"
	2	工作负责人召开收工会	工作负责人组织召开现场收工会，做工作总结和点评工作： 1）正确点评本项工作的施工质量； 2）点评班组成员在作业中的安全措施的落实情况； 3）点评班组成员对规程的执行情况
	3	办理工作终结手续	工作负责人向调度汇报工作结束，并终结工作票

7. 验收记录

记录检修中发现的问题	
存在问题及处理意见	

8. 现场标准化作业指导书执行情况评估

评估内容	符合性	优		可操作项	
		良		不可操作项	
	可操作性	优		修改项	
		良		遗漏项	
存在问题					
改进意见					

第三节　带电更换耐张绝缘子串及横担

023　绝缘手套作业法更换耐张绝缘子串及横担

1. 范围

本规程规定了采用绝缘手套作业法带电更换 10kV××线路××杆耐张绝缘子串及横担的现场标准化作业的工作步骤和技术要求。

本规程适用于绝缘手套作业法带电更换 10kV××线路××杆耐张绝缘子串及横担。

2. 人员组合

本项目需要 5 人。

2.1　作业人员要求

√	序号	责任人	资质	人数
	1	工作负责人（监护人）	应具有 3 年以上的配电带电作业实际工作经验，熟悉设备状况，具有一定组织能力和事故处理能力，并经工作负责人的专门培训，考试合格	1
	2	专职监护人	应具有 3 年以上的配电带电作业实际工作经验，熟悉设备状况，具有一定组织能力和事故处理能力，并经专门培训，考试合格	1
	3	斗内电工（1号和2号）	应通过配网不停电作业专项培训，考试合格并持有上岗证	2
	4	地面电工	应通过配网不停电作业专项培训，考试合格并持有上岗证	1

2.2　作业人员分工

√	序号	责任人	分工	责任人签名
	1		工作负责人	
	2		专职监护人	
	3		1 号斗内电工	
	4		2 号斗内电工	
	5		地面电工	

3. 工器具

领用绝缘工具、安全用具及辅助器具，应核对工器具的使用电压等级和试验周期。领用绝缘工器具，应检查外观完好无损。

工器具运输，应存放在专用的工具袋、工具箱或工具车内；金属工具和绝缘工器具应分开装运。

3.1　装备

√	序号	名称	规格/编号	单位	数量	备注
	1	绝缘斗臂车（1号和2号）		辆	2	1号车装有绝缘吊臂

3.2　个人防护用具

√	序号	名称	规格/编号	单位	数量	备注
	1	绝缘安全帽	10kV	顶	2	
	2	绝缘手套	10kV	双	2	
	3	防护手套		双	2	
	4	绝缘衣（披肩）	10kV	件	2	
	5	斗内绝缘安全带	10kV	副	2	
	6	护目镜		副	2	
	7	普通安全帽		顶	5	

3.3　绝缘遮蔽用具

√	序号	名称	规格/编号	单位	数量	备注
	1	导线遮蔽罩	10kV	根	若干	根据实际情况配置
	2	跳线导线软质遮蔽罩	10kV	只	若干	根据实际情况配置
	3	绝缘毯	10kV	块	若干	根据实际情况配置
	4	绝缘毯夹		只	若干	根据实际情况配置

3.4　绝缘工具

√	序号	名称	规格/编号	单位	数量	备注
	1	绝缘紧线器		把	若干	
	2	绝缘传递绳		根	2	
	3	绝缘绳套		根	4	
	4	后备绝缘保护绳		根	2	

3.5　金属工具

√	序号	名称	规格/编号	单位	数量	备注
	1	卡线器		只	若干	
	2	取销钳		把	2	

3.6　仪器仪表

√	序号	名称	规格/编号	单位	数量	备注
	1	绝缘电阻检测仪	2500V 及以上	套	1	
	2	验电器	10kV	支	1	
	3	高压发生器	10kV	只	1	
	4	风速仪		只	1	
	5	温、湿度计		只	1	
	6	对讲机		套	若干	根据情况决定是否使用

3.7　其他工具

√	序号	名称	规格/编号	单位	数量	备注
	1	防潮苫布		块	1	
	2	个人工具		套	1	
	3	安全遮栏、安全围绳		副	若干	
	4	标示牌	"从此进出！"	块	1	根据实际情况使用对应标示牌
	5	标示牌	"在此工作！"	块	2	
	6	路障	"前方施工，车辆慢行"	块	2	

3.8　材料

√	序号	名称	规格/编号	单位	数量	备注
	1	悬式绝缘子		片	12	
	2	耐张线夹		只	6	
	3	高压双横担		副	1	
	4	瓷横担绝缘子		只	1	
	5	塑铝线		m	若干	
	6	毛巾		条	2	

4. 危险点分析及安全控制措施

√	序号	危险点	安全控制措施	备注
	1	人身触电	1) 作业人员必须穿戴齐全合格的个人绝缘防护用具（绝缘手套、绝缘安全帽、防护手套等），使用合格适当的绝缘工器具； 2) 严格按照不停电作业操作规程中的遮蔽顺序（由近至远、由低到高、先带电体后接地体）进行遮蔽，绝缘遮蔽组合应保持不少于 0.2m 的重叠； 3) 人体对带电体应有足够安全距离，斗臂车金属臂回转升降过程中与带电体间的安全距离不应小于 1.1m，安全距离不足应有绝缘隔离措施，斗臂车的伸缩式绝缘臂有效长度不小于 1.2m； 4) 斗臂车需可靠接地； 5) 斗内作业人员严禁同时接触不同电位物体； 6) 更换耐张绝缘子串采用绝缘紧张器及二次保护，防止更换过程中意外跑线	
	2	高空坠落、物体打击	1) 斗内作业人员必须系好绝缘安全带，戴好绝缘安全帽； 2) 使用的工具、材料等应用绝缘绳索传递或装在工具袋内，禁止乱扔、乱放； 3) 现场除指定人员外，禁止其他人员进入工作区域，地面电工在传递工具、材料不要在作业点正下方，防止掉物伤人； 4) 执行《带电作业绝缘斗臂车使用管理办法》； 5) 作业现场按标准设置防护围栏，加强监护，禁止行人入内； 6) 斗臂车绝缘斗升降过程中注意避开带电体、接地体及障碍物。绝缘斗升降、移动时应防止绝缘臂被过往车辆刮碰，绝缘斗位置固定后绝缘臂应在围栏保护范围内	
	3	二次电击伤害	本项作业需要停用重合闸，防止因相间或相地之间短路线路重合闸造成二次电击伤害	

5. 作业程序

5.1　开工准备

√	序号	作业内容	步骤及要求
	1	现场复勘	工作负责人核对工作线路双重命名、杆号
			工作负责人检查地形环境是否符合作业要求： 1) 地面平整坚实； 2) 地面倾斜度不大于 7° 或斗臂车说明书规定的角度
			工作负责人检查线路装置是否具备不停电作业条件。本项作业应检查的内容有： 1) 作业点相邻两侧电杆埋深、杆身质量； 2) 作业点相邻两侧电杆导线的固结情况； 3) 作业点相邻两侧电杆之间导线应无断股等现象； 4) 作业电杆埋深、杆身质量
			工作负责人检查气象条件（不需现场检查，但需在工作许可时汇报）： 1) 天气应良好，无雷、雨、雪、雾； 2) 风力：不大于 5 级； 3) 气相对湿度不大于 80%
			检查工作票所列安全措施是否完备，必要时在工作票上补充安全措施

续表

√	序号	作业内容	步骤及要求
	2	执行工作许可制度	工作负责人与调度联系,确认许可工作
			工作负责人在工作票上签字
	3	召开现场站班会	工作负责人宣读工作票
			工作负责人检查工作班组成员精神状态、交代工作任务进行分工、交代工作中的安全措施和技术措施
			工作负责人检查班组各成员对工作任务分工、安全措施和技术措施是否明确
			班组各成员在工作票和作业指导书上签名确认
	4	停放绝缘斗臂车	斗臂车驾驶员将 2 辆绝缘斗臂车位置停放到最佳位置: 停放的位置应便于绝缘斗臂车绝缘斗到达作业位置,避开附近电力线和障碍物,并能保证作业时绝缘斗臂车的绝缘臂有效绝缘长度
			斗臂车操作人员支放绝缘斗臂车支腿: 1)不应支放在沟道盖板上; 2)软土地面应使用垫块或枕木; 3)支腿顺序应正确("H"型支腿的车型,应先伸出水平支腿,再伸出垂直支腿;在坡地停放,应先支"前支腿",后支"后支腿"); 4)支撑应到位。车辆前后、左右呈水平
			斗臂车操作人员将绝缘斗臂车可靠接地: 1)接地线应采用有透明护套的不小于 16mm² 的多股软铜线; 2)临时接地体埋深应不少于 0.6m
	5	布置工作现场	工作负责人组织班组成员设置工作现场的安全围栏、安全警示标志: 1)安全围栏的范围应考虑作业中高空坠落和高空落物的影响以及道路交通,必要时联系交通部门; 2)围栏的出入口应设置合理; 3)警示标示应包括"从此进出""在此工作"等,道路两侧应有"前方施工,车辆慢行"标示或路障
			班组成员按要求将绝缘工器具放在防潮苫布上: 1)防潮苫布应清洁、干燥; 2)工器具应按管理要求分类摆放; 3)绝缘工器具不能与金属工具、材料混放
	6	检查绝缘工器具	班组成员对绝缘工器具进行外观检查: 1)检查人员应戴清洁、干燥的手套; 2)绝缘工具表面不应破损或有裂纹、变形损坏,操作应灵活; 3)个人安全防护用具和遮蔽、隔离用具应无针孔、砂眼、裂纹; 4)检查斗内专用绝缘安全带外观,并作冲击试验
			班组成员使用绝缘电阻检测仪分段检测绝缘工具(本项目的绝缘工具为绝缘绳套、绝缘吊绳和绝缘紧线器)的表面绝缘电阻值: 1)测量电极应符合规程要求(极宽 2cm、极间距 2cm); 2)正确使用(自检、测量)绝缘电阻检测仪(应采用点测的方法,不应使电极在绝缘工具表面滑动,避免刮伤绝缘工具表面); 3)绝缘电阻值不得低于 700MΩ
			绝缘工器具检查完毕,向工作负责人汇报检查结果

√	序号	作业内容	步骤及要求
	7	检查绝缘斗臂车	斗内电工检查绝缘斗臂车表面状况：绝缘斗、绝缘臂应清洁、无裂纹损伤
			斗内电工试操作绝缘斗臂车： 1）试操作应空斗进行； 2）应有回转、升降、伸缩的过程，确认液压、机械、电气系统正常可靠、制动装置可靠
			绝缘斗臂车检查和试操作完毕，斗内电工向工作负责人汇报检查结果
	8	检测绝缘子	班组成员检测耐张绝缘子： 1）对（新）耐张绝缘子进行表面清洁和检查，绝缘子表面应光滑，无麻点、裂痕等现象；开口销不应有折断、裂纹等现象； 2）用绝缘电阻检测仪检测绝缘子的绝缘电阻不应低于500MΩ； 3）检测完毕，向工作负责人汇报检测结果
	9	斗内电工进入绝缘斗臂车绝缘斗	斗内电工穿戴好个人安全防护用具： 1）个人安全防护用具包括绝缘帽、绝缘衣（披肩）、绝缘手套（戴防穿刺手套）等； 2）工作负责人应检查斗内电工个人防护用具的穿戴是否正确
			斗内电工携带工器具进入绝缘斗，工器具应分类放置，工具和人员重量不得超过绝缘斗额定载荷
			斗内电工将斗内专用绝缘安全带系挂在斗内专用挂钩上

5.2　作业过程

√	序号	作业内容	步骤及要求
	1	进入带电作业区域	斗内电工经工作负责人许可后，操作绝缘斗臂车，进入带电作业区域，绝缘斗移动应平稳匀速，在进入带电作业区域时： 1）应无大幅晃动现象； 2）绝缘斗下降、上升的速度不应超过0.4m/s； 3）绝缘斗边沿的最大线速度不应超过0.5m/s； 4）转移绝缘斗时应注意绝缘斗臂车周围杆塔、线路等情况，绝缘臂的金属部位与带电体和地电位物体的距离大于1.1m； 5）进入带电作业区域作业后，绝缘斗臂车绝缘臂的有效绝缘长度不应小于1.2m
	2	验电	在工作负责人的监护下，使用验电器确认作业现场无漏电现象。应注意： 1）验电时，必须戴绝缘手套； 2）验电前，应验电器进行自检，确认是否合格（在保证安全距离的情况下也可在带电体上进行）； 3）验电时，电工应与邻近的构件、导体保持足够的距离； 4）如横担等接地构件有电，不应继续进行
	3	设置近边相绝缘遮蔽、隔离措施	获得工作负责人许可后，1号和2号斗内电工将绝缘斗调整到近边相道路侧（即靠近绝缘斗臂车）的合适位置，按照"由近及远"的原则对近边相设置绝缘遮蔽隔离措施。应注意：

√	序号	作业内容	步骤及要求
	3	设置近边相绝缘遮蔽、隔离措施	1）遮蔽的部位和顺序依次为：电杆两侧的导线、跨接线、耐张线夹、耐张绝缘子串、横担； 2）斗内电工在对导线和引线设置绝缘遮蔽隔离措施时，动作应轻缓，与横担之间应有足够的安全距离，与邻相导线之间应有足够的安全距离； 3）绝缘遮蔽隔离措施应严密、牢固，连续遮蔽时重叠距离不得小于 0.2m
	4	设置远边相绝缘遮蔽、隔离措施	获得工作负责人许可后，斗内电工转移绝缘斗到远边相外侧的合适位置，按照与近边相相同的方法和要求对远边相设置绝缘遮蔽隔离措施
	5	设置中间相绝缘遮蔽、隔离措施	获得工作负责人许可后，斗内电工转移绝缘斗到中间相的合适位置，按照与近边相相同的方法和要求对中间相设置绝缘遮蔽隔离措施
	6	安装（新）耐张横担和耐张绝缘子串、瓷横担绝缘子	在工作负责人的监护下，1 号斗内电工利用 1 号绝缘斗臂车的绝缘吊臂起吊新横担，在 2 号斗内电工的协助下，将其安装在旧横担上方 0.4m 处。并安装好耐张绝缘子串、瓷横担绝缘子。 应注意： 1）上下传递横担等物件应避免与电杆、绝缘斗、导线发生碰撞； 2）横担、绝缘子等不应搁置在绝缘斗上（内）； 3）各部件、材料在安装完毕后才可解去吊绳； 4）应防止高空落物，地面工作人员禁止站在绝缘斗臂车绝缘臂和绝缘斗以及装置正下方。 耐张横担的安装工艺应满足施工和验收规范的要求： 1）安装牢固可靠，螺杆应与构件面垂直，螺头平面与构件间不应有间隙； 2）螺栓紧好后，螺杆丝扣露出的长度不应少于两个螺距。每端垫圈不应超过 2 个； 3）横担组装时，螺栓的穿入方向应符合规定：水平方向由内向外，垂直方向由下向上。 4）横担安装应平正，安装偏差应符合规定：横担端部上下歪斜不应大于 20mm；横担端部左右扭斜不应大于 20mm。 绝缘子串的安装工艺应满足施工和验收规范的要求： 1）牢固，连接可靠，防止积水； 2）应清除表面灰垢、附着物及不应有的涂料； 3）与电杆、导线金具连接处，无卡压现象； 4）耐张串上的弹簧销子、螺栓及穿钉应由上向下穿； 5）采用的闭口销或开口销不应有折断、裂纹等现象。 跨接线瓷横担绝缘子的安装应满足施工和验收规范的要求： 1）顶端顺线路歪斜不应大于 10mm； 2）全瓷式瓷横担绝缘子的固定处应加软垫
	7	转移近边相导线至新横担	在工作负责人的监护下，1 号和 2 号斗内电工转移至近边相合适工作位置，将近边相导线转移至新横担上。方法如下： 1）在新横担上拴好绝缘绳套。每侧 2 根，1 根拴在近侧一根横担上，另 1 根拴在对侧一根横担上（后备保护与主紧线工具应固定在构件不同的部位）。分别作为紧线和安装后备保护绝缘绳用； 2）在新横担、跨接线瓷横担绝缘子及两侧耐张绝缘子串上设置绝缘遮蔽隔离措施；

续表

√	序号	作业内容	步骤及要求
	7	转移近边相导线至新横担	3）从旧横担的瓷横担绝缘子上解开跨接线的绑扎线，并补充跨接线的绝缘遮蔽隔离措施； 4）1号和2号斗内电工各自调整绝缘斗位置，解开引线外侧的导线上的遮蔽措施，在导线上安装好铝合金卡线器和绝缘紧线器，并恢复该处绝缘遮蔽隔离措施； 5）收紧导线，直至旧耐张绝缘子串松弛； 6）斗内电工在主紧线用的铝合金卡线器外侧安装后备保护用的另一个铝合金卡线器和后备绝缘保护绳，然后在收紧后备保护绳后恢复该处绝缘遮蔽隔离措施； 7）1号和2号斗内电工各自将耐张线夹从旧耐张绝缘子上脱开，挂接到新的耐张绝缘子串上。补充耐张线夹、耐张绝缘子串上的绝缘遮蔽隔离措施； 8）将跨接线绑扎固定到新横担的瓷横担绝缘子上。补充瓷横担绝缘子上的绝缘遮蔽隔离措施。 应注意： 1）绝缘绳套接触横担的内侧应垫好毛巾或其他防止绳套磨损的措施； 2）绝缘绳套与绝缘紧线器连接的端部应超出绝缘子串（的线路侧），有效绝缘长度不应小于0.6m； 3）1号和2号斗内电工在收紧导线时，应同步进行； 4）紧线和转移导线时，工作负责人、专责监护人应密切横担及电杆的受力情况； 5）应随时补充各部位的绝缘遮蔽隔离措施，绝缘遮蔽隔离措施应严密牢固，绝缘遮蔽组合的重叠长度不应小于0.2m； 6）防止高空落物
	8	拆除近边相旧耐张绝缘子串和跨接线瓷横担绝缘子	在工作负责人的监护下，1号和2号斗内电工拆除近边相的旧耐张绝缘子串和跨接线瓷横担绝缘子。应注意： 1）拆卸绝缘子前，应先绑好绝缘吊绳； 2）绝缘子不应直接放置在绝缘斗内，上下传递应注意避免与电杆、绝缘斗碰撞； 3）避免高空落物现象
	9	转移远边相导线至新横担	在工作负责人的监护下，1号和2号斗内电工转移至远边相合适工作位置，按照与转移近边相导线相同的方法和要求将远边相导线转移至新横担上
	10	拆除近边相旧耐张绝缘子串和跨接线瓷横担绝缘子	在工作负责人的监护下，1号和2号斗内电工按照与拆除近边相旧耐张绝缘子串相同的方法和要求拆除远边的旧耐张绝缘子串和跨接线瓷横担绝缘子
	11	拆除旧耐张横担	在工作负责人的监护下，1号和2号斗内电工转移至中间相合适工作位置，互相配合，拆除旧耐张横担。应注意： 1）拆卸旧耐张横担前应先绑好绝缘吊绳； 2）在拆卸及向下传递旧耐张横担时，应注意避免和导线、电杆、绝缘斗发生碰撞； 3）旧耐张横担不应搁置在绝缘斗上； 4）避免高空落物现象，地面工作人员禁止站在绝缘斗臂车绝缘臂和绝缘斗以及装置正下方

续表

√	序号	作业内容	步骤及要求
	12	拆除中间相绝缘遮蔽隔离措施	在工作负责人的监护下，1 号和 2 号斗内电工调整绝缘斗位置，按照"从上到下""由远到近"的顺序依次拆除中间相绝缘遮蔽隔离措施。应注意： 1）拆除绝缘遮蔽隔离措施的顺序依次为：横担，耐张绝缘子串，耐张线夹、跨接线和主导线； 2）拆除引线的绝缘遮蔽隔离措施时，动作应尽量轻缓； 3）拆除导线上的绝缘遮蔽隔离措施时，应与电杆保持有足够的安全距离，与邻相导体保持有足够的安全距离； 4）拆除引线的绝缘遮蔽隔离措施时，1 号和 2 号斗内电工应同相同步进行，避免发生身体接触
	13	拆除远边相绝缘遮蔽隔离措施	在工作负责人的监护下，1 号和 2 号斗内电工转移绝缘斗至远边相的外侧，按照相同的方法和要求拆除远边相上的绝缘遮蔽隔离措施
	14	拆除近边相绝缘遮蔽隔离措施	在工作负责人的监护下，1 号和 2 号斗内电工转移绝缘斗至近边相的外侧，按照相同的方法和要求拆除近边相上的绝缘遮蔽隔离措施
	15	工程验收	斗内电工撤出带电作业区域。撤出带电作业区域时： 1）应无大幅晃动现象； 2）绝缘斗下降、上升的速度不应超过 0.4m/s； 3）绝缘斗边沿的最大线速度不应超过 0.5m/s
			斗内电工检查施工质量： 1）杆上无遗漏物； 2）装置无缺陷符合运行条件； 3）向工作负责人汇报施工质量
	16	撤离杆塔	斗内电工下降绝缘斗返回地面、收回绝缘臂时应注意绝缘斗臂车周围杆塔、线路等情况

6. 工作结束

√	序号	作业内容	步骤及要求
	1	清理现场	绝缘斗臂车各部件复位，收回绝缘斗臂车支腿
			工作负责人组织班组成员整理工具、材料。将工器具清洁后放入专用的箱（袋）中。清理现场，做到"工完、料尽、场地清"
	2	召开收工会	工作负责人组织召开现场收工会，做工作总结和点评工作： 1）正确点评本项工作的施工质量； 2）点评班组成员在作业中的安全措施的落实情况； 3）点评班组成员对规程的执行情况
	3	办理工作终结手续	工作负责人向调度汇报工作结束，并终结工作票

7. 验收记录

记录检修中发现的问题	
存在问题及处理意见	

8. 现场标准化作业指导书执行情况评估

评估内容	符合性	优		可操作项	
		良		不可操作项	
	可操作性	优		修改项	
		良		遗漏项	
存在问题					
改进意见					

第四节　带电组立或撤除直线电杆

024　绝缘手套作业法组立或撤除直线电杆

1. 范围

本现场标准化作业指导书规定了绝缘斗臂车绝缘手套作业法组立或拆除"10kV××线××号杆（直线杆）"的工作步骤和技术要求。

本现场标准化作业指导书适用于绝缘斗臂车绝缘手套作业法组立或拆除"10kV××线××号杆"。

2. 人员组合

本项目需要 7 人。

2.1　作业人员要求

√	序号	责任人	资质	人数
	1	工作负责人	应具有 3 年以上的配电带电作业实际工作经验，熟悉设备状况，具有一定组织能力和事故处理能力，并经工作负责人的专门培训，考试合格	1
	2	斗内电工（1 号和 2 号绝缘斗臂车）	应通过配网不停电作业专项培训，考试合格并持有上岗证	2
	3	杆上电工	应通过配网不停电作业专项培训，考试合格并持有上岗证	1
	4	地面电工（1 号和 2 号）	应通过配网不停电作业专项培训，考试合格并持有上岗证	2
	5	吊车操作工	应通过特种车（吊车）专项培训，考试合格并持有上岗证	1

2.2 作业人员分工

√	序号	责任人	分工	责任人签名
	1		工作负责人	
	2		1 号绝缘斗臂车斗内电工	
	3		2 号绝缘斗臂车斗内电工	
	4		3 号杆上电工	
	5		4 号地面电工	
	6		5 号地面电工	
	7		吊车操作工	

3. 工器具

领用绝缘工器具应核对工器具的使用电压等级和试验周期，并应检查外观完好无损。

工器具运输，应存放在专用的工具袋、工具箱或工具车内；金属工具和绝缘工器具应分开装运。

3.1 装备

√	序号	名称	规格/编号	单位	数量	备注
	1	绝缘斗臂车（1 号）		辆	1	
	2	绝缘斗臂车（2 号）		辆	1	
	3	吊车		辆	1	

3.2 个人安全防护用具

√	序号	名称	规格/编号	单位	数量	备注
	1	绝缘安全帽	10kV	顶	2	
	2	绝缘衣（披肩）	10kV	件	2	
	3	绝缘手套	10kV	副	2	
	4	防护手套		副	2	
	5	斗内绝缘安全带		副	2	
	6	普通安全帽		顶	7	
	7	安全带		副	1	
	8	后备保护绳		副	1	

3.3   绝缘遮蔽用具

√	序号	名称	规格/编号	单位	数量	备注
	1	绝缘毯	10kV	块	若干	根据实际情况配置
	2	绝缘毯夹	10kV	只	若干	根据实际情况配置
	3	导线遮蔽罩	10kV	根	若干	根据实际情况配置
	4	电杆遮蔽罩	10kV	只	1	
	5	横担绝缘遮蔽罩	10kV	只	2	
	6	直线绝缘子遮蔽罩	10kV	只	3	

3.4   绝缘工具

√	序号	名称	型号/规格	单位	数量	备注
	1	绝缘操作杆	10kV	根	1	
	2	绝缘拉绳	10kV	根	2	
	3	绝缘测距绳	10kV	根	1	
	4	绝缘滑车	10kV	个	3	
	5	绝缘吊带	10kV	根	2	
	6	绝缘传递绳	10kV	根	2	
	7	斗臂车用绝缘横担	10kV	套	1	

3.5   仪器仪表

√	序号	名称	型号/规格	单位	数量	备注
	1	绝缘电阻检测仪	2500V 及以上	套	1	
	2	对讲机		套	若干	根据情况决定是否使用
	3	验电器	10kV	套	1	
	4	温、湿度计		只	1	
	5	高压发生器		台	1	
	6	风速仪		副	1	

3.6   其他工具

√	序号	名称	规格/编号	单位	数量	备注
	1	防潮苫布		块	1	
	2	电杆接地线		根	1	配接地棒
	3	脚扣		副	1	
	4	个人工具		套	1	
	5	安全遮栏、安全围绳		副	若干	
	6	标示牌	"从此进出!"	块	1	根据实际情况使用对应标示牌
	7	标示牌	"在此工作!"	块	2	
	8	路障	"前方施工,车辆慢行"	块	2	

3.7 材料

包括装置性材料和消耗性材料。

√	序号	名称	规格/编号	单位	数量	备注
	1	电杆		根	1	
	2	直线杆横担		套	1	
	3	直线绝缘子		只	3	

4. 危险点分析及安全控制措施

√	序号	危险点	安全控制措施	备注
	1	人身触电	1）作业人员必须穿戴齐全合格的个人绝缘防护用具（绝缘手套、绝缘安全帽、防护手套等），使用合格适当的绝缘工器具； 2）严格按照不停电作业操作规程中的遮蔽顺序（由近至远、由低到高、先带电体后接地体）进行遮蔽，绝缘遮蔽组合应保持不少于 0.2m 的重叠； 3）人体对带电体应有足够安全距离，斗臂车金属臂回转升降过程中与带电体间的安全距离不应小于 1.1m，安全距离不足应有绝缘隔离措施，斗臂车的伸缩式绝缘臂有效长度不小于 1.2m； 4）斗臂车、吊车需可靠接地； 5）斗内作业人员严禁同时接触不同电位物体； 6）起吊过程中应设专人监护，统一指挥，匀速起吊，严防钢丝绳、吊臂等物件碰触带电体； 7）组立电杆时地面电工应戴绝缘手套或用绝缘绳索控制好电杆，防止电杆摆动引起相间短路，防止触及导线放电伤人	
	2	高空坠落、物体打击	1）斗内作业人员必须系好绝缘安全带，戴好绝缘安全帽； 2）使用的工具、材料等应用绝缘绳索传递或装在工具袋内，禁止乱扔、乱放； 3）现场除指定人员外，禁止其他人员进入工作区域，地面电工在传递工具、材料不要在作业点正下方，防止掉物伤人； 4）执行《带电作业绝缘斗臂车使用管理办法》； 5）作业现场按标准设置防护围栏，加强监护，禁止行人入内； 6）斗臂车绝缘斗升降过程中注意避开带电体、接地体及障碍物。绝缘斗升降、移动时应防止绝缘臂被过往车辆剐碰，绝缘斗位置固定后绝缘臂应在围栏保护范围内	
	3	二次电击伤害	本项作业需要停用重合闸，防止因相间或相地之间短路线路重合闸造成二次电击伤害	

5. 作业程序

5.1 开工准备

√	序号	作业内容	步骤及要求
	1	现场复勘	工作负责人核对工作线路双重名称和杆号无误，作业人员现场检查电杆埋深、杆身质量、拉线受力、交叉跨越、带电设备、作业环境等具备不停电作业条件

续表

√	序号	作业内容	步骤及要求
	1	现场复勘	工作负责人检查气象条件（不需现场检查，但需在工作许可时汇报）： 1）天气应良好，无雷、雨、雪、雾； 2）风力：不大于 5 级； 3）气相对湿度不大于 80%
			工作负责人检查工作票所列安全措施是否完备，必要时在工作票上补充安全措施
	2	执行工作许可制度	工作负责人与调度联系，确认许可工作
			工作负责人在工作票上签字
	3	召开现场站班会	工作负责人宣读工作票
			工作负责人检查工作班组成员精神状态、交代工作任务进行分工、交代工作中的安全措施和技术措施
			工作负责人检查班组各成员对工作任务分工、安全措施和技术措施是否明确
			班组各成员在工作票和作业指导书上签名确认
	4	停放绝缘斗臂车	斗臂车驾驶员将 1 号和 2 号绝缘斗臂车位置分别停放到最佳位置。应注意： 1）停放的位置应便于绝缘斗臂车绝缘斗到达作业位置，且应注意吊车停放的空间。避开附近电力线和障碍物，并能保证作业时绝缘斗臂车的绝缘臂有效绝缘长度； 2）停放位置坡度不大于 7°； 3）应做到尽可能小的影响道路交通
			斗臂车操作人员支放绝缘斗臂车支腿： 1）不应支放在沟道盖板上； 2）软土地面应使用垫块或枕木； 3）支腿顺序应正确（"H"型支腿的车型，应先伸出水平支腿，再伸出垂直支腿；在坡地停放，应先支"前支腿"，后支"后支腿"）； 4）支撑应到位。车辆前后、左右呈水平
			斗臂车操作人员将绝缘斗臂车可靠接地： 1）接地线应采用有透明护套的不小于 16mm² 的多股软铜线； 2）临时接地体埋深应不少于 0.6m
	5	停放吊车	吊车操作人员将吊车停放到最佳位置。应注意： 1）应尽量避开绝缘斗臂车的工作活动范围； 2）避免停放在沟道盖板上； 3）软土地面应使用垫块或枕木
			吊车操作人员支放吊车支腿、并将吊车可靠接地。应注意： 1）支撑应到位，车辆前后、左右呈水平； 2）临时接地体埋深应不少于 0.6m

续表

√	序号	作业内容	步骤及要求
	6	布置工作现场	工作负责人组织班组成员设置工作现场的安全围栏、安全警示标志： 1）安全围栏的范围应考虑作业中高空坠落和高空落物和倒杆的影响，以及在遮蔽、隔离措施不完整或失效情况下电杆碰触带电体跨步电压的影响区域。当影响道路交通时，应联系交通部门； 2）围栏的出入口应设置合理； 3）警示标示应包括"从此进出""在此工作"等，道路两侧应有"前方施工，车辆慢行"标示或路障
			班组成员按要求将绝缘工器具放在防潮苫布上： 1）防潮苫布应清洁、干燥； 2）工器具应按定置管理要求分类摆放； 3）绝缘工器具不能与金属根据、材料混放
	7	检查绝缘工器具	班组成员逐件对绝缘工器具进行外观检查： 1）检查人员应戴清洁、干燥的手套 2）绝缘工具表面不应破损或有裂纹、变形损坏，操作应灵活； 3）个人安全防护用具和遮蔽、隔离用具应无针孔、砂眼、裂纹； 4）检查斗内专用绝缘安全带外观，并作冲击试验
			班组成员使用绝缘电阻检测仪分段检测绝缘工具（本项目的绝缘工具为绝缘传递绳和绝缘绳扣、绝缘后备保护绳、绝缘引流线防坠绳、"T"型绝缘横担）的表面绝缘电阻值： 1）测量电极应符合规程要求（极宽 2cm、极间距 2cm）； 2）正确使用（自检、测量）绝缘电阻检测仪（应采用点测的方法，不应使电极在绝缘工具表面滑动，避免刮伤绝缘工具表面）； 3）绝缘电阻值不得低于 700MΩ
			绝缘工器具检查完毕，向工作负责人汇报检查结果
	8	检查绝缘斗臂车	斗内电工检查绝缘斗臂车表面状况：绝缘斗、绝缘臂应清洁、无裂纹损伤
			斗内电工试操作绝缘斗臂车： 1）试操作应空斗进行； 2）试操作应充分，有回转、升降、伸缩的过程。确认液压、机械、电气系统正常可靠、制动装置可靠
			绝缘斗臂车检查和试操作完毕，斗内电工向工作负责人汇报检查结果
	9	检查支持绝缘子和电杆	检测支持绝缘子：清洁瓷件，并作表面检查，瓷件表面应光滑，无麻点、裂痕等
			检查水泥杆表面应光滑平整、臂厚均匀、无露筋、跑浆、纵横向裂纹等
	10	斗内电工进入绝缘斗臂车工作斗	绝缘斗臂车斗内电工穿戴好个人安全防护用具： 1）个人安全防护用具包括绝缘帽、绝缘衣（披肩）、绝缘手套（戴防穿刺手套）、护目镜等； 2）工作负责人应检查斗内电工个人防护用具的穿戴是否正确
			绝缘斗臂车斗内电工携带工器具进入绝缘斗，工器具应分类放置，工具和人员重量不得超过绝缘斗额定载荷
			绝缘斗臂车斗内电工将斗内专用绝缘安全带系挂在斗内专用挂钩上

5.2 作业过程

5.2.1 带电立杆

√	序号	作业内容	步骤及要求
	1	进入带电作业区域	斗内电工经工作负责人许可后,操作绝缘斗臂车,进入带电作业区域,绝缘斗移动应平稳匀速,在进入带电作业区域时: 1)应无大幅晃动现象; 2)绝缘斗下降、上升的速度不应超过0.4m/s; 3)绝缘斗边沿的最大线速度不应超过0.5m/s; 4)转移绝缘斗时应注意绝缘斗臂车周围杆塔、线路等情况,绝缘臂的金属部位与带电体和地电位物体的距离大于1.1m; 5)进入带电作业区域作业后,绝缘斗臂车绝缘臂的有效绝缘长度不应小于1.2m
	2	验电	在工作负责人的监护下,使用验电器确认作业现场无漏电现象。应注意: 1)验电时,必须戴绝缘手套; 2)验电前,应验电器进行自检,确认是否合格(在保证安全距离的情况下也可在带电体上进行); 3)验电时,电工应与邻近的构件、导体保持足够的距离; 4)如横担等接地构件有电,不应继续进行
	3	设置近边相绝缘遮蔽措施	获得工作负责人许可后,斗内电工将绝缘斗调整到合适位置,按照从近到远、从下到上、从带电体到接地体的原则对近边相设置绝缘遮蔽措施。 1)斗内电工应戴护目镜; 2)斗内电工在对导线设置绝缘遮蔽措施时,动作应轻缓且规范。与接地体间应保持不小于0.6m的安全距离; 3)绝缘遮蔽应严密、牢固,连续遮蔽时重叠距离不得小于0.2m
	4	设置远边相绝缘遮蔽隔离措施	获得工作负责人的许可后,斗内电工转移绝缘斗到远边相导线合适工作位置,按照与近边相相同的方法对远边相设置绝缘遮蔽隔离
	5	设置中相绝缘遮蔽隔离措施	获得工作负责人的许可后,斗内电工转移绝缘斗到中间相导线合适工作位置,按照与近边相相同的方法对中相设置绝缘遮蔽隔离
	6	固定三相导线	获得工作负责人许可后,2号斗内电工操作装有绝缘横担的2号绝缘斗臂车到合适作业位置,将三相导线固定在绝缘横担上。 1)转移绝缘斗时应平稳匀速,应无大幅晃动现象; 2)绝缘臂的金属部分在工作过程中与带电体安全距离不小于1.1m; 3)调整吊臂将三相导线分别置于绝缘横担的固定槽内,并用绝缘操作杆加好闭锁; 4)工作负责人指挥2号斗内电工操作绝缘斗臂车缓缓上升使三相导线适当受力,斗内电工检查闭锁保险安全可靠并汇报
	7	提升导线	1)获得工作负责人许可后,2号斗内电工操作2号绝缘斗臂车支撑三相导线缓缓上升,将导线提升到一定高度; 2)工作负责人指挥地面电工配合用绝缘测距绳测量从带电导线到地面的净空距离,如不满足,需继续提升导线,同时应派人观察相邻两侧电杆横担上导线扎线有无松动现象; 3)导线距地面的净空距离应满足安全距离要求

√	序号	作业内容	步骤及要求
	8	起吊电杆准备	获得工作负责人的许可后，地面电工做好电杆起吊前准备工作。 1）地面电工复测杆坑深度； 2）地面电工将马道配套工具放置在杆坑内；将绝缘吊带在电杆上系好； 3）电杆吊点应在电杆重心上 1.5m 处
	9	试吊电杆	获得工作负责人的许可后，吊车操作人员在工作负责人的指挥下将电杆缓慢起吊到距地面 1m 时暂时停止起吊，进行下列检查： 1）检查确认吊车支腿和其他受力部位情况正常； 2）在电杆杆梢处用绝缘毯和电杆绝缘遮蔽罩做好绝缘遮蔽，遮蔽应严密、牢固，重叠距离不得小于 0.2m； 3）4 号和 5 号地面电工在吊点下方合适位置系好绝缘绳，以控制电杆两侧方向； 4）确认吊车各部位受力正常，绝缘遮蔽措施可靠
	10	起立电杆	获得工作负责人的许可后，吊车操作人员在工作负责人的指挥下开始缓慢起立新电杆。 1）在起吊过程中应随时注意电杆根部是否顶住马道配套工具的滑板向下滑动；电杆根部应在马道配套工具引导下进入杆坑； 2）电杆起吊到 60°时电杆的杆根应进到杆坑内； 3）1 号斗内电工密切观察杆梢距带电导线的距离，如有疑问应停止起吊，测量距离无问题后方可继续起吊； 4）在起吊过程中专责监护人应配合工作负责人注意电杆两侧方向的平衡情况和电杆根部的入坑情况； 5）电杆起立就位后，回填土夯实； 6）杆梢距带电导线应有不小于 0.6m 的安全距离，吊臂下方严禁站人，吊臂距带电导线安全距离不小于 1.5m
	11	杆上电工登杆	获得工作负责人的许可后，3 号杆上电工登杆，拆除绝缘吊带和两侧绝缘控制绳，拆除杆梢绝缘遮蔽措施。注意保持对带电体不小于 0.6m 的安全距离
	12	安装直线杆设备	获得工作负责人的许可后，斗内电工和杆上电工相互配合安装直线杆横担。 1）1 号斗内电工和 3 号杆上电工相互配合安装直线杆横担、中相杆顶支架、绝缘子，并恢复其绝缘遮蔽措施； 2）3 号杆上电工返回地面，吊车撤离工作区域
	13	恢复中相导线	获得工作负责人的许可后，斗内电工相互配合恢复和固定中相导线。 1）1 号斗内电工转移绝缘斗到中相合适工作位置； 2）工作负责人指挥 2 号斗内电工操作 2 号绝缘斗臂车缓缓下降，使导线下降到中相绝缘子凹槽内，并适当控制； 3）1 号斗内电工用扎线将中相导线固定好并恢复绝缘遮蔽措施； 4）在导线未扎牢前不可失去对导线的可靠控制；保持对带电体 0.6m 的安全距离
	14	恢复两边相导线	获得工作负责人的许可后，斗内电工相互配合，按照与中相相同的方法依次恢复和固定两边相导线

续表

√	序号	作业内容	步骤及要求
	15	车用绝缘横担脱离导线并拆除	获得工作负责人的许可后，斗内电工相互配合使车用绝缘横担脱离导线并拆除。 1）2 号斗内电工操作 2 号绝缘斗臂车缓缓下降到合适位置，利用绝缘操作杆将绝缘横担上的卡槽闭锁保险打开； 2）2 号斗内电工操作 2 号绝缘斗臂车缓缓下降使绝缘横担脱离导线； 3）2 号斗内电工操作 2 号绝缘斗臂车返回地面，地面电工配合拆除车用绝缘横担
	16	拆除中相绝缘遮蔽措施	获得工作负责人的许可后，1 号斗内电工转移绝缘斗到中相合适工作位置，按照"由远及近、从上到下、从接地体到带电体"的顺序来依次拆除中相所有绝缘遮蔽用具，顺序为电杆、杆顶支架、绝缘子、导线。作业人员依次拆除绝缘遮蔽用具时，动作应轻缓且规范，并保持不小于 0.6m 的安全距离
	17	拆除远边相、近边相绝缘遮蔽措施	获得工作负责人的许可后，1 号斗内电工转移绝缘斗到远边相、近边相合适工作位置，按照与中相相同的方法依次拆除远边相、近边相所有绝缘遮蔽用具
	18	工作验收	斗内电工撤出带电作业区域。撤出带电作业区域时： 1）应无大幅晃动现象； 2）绝缘斗下降、上升的速度不应超过 0.4m/s； 3）绝缘斗边沿的最大线速度不应超过 0.5m/s 斗内电工检查施工质量： 1）杆上无遗漏物； 2）装置无缺陷符合运行条件； 3）向工作负责人汇报施工质量
	19	撤离杆塔	下降绝缘斗返回地面、收回绝缘臂时应注意绝缘斗臂车周围杆塔、线路等情况

5.2.2　带电撤杆

√	序号	作业内容	步骤及要求
	1	进入带电作业区域	斗内电工经工作负责人许可后，操作绝缘斗臂车，进入带电作业区域，绝缘斗移动应平稳匀速，在进入带电作业区域时： 1）应无大幅晃动现象； 2）绝缘斗下降、上升的速度不应超过 0.4m/s； 3）绝缘斗边沿的最大线速度不应超过 0.5m/s； 4）转移绝缘斗时应注意绝缘斗臂车周围杆塔、线路等情况，绝缘臂的金属部位与带电体和地电位物体的距离大于 1.1m； 5）进入带电作业区域作业后，绝缘斗臂车绝缘臂的有效绝缘长度不应小于 1.2m
	2	验电	在工作负责人的监护下，使用验电器确认作业现场无漏电现象。应注意： 1）验电时，必须戴绝缘手套，验电顺序应为由近及远； 2）验电前，应验电器进行自检，确认是否合格（在保证安全距离的情况下也可在带电体上进行）； 3）验电时，电工应与邻近的构件、导体保持足够的距离； 4）如横担等接地构件有电，不应继续进行

189

√	序号	作业内容	步骤及要求
	3	设置近边相绝缘遮蔽措施	获得工作负责人许可后，斗内电工将绝缘斗调整到合适位置，按照从近到远、从下到上、从带电体到接地体的原则对近边相设置绝缘遮蔽措施。 1）斗内电工应戴护目镜； 2）斗内电工在对导线设置绝缘遮蔽措施时，动作应轻缓且规范。与接地体间应保持安全距离； 3）绝缘遮蔽应严密、牢固，连续遮蔽时重叠距离不得小于 0.2m
	4	设置远边相绝缘遮蔽隔离措施	获得工作负责人的许可后，斗内电工转移绝缘斗到远边相导线合适工作位置，按照与近边相相同的方法对远边相设置绝缘遮蔽隔离
	5	设置中相绝缘遮蔽隔离措施	获得工作负责人的许可后，斗内电工转移绝缘斗到中间相导线合适工作位置，按照与近边相相同的方法对中相设置绝缘遮蔽隔离
	6	安装车用绝缘横担	获得工作负责人的许可后，斗内电工安装车用绝缘横担。 1）2 号斗内电工在地面电工的配合下将车用绝缘横担安装在 2 号绝缘斗臂车上； 2）工作负责人检查车用绝缘横担安装牢固可靠； 3）2 号斗内电工操作绝缘斗臂车绝缘斗进入到合适作业位置
	7	固定三相导线	获得工作负责人的许可后，斗内电工转移绝缘斗到合适作业位置固定三相导线。 1）2 号斗内电工操作绝缘斗臂车将三相导线固定到车用绝缘横担的卡槽内并锁好保险； 2）工作负责人指挥 2 号斗内电工操作绝缘斗臂车缓缓上升使三相导线适当受力； 3）1 号斗内电工依次拆除三相导线扎线，并及时恢复绝缘遮蔽
	8	提升导线	获得工作负责人的许可后，1 号斗内电工依次拆除三相导线绝缘子处扎线，2 号斗内电工操作绝缘斗臂车支撑三相导线缓慢抬升到合适高度。 1）导线抬升中，如不满足，需继续抬升导线，同时派人观察相邻两侧电杆横担上导线扎线有无松动现象； 2）拆除扎线后应及时恢复绝缘遮蔽
	9	安装绝缘吊带	获得工作负责人的许可后，1 号斗内电工转移绝缘斗到合适作业位置，吊车操作人员将吊钩缓缓靠近电杆，3 号电工登杆与 1 号斗内电工相互配合将绝缘吊带在电杆合适位置上系好，在吊点下方合适位置系好绝缘控制绳。电杆吊点应在电杆重心上 1.5m 处
	10	准备撤除旧电杆	获得工作负责人的许可后，吊车操作人员开始准备撤除电杆。 1）工作负责人指挥吊车操作人员将吊钩缓缓收紧，使吊绳适当受力； 2）工作负责人指挥地面电工开挖电杆马道； 3）工作负责人检查确认各部位受力情况正常
	11	起吊旧电杆	获得工作负责人的许可后，吊车操作人员在工作负责人的指挥下缓慢起吊电杆，绝缘吊带全部受力时暂停起吊，并进行下列检查： 1）检查确认吊车支腿和其他受力部位情况正常； 2）4 号和 5 号地面电工在电杆根部合适位置系好绝缘绳，以控制电杆两侧方向； 3）确认吊车各部位受力正常，绝缘遮蔽措施可靠

续表

√	序号	作业内容	步骤及要求
	12	撤除旧电杆	获得工作负责人的许可后，吊车操作人员在工作负责人的指挥下开始缓慢起吊电杆，并向马道一侧缓缓倾斜，在吊车操作人员的操作下缓慢地将电杆放落至离地面 1m 时，拆除电杆绝缘遮蔽措施。继续放落电杆至地面，地面电工拆除绝缘吊带和两侧绝缘控制绳。 1）撤除电杆时，应注意确认电杆距带电体距离； 2）吊臂下方严禁站人； 3）吊臂距带电导线安全距离不小于 1.5m
	13	车用绝缘横担脱离导线	获得工作负责人的许可后，斗内电工相互配合使车用绝缘横担脱离三相导线并拆除。 1）1 号斗内电工利用绝缘操作杆将绝缘横担上的卡槽闭锁保险打开； 2）2 号斗内电工操作 2 号绝缘斗臂车缓缓下降使绝缘横担脱离导线； 3）2 号斗内电工操作 2 号绝缘斗臂车返回地面，地面电工配合拆除绝缘横担； 4）1 号斗内电工拆除导线绝缘遮蔽措施
	14	工作验收	斗内电工撤出带电作业区域。撤出带电作业区域时： 1）应无大幅晃动现象； 2）绝缘斗下降、上升的速度不应超过 0.4m/s； 3）绝缘斗边沿的最大线速度不应超过 0.5m/s
			斗内电工检查施工质量： 1）杆上无遗漏物； 2）装置无缺陷符合运行条件； 3）向工作负责人汇报施工质量
	15	撤离杆塔	下降绝缘斗返回地面、收回绝缘臂时应注意绝缘斗臂车周围杆塔、线路等情况

6. 工作结束

√	序号	作业内容	步骤及要求
	1	工作负责人组织班组成员清理工具和现场	绝缘斗臂车各部件复位，收回绝缘斗臂车支腿
			工作负责人组织班组成员整理工具、材料。将工器具清洁后放入专用的箱（袋）中。清理现场，做到"工完、料尽、场地清"
	2	工作负责人召开收工会	工作负责人组织召开现场收工会，做工作总结和点评工作： 1）正确点评本项工作的施工质量； 2）点评班组成员在作业中的安全措施的落实情况； 3）点评班组成员对规程的执行情况
	3	办理工作终结手续	工作负责人向调度汇报工作结束，并终结工作票

7. 验收记录

记录检修中发现的问题	
存在问题及处理意见	

8. 现场标准化作业指导书执行情况评估

评估内容	符合性	优		可操作项	
		良		不可操作项	
	可操作性	优		修改项	
		良		遗漏项	
存在问题					
改进意见					

第五节 带电更换直线电杆

025 绝缘手套作业法更换直线电杆

1. 范围

本现场标准化作业指导书规定了绝缘斗臂车绝缘手套作业法更换"10kV××线××号杆（直线杆）"的工作步骤和技术要求。

本现场标准化作业指导书适用于绝缘斗臂车绝缘手套作业法更换"10kV××线××号杆"。

2. 人员组合

本项目需要 7 人。

2.1 作业人员要求

√	序号	责任人	资质	人数
	1	工作负责人	应具有 3 年以上的配电带电作业实际工作经验，熟悉设备状况，具有一定组织能力和事故处理能力，并经工作负责人的专门培训，考试合格	1
	2	斗内电工（1 号和 2 号）	应通过配网不停电作业专项培训，考试合格并持有上岗证	2
	3	杆上电工	应通过配网不停电作业专项培训，考试合格并持有上岗证	1
	4	地面电工（1 号和 2 号）	应通过配网不停电作业专项培训，考试合格并持有上岗证	2
	5	吊车操作工	应通过特种车（吊车）专项培训，考试合格并持有上岗证	1

2.2 作业人员分工

√	序号	责任人	分工	责任人签名
	1		工作负责人	
	2		1号斗内电工	
	3		2号斗内电工	
	4		杆上电工	
	5		1号地面电工	
	6		2号地面电工	
	7		吊车操作工	

3. 工器具

领用绝缘工器具应核对工器具的使用电压等级和试验周期，并应检查外观完好无损。

工器具运输，应存放在专用的工具袋、工具箱或工具车内；金属工具和绝缘工器具应分开装运。

3.1 装备

√	序号	名称	规格/编号	单位	数量	备注
	1	绝缘斗臂车		辆	1	配置车用绝缘横担
	2	吊车		辆	1	

3.2 个人安全防护用具

√	序号	名称	规格/编号	单位	数量	备注
	1	绝缘安全帽	10kV	顶	2	
	2	绝缘衣（披肩）	10kV	件	2	
	3	绝缘手套	10kV	副	2	
	4	防护手套		副	2	
	5	斗内绝缘安全带		副	2	
	6	普通安全帽		顶	7	
	7	安全带		副	2	

3.3 绝缘遮蔽用具

√	序号	名称	规格/编号	单位	数量	备注
	1	绝缘毯	10kV	块	若干	根据实际情况配置
	2	绝缘毯夹		只	若干	根据实际情况配置
	3	导线遮蔽罩	10kV	根	若干	根据实际情况配置
	4	电杆遮蔽罩	10kV	块	若干	根据实际情况配置
	5	横担绝缘遮蔽罩	10kV	只	若干	根据实际情况配置
	6	直线绝缘子遮蔽罩	10kV	只	若干	根据实际情况配置

3.4 绝缘工具

√	序号	名称	型号/规格	单位	数量	备注
	1	绝缘操作杆	10kV	根	1	
	2	绝缘传递绳	10kV	根	2	
	3	绝缘拉绳	10kV	根	2	
	4	绝缘测距绳	10kV	根	1	
	5	绝缘滑车	10kV	个	3	
	6	绝缘吊带	10kV	根	2	
	7	斗臂车用绝缘横担	10kV	套	1	

3.5 仪器仪表

√	序号	名称	型号/规格	单位	数量	备注
	1	绝缘电阻检测仪	2500V 及以上	套	1	
	2	对讲机		套	若干	根据情况决定是否使用
	3	高压发生器		台	1	
	4	风速仪		副	1	
	5	温、湿度计		副	1	
	6	验电器		台	1	

3.6 其他工具

√	序号	名称	规格/编号	单位	数量	备注
	1	防潮苫布		块	1	
	2	电杆接地线		根	1	配接地棒
	3	铁锹		把	2	
	4	个人工具		套	1	
	5	脚扣		副	1	
	6	安全遮栏、安全围绳		副	若干	
	7	标示牌	"从此进出！"	块	1	根据实际情况使用对应标示牌
	8	标示牌	"在此工作！"	块	2	
	9	路障	"前方施工，车辆慢行"	块	2	

3.7　材料

包括装置性材料和消耗性材料。

√	序号	名称	规格/编号	单位	数量	备注
	1	电杆		根	1	
	2	直线杆横担		套	1	
	3	直线绝缘子	10kV	只	3	
	4	导线绑扎线		根	若干	

4. 危险点分析及安全控制措施

√	序号	危险点	安全控制措施	备注
	1	人身触电	1）作业人员必须穿戴齐全合格的个人绝缘防护用具（绝缘手套、绝缘安全帽、防护手套等），使用合格适当的绝缘工器具； 2）严格按照不停电作业操作规程中的遮蔽顺序（由近至远、由低到高、先带电体后接地体）进行遮蔽，绝缘遮蔽组合应保持不少于0.2m的重叠； 3）人体对带电体应有足够安全距离，斗臂车金属臂回转升降过程中与带电体间的安全距离不应小于1.1m，安全距离不足应有绝缘隔离措施，斗臂车的伸缩式绝缘臂有效长度不小于1.2m； 4）斗臂车、吊车需可靠接地； 5）斗内作业人员严禁同时接触不同电位物体； 6）起吊过程中应设专人监护，统一指挥，匀速起吊，严防钢丝绳、吊臂等物件碰触带电体； 7）撤除直线电杆时地面电工应戴绝缘手套或用绝缘绳索控制好电杆，防止电杆摆动引起相间短路，防止触及导线放电伤人	
	2	高空坠落、物体打击	1）斗内作业人员必须系好绝缘安全带，戴好绝缘安全帽； 2）使用的工具、材料等应用绝缘绳索传递或装在工具袋内，禁止乱扔、乱放； 3）现场除指定人员外，禁止其他人员进入工作区域，地面电工在传递工具、材料不要在作业点正下方，防止掉物伤人； 4）执行《带电作业绝缘斗臂车使用管理办法》； 5）作业现场按标准设置防护围栏，加强监护，禁止行人入内； 6）斗臂车绝缘斗升降过程中注意避开带电体、接地体及障碍物。绝缘斗升降、移动时应防止绝缘臂被过往车辆刮碰，绝缘斗位置固定后绝缘臂应在围栏保护范围内	
	3	二次电击伤害	本项作业需要停用重合闸，防止因相间或相地之间短路线路重合闸造成二次电击伤害	

5. 作业程序

5.1 开工准备

√	序号	作业内容	步骤及要求
	1	现场复勘	工作负责人核对工作线路双重命名、杆号
			工作负责人检查地形环境是否符合作业要求： 1）地面平整坚实； 2）地面倾斜度不大于 7°或斗臂车说明书规定的角度
			工作负责人检查线路装置是否具备不停电作业条件。本项作业应检查确认的内容有： 1）作业点及两侧电杆基础、埋深、杆身质量符合要求； 2）检查作业点及两侧导线应无损伤、绑扎固定应牢固可靠，弧垂适度； 3）（新）电杆已就位
			工作负责人检查气象条件（不需现场检查，但需在工作许可时汇报）： 1）天气应良好，无雷、雨、雪、雾； 2）风力：不大于 5 级； 3）气相对湿度不大于 80%
			工作负责人检查工作票所列安全措施是否完备，必要时在工作票上补充安全措施
	2	执行工作许可制度	工作负责人与调度联系，确认许可工作
			工作负责人在工作票上签字
	3	召开现场站班会	工作负责人宣读工作票
			工作负责人检查工作班组成员精神状态、交代工作任务进行分工、交代工作中的安全措施和技术措施
			工作负责人检查班组各成员对工作任务分工、安全措施和技术措施是否明确
			班组各成员在工作票和作业指导书上签名确认
	4	停放绝缘斗臂车	斗臂车驾驶员将绝缘斗臂车位置分别停放到最佳位置。应注意： 1）停放的位置应便于绝缘斗臂车绝缘斗到达作业位置，且应注意吊车停放的空间。避开附近电力线和障碍物，并能保证作业时绝缘斗臂车的绝缘臂有效绝缘长度； 2）应做到尽可能小的影响道路交通
			斗臂车操作人员支放绝缘斗臂车支腿： 1）不应支放在沟道盖板上； 2）软土地面应使用垫块或枕木； 3）支腿顺序应正确（"H"型支腿的车型，应先伸出水平支腿，再伸出垂直支腿，在坡地停放，应先支"前支腿"，后支"后支腿"）； 4）支撑应到位，车辆前后、左右呈水平
			斗臂车操作人员将绝缘斗臂车可靠接地： 1）接地线应采用有透明护套的不小于 16mm² 的多股软铜线； 2）临时接地体埋深应不少于 0.6m

续表

√	序号	作业内容	步骤及要求
	5	停放吊车	吊车操作人员将吊车停放到最佳位置。应注意： 1）应尽量避开绝缘斗臂车的工作活动范围； 2）避免停放在沟道盖板上； 3）软土地面应使用垫块或枕木
			吊车操作人员支放吊车支腿、并将吊车可靠接地。应注意： 1）支撑应到位，车辆前后、左右呈水平； 2）临时接地体埋深应不少于0.6m
	6	布置工作现场	工作负责人组织班组成员设置工作现场的安全围栏、安全警示标志： 1）安全围栏的范围应考虑作业中高空坠落和高空落物和倒杆的影响，以及在遮蔽、隔离措施不完整或失效情况下电杆碰触带电体跨步电压的影响区域。当影响道路交通时，应联系交通部门； 2）围栏的出入口应设置合理； 3）警示标示应包括"从此进出""在此工作"等，道路两侧应有"前方施工，车辆慢行"标示或路障
			班组成员按要求将绝缘工器具放在防潮苫布上： 1）防潮苫布应清洁、干燥； 2）工器具应按管理要求分类摆放； 3）绝缘工器具不能与金属锟据、材料混放
	7	检查绝缘工器具	班组成员逐件对绝缘工器具进行外观检查： 1）检查人员应戴清洁、干燥的手套； 2）绝缘工具表面不应破损或有裂纹、变形损坏，操作应灵活； 3）个人安全防护用具和遮蔽、隔离用具应无针孔、砂眼、裂纹； 4）检查斗内专用绝缘安全带外观，并作冲击试验
			班组成员使用绝缘电阻检测仪分段检测绝缘工具的表面绝缘电阻值： 1）测量电极应符合规程要求（极宽2cm、极间距2cm）； 2）正确使用（自检、测量）绝缘电阻检测仪（应采用点测的方法，不应使电极在绝缘工具表面滑动，避免刮伤绝缘工具表面）； 3）绝缘电阻值不得低于700MΩ
			绝缘工器具检查完毕，向工作负责人汇报检查结果
	8	检查绝缘斗臂车	斗内电工检查绝缘斗臂车表面状况：绝缘斗、绝缘臂应清洁、无裂纹损伤
			斗内电工试操作绝缘斗臂车： 1）试操作应空斗进行； 2）试操作应充分，有回转、升降、伸缩的过程。确认液压、机械、电气系统正常可靠、制动装置可靠
			绝缘斗臂车检查和试操作完毕，斗内电工向工作负责人汇报检查结果
	9	检查支持绝缘子和电杆	检测支持绝缘子：清洁瓷件，并作表面检查，瓷件表面应光滑，无麻点，裂痕等
			检查水泥杆表面应光滑平整、臂厚均匀、无露筋、跑浆、纵横向裂纹等

续表

√	序号	作业内容	步骤及要求
	10	斗内电工进入绝缘斗臂车工作斗	绝缘斗臂车斗内电工穿戴好个人安全防护用具： 1）个人安全防护用具包括绝缘帽、绝缘衣（披肩）、绝缘手套（戴防穿刺手套）、护目镜等； 2）工作负责人应检查斗内电工个人防护用具的穿戴是否正确
			绝缘斗臂车斗内电工携带工器具进入绝缘斗，工器具应分类放置，工具和人员重量不得超过绝缘斗额定载荷
			绝缘斗臂车斗内电工将斗内专用绝缘安全带系挂在斗内专用挂钩上

5.2 作业过程

√	序号	作业内容	步骤及要求
	1	进入带电作业区域	斗内电工经工作负责人许可后，操作绝缘斗臂车，进入带电作业区域，绝缘斗移动应平稳匀速，在进入带电作业区域时： 1）应无大幅晃动现象； 2）绝缘斗下降、上升的速度不应超过 0.4m/s； 3）绝缘斗边沿的最大线速度不应超过 0.5m/s； 4）转移绝缘斗时应注意绝缘斗臂车周围杆塔、线路等情况，绝缘臂的金属部位与带电体和地电位物体的距离大于 1.1m； 5）进入带电作业区域作业后，绝缘斗臂车绝缘臂的有效绝缘长度不应小于 1.2m
	2	验电	在工作负责人的监护下，使用验电器确认作业现场无漏电现象。应注意： 1）验电时，必须戴绝缘手套，验电顺序应为由近及远； 2）验电前，应验电器进行自检，确认是否合格（在保证安全距离的情况下也可在带电体上进行）； 3）验电时，电工应与邻近的构件、导体保持足够的距离； 4）如横担等接地构件有电，不应继续进行
	3	设置近边相绝缘遮蔽隔离措施	获得工作负责人的许可后，斗内电工转移绝缘斗至近边相合适工作位置，按照"由近及远""从下到上"的顺序主导线进行绝缘遮蔽隔离。应注意： 1）设置绝缘遮蔽隔离措施的部位依次为：支持绝缘子两侧导线、支持绝缘子、横担（或杆头抱箍）； 2）导线上绝缘遮蔽的范围应足够，应按撤杆、立杆过程中电杆可能触及的范围设置； 3）设置绝缘遮蔽隔离措施时，动作应轻缓，与邻相导线之间应有足够的安全距离，且应控制导线晃动幅度； 4）绝缘遮蔽隔离措施应严密、牢固，绝缘遮蔽组合的重叠距离不得小于 0.2m
	4	设置远边相绝缘遮蔽措施	获得工作负责人的许可后，斗内电工转移绝缘斗至远边相合适工作位置，按照与近边相相同的方法对远边相设置绝缘遮蔽隔离措施
	5	设置中间相绝缘遮蔽措施	获得工作负责人的许可后，斗内电工转移绝缘斗至远边相合适工作位置，按照与近边相相同的方法对中间相设置绝缘遮蔽隔离措施

续表

√	序号	作业内容	步骤及要求
	6	安装车用绝缘横担	获得工作负责人的许可后，斗内电工安装车用绝缘横担。 1）2 号斗内电工在地面电工的配合下将车用绝缘横担安装在 2 号绝缘斗臂车上； 2）工作负责人检查车用绝缘横担安装牢固可靠； 3）2 号斗内电工操作绝缘斗臂车绝缘斗进入合适作业位置
	7	固定三相导线	获得工作负责人的许可后，斗内电工转移绝缘斗到合适作业位置固定三相导线。 1）转移绝缘斗时应平稳匀速，应无大幅晃动现象； 2）绝缘臂的金属部分在工作过程中与带电体安全距离不小于 1m； 3）调整吊臂将三相导线分别置于绝缘横担的固定槽内，并用绝缘操作杆加好闭锁； 4）工作负责人指挥 2 号斗内电工操作绝缘斗臂车缓缓上升使三相导线适当受力，斗内电工检查闭锁保险安全可靠并汇报
	8	抬升三相导线	获得工作负责人的许可后，1 号斗内电工依次拆除三相导线绝缘子处扎线，并恢复绝缘遮蔽。2 号斗内电工操作绝缘斗臂车支撑三相导线缓慢抬升到合适高度。 1）导线抬升中，1 号斗内电工和地面电工配合用绝缘测距绳测量带电导线距地面的净空距离并及时汇报给工作负责人。如不满足，需继续抬升导线，同时派人观察相邻两侧电杆横担上导线扎线有无松动现象； 2）拆除扎线后应及时恢复绝缘遮蔽
	9	安装绝缘吊带	获得工作负责人的许可后，1 号斗内电工转移绝缘斗到合适作业位置，吊车操作人员将吊钩缓缓靠近电杆，3 号电工登杆与 1 号斗内电工相互配合将绝缘吊带在电杆合适位置上系好，在吊点下方合适位置系好绝缘控制绳。电杆吊点应在电杆重心上 1.5m 处
	10	准备撤除旧电杆	获得工作负责人的许可后，吊车操作人员开始准备撤除电杆。 1）工作负责人指挥吊车操作人员将吊钩缓缓收紧，使吊绳适当受力； 2）工作负责人指挥地面电工开挖电杆马道； 3）工作负责人检查确认各部位受力情况正常
	11	起吊旧电杆	获得工作负责人的许可后，吊车操作人员在工作负责人的指挥下缓慢起吊电杆，绝缘吊带全部受力时暂停起吊，并进行下列检查： 1）检查确认吊车支腿和其他受力部位情况正常； 2）4 号和 5 号地面电工在电杆根部合适位置系好绝缘绳，以控制电杆两侧方向； 3）确认吊车各部位受力正常，绝缘遮蔽措施可靠
	12	撤除旧电杆	获得工作负责人的许可后，吊车操作人员在工作负责人的指挥下开始缓慢起吊电杆，并向马道一侧缓缓倾斜，在吊车操作人员的操作下缓慢地将电杆放落至离地面 1m 时，拆除电杆绝缘遮蔽措施。继续放落电杆至地面，地面电工拆除绝缘吊带和两侧绝缘控制绳。 1）撤除电杆时，应注意确认电杆距带电体距离； 2）吊臂下方严禁站人； 3）吊臂距带电导线安全距离不小于 1.5m

√	序号	作业内容	步骤及要求
	13	新电杆起吊准备	获得工作负责人的许可后，地面电工做好新电杆起吊前的准备工作。 1）地面电工复测杆坑深度符合杆高要求； 2）检查马道是否符合要求； 3）地面电工将马道配套工具放置在杆坑内以及绝缘吊带在新电杆适当位置上系好； 4）电杆吊点应在电杆重心上 1.5m 处
	14	试吊新电杆	获得工作负责人的许可后，吊车操作人员在工作负责人的指挥下将电杆缓慢起吊到距地面 1m 时暂时停止起吊，进行下列检查： 1）检查确认吊车支腿和其他受力部位情况正常；确认吊车各部位受力正常； 2）在电杆杆梢处用绝缘毯和电杆绝缘遮蔽罩做好绝缘遮蔽； 3）4 号和 5 号地面电工在吊点下方合适位置系好绝缘绳，以控制电杆两侧方向
	15	起立新电杆	获得工作负责人的许可后，吊车操作人员在工作负责人的指挥下开始缓慢起立新电杆。 1）在起吊过程中应随时注意电杆根部是否顶住马道配套工具的滑板向下滑动；电杆根部应在马道配套工具引导下进入杆坑； 2）电杆起吊到 60 时电杆的杆根应进到杆坑内； 3）杆梢距带电导线应有不小于 0.6m 的安全距离。1 号斗内电工密切观察杆梢距带电导线的距离，如有疑问应停止起吊，测量距离无问题后方可继续起吊； 4）在起吊过程中专责监护人应配合工作负责人注意电杆两侧方向的平衡情况和电杆根部的入坑情况； 5）电杆起立就位后，回填土夯实； 6）吊臂下方严禁站人；吊臂距带电导线安全距离不小于 1.5m
	16	杆上电工登杆	获得工作负责人的许可后，3 号杆上电工登杆与 1 号斗内电工相互配合，拆除绝缘吊带和两侧绝缘控制绳，拆除杆梢绝缘遮蔽措施。注意保持对带电体不小于 0.6m 的安全距离
	17	安装直线杆设备	获得工作负责人的许可后，1 号斗内电工和 3 号杆上电工相互配合安装直线杆横担、顶杆支架绝缘子，并及时恢复其绝缘遮蔽措施。3 号杆上电工返回地面，吊车撤离工作区域
	18	恢复中相导线	获得工作负责人的许可后，斗内电工相互配合恢复和固定中相导线。 1）1 号斗内电工转移绝缘斗到中相合适工作位置； 2）工作负责人指挥 2 号斗内电工操作 2 号绝缘斗臂车缓缓下降，使导线下降到中相绝缘子顶槽内，并适当控制； 3）1 号斗内电工用扎线将中相导线固定好并及时恢复绝缘遮蔽措施。2 号斗内电工利用绝缘操作杆将绝缘横担上的卡槽闭锁打开； 4）在中相导线未扎牢前不可失去对导线的可靠控制；保持对带电体 0.6m 的安全距离
	19	恢复两边相导线	获得工作负责人的许可后，斗内电工相互配合，按照与中相相同的方法依次恢复和固定两边相导线

续表

√	序号	作业内容	步骤及要求
	20	车用绝缘横担脱离导线并拆除	获得工作负责人的许可后，斗内电工相互配合使车用绝缘横担脱离导线并拆除。 1）1号斗内电工利用绝缘操作杆将绝缘横担上两边相的卡槽闭锁保险打开； 2）2号斗内电工操作2号绝缘斗臂车缓缓下降使绝缘横担脱离导线； 3）2号斗内电工操作2号绝缘斗臂车返回地面，地面电工配合拆除绝缘横担
	21	拆除中相绝缘遮蔽措施	获得工作负责人的许可后，1号斗内电工转移绝缘斗到中相合适工作位置，按照"由远及近、从上到下、从接地体到带电体"的顺序来依次拆除中相所有绝缘遮蔽用具，顺序为电杆、杆顶支架、绝缘子、导线。作业人员依次拆除绝缘遮蔽用具时，动作应轻缓且规范，并保持不小于0.6m的安全距离
	22	拆除远边相、近边相绝缘遮蔽措施	获得工作负责人的许可后，1号斗内电工转移绝缘斗到远边相、近边相的合适工作位置，按照与中相相同的方法依次拆除远边相、近边相所有绝缘遮蔽用具
	23	工作验收	斗内电工撤出带电作业区域。撤出带电作业区域时： 1）应无大幅晃动现象； 2）绝缘斗下降、上升的速度不应超过0.4m/s； 3）绝缘斗边沿的最大线速度不应超过0.5m/s
			斗内电工检查施工质量： 1）杆上无遗漏物； 2）装置无缺陷符合运行条件； 3）向工作负责人汇报施工质量
	24	撤离杆塔	下降绝缘斗返回地面、收回绝缘臂时应注意绝缘斗臂车周围杆塔、线路等情况

6. 工作结束

√	序号	作业内容	步骤及要求
	1	工作负责人组织班组成员清理工具和现场	绝缘斗臂车各部件复位，收回绝缘斗臂车支腿
			工作负责人组织班组成员整理工具、材料。将工器具清洁后放入专用的箱（袋）中。清理现场，做到"工完、料尽、场地清"
	2	工作负责人召开收工会	工作负责人组织召开现场收工会，做工作总结和点评工作： 1）正确点评本项工作的施工质量； 2）点评班组成员在作业中的安全措施的落实情况； 3）点评班组成员对规程的执行情况
	3	办理工作终结手续	工作负责人向调度汇报工作结束，并终结工作票

7. 验收记录

记录检修中发现的问题	
存在问题及处理意见	

8. 现场标准化作业指导书执行情况评估

评估内容	符合性	优		可操作项	
		良		不可操作项	
	可操作性	优		修改项	
		良		遗漏项	
存在问题					
改进意见					

第六节　带电直线杆改终端杆

026　绝缘手套作业法直线杆改终端杆

1. 范围

本现场标准化作业指导书规定了在"10kV××线××号杆"采用绝缘斗臂车绝缘手套作业法"直线杆改耐张杆"的工作步骤和技术要求。

本现场标准化作业指导书适用于绝缘斗臂车绝缘手套作业法"10kV××线××号杆直线杆改耐张杆"。

2. 人员组合

本项目需要 6 人。

2.1　作业人员要求

√	序号	责任人	资质	人数
	1	工作负责人	应具有 3 年以上的配电带电作业实际工作经验,熟悉设备状况,具有一定组织能力和事故处理能力,并经工作负责人的专门培训,考试合格	1
	2	斗内电工（1 号和 2 号）	应通过配网不停电作业专项培训,考试合格并持有上岗证	2
	3	杆上（1 号和 2 号）电工	应通过配网不停电作业专项培训,考试合格并持有上岗证	2
	4	地面电工	应通过配网不停电作业专项培训,考试合格并持有上岗证	1

2.2　作业人员分工

√	序号	责任人	分工	责任人签名
	1		工作负责人	
	2		1 号绝缘斗臂车斗内电工	
	3		2 号绝缘斗臂车斗内电工	
	4		杆上 1 号电工	
	5		杆上 2 号电工	
	6		地面电工	

3.工器具

领用绝缘工器具应核对工器具的使用电压等级和试验周期，并应检查外观完好无损。

工器具运输，应存放在专用的工具袋、工具箱或工具车内；金属工具和绝缘工器具应分开装运。

3.1　装备

√	序号	名称	规格/编号	单位	数量	备注
	1	绝缘斗臂车（1号）		辆	1	
	2	绝缘斗臂车（2号）		辆	1	

3.2　个人安全防护用具

√	序号	名称	规格/编号	单位	数量	备注
	1	绝缘安全帽	10kV	顶	2	
	2	绝缘衣（披肩）	10kV	件	2	
	3	绝缘手套	10kV	副	2	
	4	防护手套		副	2	
	5	斗内绝缘安全带		副	2	
	6	护目镜		副	2	
	7	普通安全帽		顶	6	
	8	安全带		副	2	
	9	后备保护绳		副	2	

3.3　绝缘遮蔽用具

√	序号	名称	规格/编号	单位	数量	备注
	1	绝缘毯	10kV	块	若干	根据实际情况配置
	2	绝缘毯夹		只	若干	根据实际情况配置
	3	导线遮蔽罩	10kV	根	若干	根据实际情况配置
	4	横担遮蔽罩	10kV	只	4	
	5	电杆遮蔽罩	10kV	只	1	
	6	直线绝缘子遮蔽罩	10kV	只	3	

3.4　绝缘工具

√	序号	名称	规格/编号	单位	数量	备注
	1	绝缘传递绳	10kV	根	2	
	2	绝缘绳套	10kV	根	2	

续表

√	序号	名称	规格/编号	单位	数量	备注
	3	绝缘锁杆	10kV	根	1	
	4	绝缘滑车	10kV	个	2	
	5	绝缘千斤吊绳	10kV	根	2	
	6	车用绝缘横担	10kV	套	1	
	7	绝缘测距绳	10kV	根	1	
	8	绝缘棘轮断线剪	10kV	把	1	
	9	绝缘紧线器	10kV	套	4	
	10	绝缘防护绳	10kV	根	4	

3.5 仪器仪表

√	序号	名称	规格/编号	单位	数量	备注
	1	绝缘电阻检测仪	2500V 及以上	套	1	
	2	验电器	10kV	支	1	
	3	温、湿度计		只	1	
	4	对讲机		套	若干	根据情况决定是否使用
	5	高压发生器		只	1	
	6	风速仪		只	1	

3.6 金属工具

√	序号	名称	规格/编号	单位	数量	备注
	1	剥线钳		把	1	
	2	卡线器		副	8	紧主导线用
	3	拉线卡线器		副	1	安装拉线用
	4	紧线器		把	1	
	5	断线钳	硬质	把	1	断钢绞线用
	6	临时拉线钢丝绳		道	3	
	7	锚桩		个	2	
	8	双钩紧线器		把	3	
	9	钢丝绳扣		个	3	
	10	大锤		把	1	

3.7　其他工具

√	序号	名称	规格/编号	单位	数量	备注
	1	防潮苫布		块	1	
	2	个人工具		套	1	包括钢卷尺、扳手钢丝钳等
	3	木锤		把	1	制作拉线上下把用
	4	记号笔		支	1	
	5	钢丝刷		把	2	
	6	脚扣		副	2	
	7	安全带（包括后备保护绳）				
	8	安全遮栏、安全围绳		副	若干	
	9	标示牌	"从此进出！"	块	2	根据实际情况使用对应标示牌
	10	标示牌	"在此工作！"	块	4	
	11	路障	"前方施工，车辆慢行"	块	2	

3.8　材料

包括装置性材料和消耗性材料。

√	序号	名称	规格/编号	单位	数量	备注
	1	悬式绝缘子串		片	6	
	2	耐张金具		套	3	
	3	耐张横担		副	1	
	4	耐张抱箍		套	1	
	5	钢绞线		m	若干	
	6	拉线抱箍及金具		套	1	

4. 危险点分析及安全控制措施

√	序号	危险点	安全控制措施	备注
	1	人身触电	1）作业人员必须穿戴齐全合格的个人绝缘防护用具（绝缘手套、绝缘安全帽、防护手套等），使用合格适当的绝缘工器具； 2）严格按照不停电作业操作规程中的遮蔽顺序（由近至远、由低到高、先带电体后接地体）进行遮蔽，绝缘遮蔽组合应保持不少于 0.2m 的重叠；	

√	序号	危险点	安全控制措施	备注
	1	人身触电	3）人体对带电体应有足够安全距离，斗臂车金属臂回转升降过程中与带电体间的安全距离不应小于 1.1m，安全距离不足应有绝缘隔离措施，斗臂车的伸缩式绝缘臂有效长度不小于 1.2m； 4）斗臂车、吊车需可靠接地； 5）斗内作业人员严禁同时接触不同电位物体； 6）严禁带负荷切断导线	
	2	高空坠落、物体打击	1）斗内作业人员必须系好绝缘安全带，戴好绝缘安全帽； 2）使用的工具、材料等应用绝缘绳索传递或装在工具袋内，禁止乱扔、乱放； 3）现场除指定人员外，禁止其他人员进入工作区域，地面电工在传递工具、材料不要在作业点正下方，防止掉物伤人； 4）执行《带电作业绝缘斗臂车使用管理办法》； 5）作业现场按标准设置防护围栏，加强监护，禁止行人入内； 6）斗臂车绝缘斗升降过程中注意避开带电体、接地体及障碍物。绝缘斗升降、移动时应防止绝缘臂被过往车辆刮碰，绝缘斗位置固定后绝缘臂应在围栏保护范围内	
	3	二次电击伤害	本项作业需要停用重合闸，防止因相间或相地之间短路线路重合闸造成二次电击伤害	

5. 作业程序

5.1 开工准备

√	序号	作业内容	步骤及要求
	1	现场复勘	工作负责人核对工作线路双重命名、杆号
			工作负责人检查地形环境是否符合作业要求： 1）地面平整坚实； 2）地面倾斜度不大于 7°或斗臂车说明书规定的角度
			工作负责人检查线路装置是否具备不停电作业条件。本项作业应检查确认的内容有： 1）作业点及两侧电杆基础、埋深、杆身质量； 2）检查作业点两侧导线应无损伤、绑扎固定应牢固可靠，弧垂适度； 3）检查拉线盘和拉棒（直线杆改为终端杆后打永久拉线用）是否已按施工要求埋设：位置正确，应在直线杆开断后的松线侧，且打好拉线后，拉线与地面夹角小于 45°；拉线坑土层夯实稳固；拉棒与线路的中心线对正；拉棒外露地面部分的长度应为 500～700mm
			工作负责人检查气象条件（不需现场检查，但需在工作许可时汇报）： 1）天气应良好，无雷、雨、雪、雾； 2）风力：不大于 5 级； 3）气相对湿度不大于 80%
			工作负责人检查工作票所列安全措施是否完备，必要时在工作票上补充安全措施

续表

√	序号	作业内容	步骤及要求
	2	执行工作许可制度	工作负责人与调度联系，确认许可工作
			工作负责人在工作票上签字
	3	召开现场站班会	工作负责人宣读工作票
			工作负责人检查工作班组成员精神状态、交代工作任务进行分工、交代工作中的安全措施和技术措施
			工作负责人检查班组各成员对工作任务分工、安全措施和技术措施是否明确
			班组各成员在工作票和作业指导书上签名确认
	4	停放绝缘斗臂车	斗臂车驾驶员将两辆绝缘斗臂车位置分别停放到最佳位置： 1）停放的位置应便于绝缘斗臂车绝缘斗到达作业位置，避开附近电力线和障碍物，并能保证作业时绝缘斗臂车的绝缘臂有效绝缘长度； 2）停放位置坡度不大于7°； 3）应做到尽可能小的影响道路交通
			斗臂车操作人员支放绝缘斗臂车支腿： 1）不应支放在沟道盖板上； 2）软土地面应使用垫块或枕木； 3）支腿顺序应正确（"H"型支腿的车型，应先伸出水平支腿，再伸出垂直支腿，在坡地停放，应先支"前支腿"，后支"后支腿"）； 4）支撑应到位，车辆前后、左右呈水平
			斗臂车操作人员将绝缘斗臂车可靠接地： 1）接地线应采用有透明护套的不小于16mm² 的多股软铜线； 2）临时接地体埋深应不少于0.6m
	5	布置工作现场	工作负责人组织班组成员分别在两辆绝缘斗臂车所在工作现场设置的安全围栏、安全警示标志： 1）安全围栏的范围应考虑作业中高空坠落和高空落物的影响以及道路交通，必要时联系交通部门； 2）围栏的出入口应设置合理； 3）警示标示应包括"从此进出""在此工作"等，道路两侧应有"前方施工，车辆慢行"标示或路障
			班组成员按要求将绝缘工器具放在防潮苦布上： 1）防潮苦布应清洁、干燥； 2）工器具应按管理要求分类摆放； 3）绝缘工器具不能与金属根据、材料混放
	6	检查绝缘工器具	班组成员逐件对绝缘工器具进行外观检查： 1）检查人员应戴清洁、干燥的手套； 2）绝缘工具表面不应破损或有裂纹、变形损坏，操作应灵活； 3）个人安全防护用具和遮蔽、隔离用具应无针孔、砂眼、裂纹； 4）检查斗内专用绝缘安全带外观，并作冲击试验

续表

√	序号	作业内容	步骤及要求
	6	检查绝缘工器具	班组成员使用绝缘电阻检测仪分段检测绝缘工具的表面绝缘电阻值： 1）测量电极应符合规程要求（极宽 2cm、极间距 2cm）； 2）正确使用（自检、测量）绝缘电阻检测仪（应采用点测的方法，不应使电极在绝缘工具表面滑动，避免刮伤绝缘工具表面）； 3）绝缘电阻值不得低于 700MΩ
			绝缘工器具检查完毕，向工作负责人汇报检查结果
	7	检查绝缘斗臂车	斗内电工检查两辆绝缘斗臂车表面状况：绝缘斗、绝缘臂应清洁、无裂纹损伤
			斗内电工试操作两辆绝缘斗臂车： 1）试操作应空斗进行； 2）试操作应充分，有回转、升降、伸缩的过程。确认液压、机械、电气系统正常可靠、制动装置可靠
			两辆绝缘斗臂车检查和试操作完毕，斗内电工向工作负责人汇报检查结果
	8	检测悬式绝缘子	班组成员检测悬式绝缘子： 1）清洁瓷件，并作表面检查，瓷件表面应光滑，无麻点，裂痕等； 2）用绝缘电阻检测仪（5000V 电压）逐个进行绝缘电阻测定。绝缘电阻值不得小于 500MΩ
	9	斗内电工穿戴个人安全防护用具	绝缘斗臂车斗内电工穿戴好个人安全防护用具： 1）个人安全防护用具包括绝缘帽、绝缘衣（披肩）、绝缘手套（戴防穿刺手套）等个人绝缘防护工具和斗内专用绝缘安全带、护目镜等； 2）工作负责人应检查斗内电工个人防护用具的穿戴是否正确

5.2 作业过程

√	序号	作业内容	步骤及要求
	1	进入带电作业区域	斗内电工经工作负责人许可后，操作绝缘斗臂车，进入带电作业区域，绝缘斗移动应平稳匀速，在进入带电作业区域时： 1）应无大幅晃动现象； 2）绝缘斗下降、上升的速度不应超过 0.4m/s； 3）绝缘斗边沿的最大线速度不应超过 0.5m/s； 4）转移绝缘斗时应注意绝缘斗臂车周围杆塔、线路等情况，绝缘臂的金属部位与带电体和地电位物体的距离大于 1.1m； 5）进入带电作业区域作业后，绝缘斗臂车绝缘臂的有效绝缘长度不应小于 1.2m
	2	验电	在工作负责人的监护下，使用验电器确认作业现场无漏电现象。应注意： 1）验电时，必须戴绝缘手套，验电顺序应为由近及远； 2）验电前，应验电器进行自检，确认是否合格（在保证安全距离的情况下也可在带电体上进行）； 3）验电时，电工应与邻近的构件、导体保持足够的距离； 4）如横担等接地构件有电，不应继续进行

续表

√	序号	作业内容	步骤及要求
	3	设置近边相绝缘遮蔽隔离措施	获得工作负责人许可后，斗内电工将绝缘斗调整到合适位置，按照"从近到远、从下到上、从带电体到接地体"的原则对近边相设置绝缘遮蔽措施。 1）斗内电工应戴护目镜； 2）斗内电工在对导线设置绝缘遮蔽措施时，动作应轻缓且规范。与接地体间应保持不小 0.6m 的安全距离； 3）绝缘遮蔽应严密、牢固，连续遮蔽时重叠距离不得小于 0.2m
	4	设置远边相绝缘遮蔽隔离措施	获得工作负责人的许可后，斗内电工转移绝缘斗到远边相合适工作位置，按照与近边相相同的方法对远边相设置绝缘遮蔽措施
	5	设置中相绝缘遮蔽隔离措施	获得工作负责人的许可后，斗内电工转移绝缘斗到中相合适工作位置，按照与近边相相同的方法对中相设置绝缘遮蔽措施
	6	组装车用绝缘横担	获得工作负责人的许可后，斗内电工与地面电工配合组装车用绝缘横担。 1）2 号斗内电工在地面电工的配合下将车用绝缘横担安装在 2 号绝缘斗臂车上； 2）工作负责人检查绝缘横担安装牢固可靠； 3）2 号斗内电工操作绝缘斗臂车绝缘斗进入合适作业位置。
	7	固定三相导线	获得工作负责人的许可后，斗内电工转移绝缘斗到合适作业位置固定三相导线。 1）转移绝缘斗时应平稳匀速，应无大幅晃动现象； 2）绝缘臂的金属部分在工作过程中与带电体安全距离不小于 1.1m； 3）调整吊臂将三相导线分别置于绝缘横担的固定槽内，并用绝缘操作杆加好闭锁； 4）工作负责人指挥 2 号斗内电工操作绝缘斗臂车缓缓上升使三相导线适当受力，斗内电工检查闭锁保险安全可靠并汇报
	8	抬升三相导线和测量导线净空距离	获得工作负责人的许可后，2 号斗内电工操作绝缘斗臂车缓慢上升使三相导线抬升到合适高度。在抬升三相导线的同时，工作负责人指挥地面电工配合用绝缘测距绳测量从带电导线到地面的净空距离，导线距地面的净空距离应满足安全距离要求。同时应派人观察相邻两侧电杆横担上导线扎线有无松动现象
	9	拆除直线杆绝缘子、横担等	获得工作负责人的许可后，斗内电工与杆上电工配合拆除直线杆绝缘子、横担及绝缘子支架。 1）1 号斗内电工转移绝缘斗到电杆合适作业位置，杆上电工登杆至合适位置，1 号斗内电工和杆上电工相互配合将杆上绝缘子、横担拆除； 2）杆上电工在作业过程中不得失去安全带保护，并保持对带电体不小于 0.6m 的安全距离
	10	安装耐张横担、悬式绝缘子串及拉线	获得工作负责人的许可后，1 号斗内电工与杆上电工配合安装中相耐张抱箍、耐张横担、悬式绝缘子串和拉线。 1）安装中相耐张抱箍； 2）安装耐张横担； 3）安装耐张绝缘子串及金具； 4）安装拉线抱箍及拉线； 5）杆上电工在作业过程中不得失去安全带保护；保持对带电体不小于 0.6m 的安全距离；确认连接可靠，拉线牢固符合要求

续表

√	序号	作业内容	步骤及要求
	11	恢复绝缘遮蔽措施	获得工作负责人的许可后，1 号斗内电工和杆上电工相互配合恢复横担、绝缘子、电杆的绝缘遮蔽措施。杆上电工返回地面
	12	中相安装绝缘紧线器及导线防护绳	获得工作负责人的许可后，斗内电工转移到合适作业位置，相互配合安装绝缘紧线器及导线防护绳。 1）工作负责人指挥 2 号斗内电工检查三相导线的遮蔽措施，确认完好后，2 号绝缘斗臂车缓缓下降，使导线下降到便于安装紧线器位置； 2）1 号和 2 号斗内电工在电杆顶部适当位置，使用绝缘紧线器将中相导线固定好，同时适当收紧导线，并安装后备保护绳
	13	制作中相耐张终端	获得工作负责人的许可后，斗内电工转移到合适作业位置，相互配合制作中相耐张终端。 1）1 号斗内电工用绝缘锁杆固定好中相导线； 2）2 号斗内电工操作绝缘棘轮断线剪剪开中相导线； 3）1 号斗内电工将中相导线固定到耐张线夹内； 4）拆除后备保护绳，拆除绝缘紧线器并恢复绝缘遮蔽措施； 5）绝缘遮蔽应严密、牢固，绝缘遮蔽重叠距离不得小于 0.2m；断开导线前检查确认绝缘紧线器及后备保护绳连接、固定可靠，拉线受力良好
	14	制作两边相耐张终端	获得工作负责人的许可后，斗内电工相互配合按照与中相同样的方法和要求，依次制作其他两边相导线耐张终端
	15	绝缘横担脱离导线	获得工作负责人的许可后，斗内电工转移到合适作业位置，将三相导线脱离绝缘横担。 1）2 号斗内电工操作绝缘斗臂车到合适位置，检查绝缘横担无受力情况； 2）2 号电工将绝缘横担脱离导线； 3）2 号绝缘斗臂车返回地面，地面电工配合拆除车用绝缘横担
	16	拆除三相不带电导线	获得工作负责人的许可后，连接放线绳索，放松紧线器，由地面电工缓慢放松落地并拆除。按照近边相、远边相、中相的顺序拆除不带电导线。要确保两边相受力平衡，横担不发生扭斜
	17	拆除中相绝缘遮蔽措施	获得工作负责人的许可后，1 号斗内电工按照"由远及近、从上到下、从接地体到带电体"的顺序来依次拆除中相所有绝缘遮蔽用具，顺序为电杆、悬式绝缘子、耐张线夹、导线。作业人员依次拆除绝缘遮蔽用具时，动作应轻缓且规范，并保持不小于 0.6m 的安全距离
	18	拆除远边相、近边相绝缘遮蔽措施	获得工作负责人的许可后，1 号斗内电工转移绝缘斗到远边相、近边相合适工作位置，按照与中相相同的方法依次拆除远边相、近边相所有绝缘遮蔽用具
	19	离开作业区域，作业结束	获得工作负责人许可后，斗内电工配合工作负责人全面检查工作完成情况，确认杆上无遗留物、横担绝缘子安装符合规范要求、工作完成无误后，撤离带电作业区域，返回地面。工作臂升降回转的路径，应避开临近的电力线路、通信线路、树木及其他障碍物

6. 工作结束

√	序号	作业内容	步骤及要求
	1	工作负责人组织班组成员清理工具和现场	绝缘斗臂车各部件复位，收回绝缘斗臂车支腿
			工作负责人组织班组成员整理工具、材料。将工器具清洁后放入专用的箱（袋）中。清理现场，做到"工完、料尽、场地清"
	2	工作负责人召开收工会	工作负责人组织召开现场收工会，做工作总结和点评工作： 1）正确点评本项工作的施工质量； 2）点评班组成员在作业中的安全措施的落实情况； 3）点评班组成员对规程的执行情况
	3	办理工作终结手续	工作负责人向调度汇报工作结束，并终结工作票

7. 验收记录

记录检修中发现的问题	
存在问题及处理意见	

8. 现场标准化作业指导书执行情况评估

评估内容	符合性	优		可操作项	
		良		不可操作项	
	可操作性	优		修改项	
		良		遗漏项	
存在问题					
改进意见					

第七节　带负荷更换熔断器

027　绝缘手套作业法带负荷更换熔断器

1. 范围

本规程规定了采用绝缘手套作业法带负荷更换 10kV××线路××杆带负荷更换熔断器的现场标准化作业的工作步骤和技术要求。

2. 人员组合

本项目需要 4 人。

2.1 作业人员要求

√	序号	责任人	资质	人数
	1	工作负责人（监护人）	应具有 3 年以上的配电带电作业实际工作经验，熟悉设备状况，具有一定组织能力和事故处理能力，并经工作负责人的专门培训，考试合格	1
	2	斗内电工	应通过配网不停电作业专项培训，考试合格并持有上岗证	2
	3	地面作业人员	应通过配网不停电作业专项培训，考试合格并持有上岗证	1

2.2 作业人员分工

√	序号	责任人	分工	责任人签名
	1		工作负责人（监护人）	
	2		1 号斗内电工	
	3		2 号斗内电工	
	4		地面作业人员	

3. 工器具

领用绝缘工器具应核对工器具的使用电压等级和试验周期，并应检查外观完好无损。

工器具运输，应存放在专用的工具袋、工具箱或工具车内；金属工具和绝缘工器具应分开装运。

3.1 装备

√	序号	名称	规格/编号	单位	数量	备注
	1	绝缘斗臂车		辆	1	

3.2 个人安全防护用具

√	序号	名称	规格/编号	单位	数量	备注
	1	绝缘安全帽	10kV	顶	2	
	2	绝缘手套	10kV	双	2	
	3	防护手套		双	2	
	4	绝缘衣（披肩）	10kV	件	2	
	5	斗内绝缘安全带		副	2	
	6	护目镜		副	2	
	7	普通安全帽		顶	2	

3.3　绝缘遮蔽工具

√	序号	名称	规格/编号	单位	数量	备注
	1	导线遮蔽罩	10kV	根	若干	根据实际情况配置
	2	绝缘毯	10kV	块	若干	根据实际情况配置
	3	绝缘毯夹	10kV	只	若干	根据实际情况配置
	4	绝缘隔板	10kV	块	2	

3.4　绝缘工具

√	序号	名称	规格/编号	单位	数量	备注
	1	绝缘操作杆	10kV	根	1	
	2	绝缘绳	10kV	根	1	
	3	绝缘引流线		根	3	
	4	绝缘横担		条	1	
	5	手工工具		套	1	根据需要配置
	6	绝缘滑车		个	1	
	7	绝缘扣		个	1	
	8	验电器	10kV	支	1	
	9	高压发生器	10kV	只	1	
	10	绝缘电阻检测仪	2500V	台	1	
	11	风速仪		只	1	
	12	温、湿度计		只	1	
	13	钳形电流表	10kV	只	1	
	14	对讲机		套	若干	根据情况决定是否使用

3.5　其他工具

√	序号	名称	规格/编号	单位	数量	备注
	1	防潮苫布		块	2	
	2	安全遮栏、安全围绳		副	若干	视现场需要
	3	标示牌	"从此进出！"	块	1	根据实际情况使用对应标示牌
	4	标示牌	"在此工作！"	块	2	
	5	路障	"前方施工，车辆慢行"	块	2	
	6	绝缘手套测试器		个	1	
	7	安全警示服	工作负责人反光背心	件	1	专责监护人反光背心（视工作需要）

3.6 材料

√	序号	名称	规格/编号	单位	数量	备注
	1	绝缘子		只	2	
	2	熔断器		个	1	

4. 危险点分析及安全控制措施

√	序号	危险点	安全控制措施	备注
	1	人身触电	1）停用线路重合闸； 2）作业过程中，不论线路是否停电，都应始终认为线路有电； 3）作业人员应穿戴齐全合格的安全防护用品［绝缘手套、安全帽、绝缘衣（披肩）、绝缘鞋］等； 4）严禁同时触及不同电位的两个导体； 5）保持对地最小距离为 0.6m，对相邻导线的最小距离为 0.8m，绝缘绳索类工具有效绝缘长度不小于 0.6m，绝缘操作杆有效绝缘长度不小于 0.9m； 6）绝缘斗臂车绝缘臂的最小有效绝缘长度不小于 1.2m，绝缘臂的金属部分对带电体的距离不小于 1.1m； 7）绝缘斗臂车应可靠接地，防止泄漏电流伤及地面人员； 8）绝缘遮蔽过程中按照采取由近到远、由下到上、先带电体后接地体的原则； 9）作业前，绝缘斗臂车应进行空斗操作，确认液压传动、升降、伸缩、回转系统正常及操作灵活，制动装置可靠； 10）安全带应系在绝缘斗臂车指定的位置上，扣牢扣环； 11）斗内电工应系好安全带，戴好安全帽； 12）必须在良好的天气下进行	
	2	高空坠落、物体打击	1）斗内作业人员必须系好绝缘安全带，戴好绝缘安全帽； 2）使用的工具、材料等应用绝缘绳索传递或装在工具袋内，禁止乱扔、乱放； 3）现场除指定人员外，禁止其他人员进入工作区域，地面电工在传递工具、材料不要在作业点正下方，防止掉物伤人； 4）执行《带电作业绝缘斗臂车使用管理办法》； 5）作业现场按标准设置防护围栏，加强监护，禁止行人入内； 6）斗臂车绝缘斗升降过程中注意避开带电体、接地体及障碍物。绝缘斗升降、移动时应防止绝缘臂被过往车辆刮碰，绝缘斗位置固定后绝缘臂应在围栏保护范围内	
	3	防高空坠落类	1）作业前，绝缘斗臂车应进行空斗操作，确认液压传动、升降、伸缩、回转系统正常及操作灵活，制动装置可靠； 2）安全带应系在绝缘斗臂车指定的位置上，扣牢扣环； 3）斗内电工应系好安全带，戴好安全帽	
	4	绝缘遮蔽工具击穿	绝缘遮蔽工具使用前，应用 2500V 及以上绝缘电阻表进行检测，绝缘电阻不小于 700MΩ	
	5	绝缘防护用具击穿	绝缘防护用具使用前，按规定要求进行检查	

5. 作业程序

5.1 开工准备

√	序号	作业内容	步骤及要求
	1	现场复勘	工作负责人核对工作线路双重命名、杆号
			工作负责人检查环境是否符合作业要求： 1）平整结实； 2）地面倾斜度不大于 7° 或斗臂车说明书规定的角度
			工作负责人检查线路装置是否具备不停电作业条件：作业段电杆杆根、埋深、杆身质量是否满足要求
			工作负责人检查气象条件（不需现场检查，但需在工作许可时汇报）： 1）天气应良好，无雷、雨、雪、雾； 2）风力：不大于 5 级； 3）气相对湿度不大于 80%
			工作负责人检查工作票所列安全措施，必要时在工作票上补充安全技术措施
	2	执行工作许可制度	工作负责人与调度联系，确认许可工作
			工作负责人在工作票上签字
	3	召开现场站班会	工作负责人宣读工作票
			工作负责人检查工作班组成员精神状态、交代工作任务进行分工、交代工作中的安全措施和技术措施
			工作负责人检查班组各成员对工作任务分工、安全措施和技术措施是否明确
			班组各成员在工作票和作业指导书上签名确认
	4	停放绝缘斗臂车	斗臂车驾驶员将绝缘斗臂车位置停放到适当位置： 1）停放的位置应便于绝缘斗臂车绝缘斗达到作业位置，避开附近电力线和障碍物。并能保证作业时绝缘斗臂车的绝缘臂有效绝缘长度； 2）绝缘斗臂车车头应朝下坡方向停放，不得在坡度大于 7° 的路面上操作
			斗臂车操作人员支放绝缘斗臂车支腿： 1）不应支放在沟道盖板上； 2）软土地面应使用垫块或枕木； 3）支腿顺序应正确（"H"型支腿的车型，应先伸出水平支腿，再伸出垂直支腿，在坡地停放，应先支"前支腿"，后支"后支腿"）； 4）支撑应到位，车辆前后、左右呈水平
			斗臂车操作人员将绝缘斗臂车可靠接地： 1）接地线应采用有透明护套的不小于 16mm² 的多股软铜线； 2）临时接地体埋深应不少于 0.6m
	5	布置工作现场	工作负责人组织班组成员设置工作现场的安全围栏、安全警示标志： 1）安全围栏的范围应考虑作业中高空坠落和高空落物的影响以及道路交通，必要时联系交通部门； 2）围栏的出入口应设置合理； 3）警示标示应包括"从此进出""在此工作"等，道路两侧应有"前方施工，车辆慢行"标示或路障

续表

√	序号	作业内容	步骤及要求
	5	布置工作现场	班组成员按要求将绝缘工器具放在防潮苫布上： 1）防潮苫布应清洁、干燥不得随意踩踏； 2）工器具应按定置管理要求分类摆放； 3）绝缘工器具不能与金属工具、材料混放
	6	工作负责人组织班组成员检查工器具	班组成员逐件对绝缘工器具进行外观检查： 1）检查人员应戴清洁、干燥的手套； 2）绝缘工具表面不应破损或有裂纹、变形损坏，操作应灵活； 3）检查安全用具绝缘部分有无裂纹、老化、绝缘层脱落、严重伤痕，固定连接部分有无松动、锈蚀、断裂等现象； 4）绝缘手套和绝缘靴在使用前要压入空气，检查有无针孔缺陷； 5）绝缘衣（披肩）使用前应检查有无刺孔、划破等缺陷，若存在上述缺陷应退出使用
			班组成员使用绝缘电阻检测仪分段检测绝缘工具的表面绝缘电阻值： 1）测量电极应符合规程要求（极宽 2cm、极间距 2cm）； 2）正确使用（自检、测量）绝缘电阻检测仪（应采用点测的方法，不应使电极在绝缘工具表面滑动，避免刮伤绝缘工具表面）； 3）绝缘电阻值不得低于 700MΩ
			绝缘工器具检查完毕，向工作负责人汇报检查结果
	7	检查绝缘斗臂车	斗内电工检查绝缘斗臂车表面状况：绝缘斗、绝缘臂应清洁、无裂纹损伤
			斗内电工试操作绝缘斗臂车： 1）试操作应空斗进行； 2）试操作应充分，有回转、升降、伸缩的过程。确认液压、机械、电气系统正常可靠、制动装置可靠
			绝缘斗臂车检查和试操作完毕，斗内电工向工作负责人汇报检查结果
	8	斗内电工进入绝缘斗臂车绝缘斗	斗内电工穿戴好个人安全防护用具： 1）工器具应分类防入工具袋中； 2）工器具的金属部分不准超出绝缘斗沿面； 3）工作负责人应检查斗内电工个人防护用具的穿戴是否正确； 4）工器具和人员总质量不得超过绝缘斗额定载荷
			斗内电工将斗内专用绝缘安全带系挂在斗内专用挂钩上

5.2 作业过程

√	序号	作业内容	步骤及要求
	1	进入带电作业区域	斗内电工经工作负责人许可后，操作绝缘斗臂车，进入带电作业区域，绝缘斗移动应平稳匀速，在进入带电作业区域时： 1）绝缘臂在仰起回转过程中应无大幅晃动现象； 2）绝缘斗下降、上升的速度不应超过 0.4m/s； 3）绝缘斗边沿的最大线速度不应超过 0.5m/s； 4）转移绝缘斗时应注意绝缘斗臂车周围杆塔、线路等情况，绝缘臂的金属部位与带电体和地电位物体的距离大于 1.1m； 5）进入带电作业区域作业后，绝缘斗臂车绝缘臂的有效绝缘长度不应小于 1.2m

续表

✓	序号	作业内容	步骤及要求
	2	验电	在工作负责人的监护下，使用验电器确认作业现场无漏电现象。 应注意： 1）验电时，必须戴绝缘手套，验电顺序应为由近及远； 2）验电前，应验电器进行自检，确认是否合格（在保证安全距离的情况下也可在带电体上进行）； 3）验电时，电工应与邻近的构件、导体保持足够的距离； 4）如横担等接地构件有电，不应继续进行
	3	设置绝缘遮蔽 隔离措施	获得工作负责人的许可后，斗内电工转移绝缘斗至近边相合适工作位置，按照"从近到远、从下到上、先带电体后接地体"的原则对作业中可能触及的部位进行绝缘遮蔽隔离： 1）斗内电工动作应轻缓并保持足够安全距离； 2）进行绝缘遮蔽前操作人员应穿戴好全套绝缘防护用具，在工作监护人的同意后方可进行； 3）对带电体设置绝缘遮蔽时，按照从近到远的原则，从离身体最近的带电体依次设置；对上下多回分布的带电导线设置遮蔽用具时，应按照从下到上的原则，从下层导线开始依次向上层设置；对导线、引流线、绝缘子、横担的设置次序是按照从带电体到接地体的原则，先放导线遮蔽罩，再放绝缘子遮蔽罩、然后对横担进行遮蔽； 4）绝缘遮蔽应严实，牢固，遮蔽用具间重叠部分应大于20cm，遮蔽范围应比作业范围大0.6m以上； 5）应有防止绝缘遮蔽罩脱落的措施
	4	设置远边相绝缘 遮蔽隔离措施	获得工作负责人的许可后，斗内电工转移绝缘斗至近边相合适工作位置，按照相同的方法设置绝缘遮蔽隔离措施
	5	安装绝缘引流线	斗内电工在外侧熔断器两侧安装绝缘引流线，将绝缘引流线上下两个端头固定在待接线路下方。 保持对地最小距离为0.6m，对相邻导线的最小距离为0.8m
	6	绝缘引流线接火	熔断器下方绝缘引流线端头接火。 熔断器上方绝缘引流线端头接火。 检测绝缘引流线与熔断器上引线的电流，若两者电流相符，则说明引流线通流正常，安装牢固。 1）作业时，应保持对接地体保持不下于0.6m，对临相带电体保持不下于0.8m； 2）严禁同时触及不同电位的两个导体。严禁人体串入电路
	7	更换熔断器	1）断开待更换熔断器； 2）拆开熔断器上桩头引线螺栓，将上桩头引线遮蔽完全，并可靠固定； 3）拆开熔断器下桩头引线连接螺栓，将下桩头引线绝缘遮蔽，并可靠固定； 4）斗内电工更换熔断器； 5）恢复新熔断器上、下桩头引线连接； 6）合上熔断器； 7）新熔断器上、下引线测流，确认通流正常
	8	拆除绝缘引流线	拆除熔断器上方绝缘引流线连接线线夹。 拆除熔断器下方绝缘引流线连接线线夹，拆除绝缘引流线。 按相同方法更换其他两相跌落式熔断器。 1）作业时，应保持对接地体保持不下于0.6m，对临相带电体保持不下于0.8m； 2）严禁同时触及不同电位的两个导体。严禁人体串入电路

续表

√	序号	作业内容	步骤及要求
	9	拆除绝缘遮蔽工具	斗内电工互相配合拆除绝缘遮蔽工具传至地面： 1）斗中电工由远及近、由上及下拆除绝缘毯、绝缘遮蔽罩等绝缘遮蔽用具，与地面配合拆除旧绝缘子及横担，拆除过程中应注意与上方带电导线保持安全距离； 2）拆除过程中动作幅度不宜过大
	10	工作结束	检查导线上无遗留物，工作质量保证符合设计技术要求，经工作负责人许可，作业人员返回地面，撤离

6. 工作结束

√	序号	作业内容	步骤及要求
	1	工作负责人组织班组成员清理工具和现场	绝缘斗臂车各部件复位，收回绝缘斗臂车支腿
			工作负责人组织班组成员整理工具、材料。将工器具清洁后放入专用的箱（袋）中。清理现场，做到"工完、料尽、场地清"
	2	工作负责人召开收工会	工作负责人组织召开现场收工会，做工作总结和点评工作： 1）正确点评本项工作的施工质量； 2）点评班组成员在作业中的安全措施的落实情况； 3）点评班组成员对规程的执行情况
	3	办理工作终结手续	工作负责人向调度汇报工作结束，并终结工作票

7. 验收记录

记录检修中发现的问题	
存在问题及处理意见	

8. 现场标准化作业指导书执行情况评估

评估内容	符合性	优		可操作项	
		良		不可操作项	
	可操作性	优		修改项	
		良		遗漏项	
存在问题					
改进意见					

第八节 带负荷更换柱上开关或隔离开关

028 绝缘手套作业法带负荷更换柱上开关或隔离开关

1. 范围

本规程规定了采用绝缘手套作业法带负荷逐相更换 10kV××线路××杆柱上隔离开关的现场标准化作业的工作步骤和技术要求。

本规程适用于绝缘手套作业法带负荷逐相更换 10kV××线路××杆柱上隔离开关。

2. 人员组合

本项目需要 5 人。

2.1 作业人员要求

√	序号	责任人	资质	人数
	1	工作负责人 （监护人）	应具有 3 年以上的配电带电作业实际工作经验，熟悉设备状况，具有一定组织能力和事故处理能力，并经工作负责人的专门培训，考试合格	1
	2	专责监护人	应具有 3 年以上的配电带电作业实际工作经验，熟悉设备状况，具有一定组织能力和事故处理能力，并经工作负责人的专门培训，考试合格	1
	3	斗内电工	应通过配网不停电作业专项培训，考试合格并持有上岗证	2
	4	地面电工	应通过配网不停电作业专项培训，考试合格并持有上岗证	1

2.2 作业人员分工

√	序号	责任人	分工	责任人签名
	1		工作负责人	
	2		1 号斗内电工	
	3		2 号斗内电工	
	4		专责监护人	
	5		地面电工	

3. 工器具

领用绝缘工具、安全用具及辅助器具，应核对工器具的使用电压等级和试验周期。领用绝缘工器具，应检查外观完好无损。

工器具运输，应存放在专用的工具袋、工具箱或工具车内；金属工具和绝缘工器具应分开装运。

3.1 装备

√	序号	名称	型号/规格	单位	数量	备注
	1	绝缘斗臂车		辆	2	
	2	绝缘引流线	10kV	条	1	其荷载能力应不小于架空线路最大负荷电流的 1.2 倍

3.2 个人防护用具

√	序号	名称	型号/规格	单位	数量	备注
	1	绝缘安全帽	10kV	顶	2	
	2	绝缘手套	10kV	双	2	
	3	防护手套		双	2	
	4	绝缘衣（披肩）	10kV	件	2	
	5	绝缘裤	10kV	件	2	
	6	绝缘鞋（套鞋）	10kV	双	2	
	7	斗内绝缘安全带		副	2	
	8	护目镜		副	2	
	9	普通安全帽		顶	5	

3.3 绝缘遮蔽用具

√	序号	名称	型号/规格	单位	数量	备注
	1	导线遮蔽罩	10kV	根	若干	根据实际情况配置
	2	跳线导线软质遮蔽罩	10kV	根	若干	根据实际情况配置
	3	绝缘毯	10kV	块	若干	根据实际情况配置
	4	绝缘毯夹		只	若干	根据实际情况配置
	5	绝缘挡板		块	2	
	6	绝缘扎带（或电杆毯夹）		根	3	

3.4 绝缘工具

√	序号	名称	型号/规格	单位	数量	备注
	1	引流线防坠绳		条	2	
	2	绝缘拉杆		套	1	
	3	绝缘传递绳	30m	套	2	
	4	绝缘滑车		只	1	

3.5 仪器仪表

√	序号	名称	型号/规格	单位	数量	备注
	1	绝缘电阻检测仪	2500V 及以上	套	1	
	2	钳形电流表		台（只）	1	最大量程应大于线路最大负荷电流
	3	验电器	10kV	支	1	
	4	高压发生器	10kV	只	1	
	5	风速仪		只	1	
	6	温、湿度计		只	1	
	7	对讲机		套	若干	根据情况决定是否使用

3.6 其他工具

√	序号	名称	型号/规格	单位	数量	备注
	1	防潮苫布		块	1	
	2	个人工具		套	1	绝缘柄或绝缘包覆手工工具
	3	钢丝刷		把	2	
	4	安全遮栏、安全围绳		副	若干	
	5	标示牌	"从此进出！"	块	1	根据实际情况使用对应标示牌
	6	标示牌	"在此工作！"	块	2	
	7	路障	"前方施工，车辆慢行"	块	2	

3.7 材料

√	序号	名称	型号/规格	单位	数量	备注
	1	隔离开关	GW9－10	个	3	
	2	干燥清洁布		条	2	

4. 危险点分析及安全控制措施

√	序号	危险点	安全控制措施	备注
	1	人身触电	1）作业人员必须穿戴齐全合格的个人绝缘防护用具（绝缘手套、绝缘安全帽、防护手套等），使用合格适当的绝缘工器具； 2）严格按照不停电作业操作规程中的遮蔽顺序（由近至远、由低到高、先带电体后接地体）进行遮蔽，绝缘遮蔽组合应保持不少于 0.2m 的重叠；	

√	序号	危险点	安全控制措施	备注
	1	人身触电	3）人体对带电体应有足够安全距离，斗臂车金属臂回转升降过程中与带电体间的安全距离不应小于 1.1m，安全距离不足应有绝缘隔离措施，斗臂车的伸缩式绝缘臂有效长度不小于 1.2m； 4）斗臂车、吊车需可靠接地； 5）斗内作业人员严禁同时接触不同电位物体； 6）作业前检查隔离开关外观，确认隔离开关瓷座无断裂，引线接点无烧损，线路无接地，隔离开关刀片无松动	
	2	高空坠落、物体打击	1）斗内作业人员必须系好绝缘安全带，戴好绝缘安全帽； 2）使用的工具、材料等应用绝缘绳索传递或装在工具袋内，禁止乱扔、乱放； 3）现场除指定人员外，禁止其他人员进入工作区域，地面电工在传递工具、材料不要在作业点正下方，防止掉物伤人； 4）执行《带电作业绝缘斗臂车使用管理办法》； 5）作业现场按标准设置防护围栏，加强监护，禁止行人入内； 6）斗臂车绝缘斗升降过程中注意避开带电体、接地体及障碍物。绝缘斗升降、移动时应防止绝缘臂被过往车辆剐碰，绝缘斗位置固定后绝缘臂应在围栏保护范围内	
	3	二次电击伤害	本项作业需要停用重合闸，防止因相间或相地之间短路线路重合闸造成二次电击伤害	

5. 作业程序

5.1 开工准备

√	序号	作业内容	步骤及要求
	1	现场复勘	工作负责人核对工作线路双重命名、杆号
			工作负责人检查地形环境是否符合作业要求： 1）平整坚实； 2）地面倾斜度不大于 7°或斗臂车说明书规定的角度
			工作负责人检查线路装置是否具备不停电作业条件。本项作业应检查确认的内容有： 1）作业电杆埋深、杆身质量； 2）检查隔离开关外观，如瓷柱裂纹严重有脱落危险，考虑采取措施，无法控制不应进行该项工作，如接点烧损严重也不得进行此项工作
			工作负责人检查气象条件（不需现场检查，但需在工作许可时汇报）： 1）天气应良好，无雷、雨、雪、雾； 2）风力：不大于 5 级； 3）气相对湿度不大于 80%
			工作负责人检查工作票所列安全措施是否完备，必要时在工作票上补充安全措施
	2	执行工作许可制度	工作负责人与调度联系，确认许可工作
			工作负责人在工作票上签字

续表

√	序号	作业内容	步骤及要求
	3	召开现场站班会	工作负责人宣读工作票
			工作负责人检查工作班组成员精神状态、交代工作任务进行分工、交代工作中的安全措施和技术措施
			工作负责人检查班组各成员对工作任务分工、安全措施和技术措施是否明确
			班组各成员在工作票和作业指导书上签名确认
	4	停放绝缘斗臂车	斗臂车驾驶员将绝缘斗臂车位置停放到最佳位置： 1）停放的位置应便于绝缘斗臂车绝缘斗到达作业位置，避开附近电力线和障碍物，并能保证作业时绝缘斗臂车的绝缘臂有效绝缘长度； 2）停放位置坡度不大于7°
			斗臂车操作人员支放绝缘斗臂车支腿： 1）不应支放在沟道盖板上； 2）软土地面应使用垫块或枕木； 3）支腿顺序应正确（"H"型支腿的车型，应先伸出水平支腿，再伸出垂直支腿，在坡地停放，应先支"前支腿"，后支"后支腿"）； 4）支撑应到位，车辆前后、左右呈水平
			斗臂车操作人员将绝缘斗臂车可靠接地： 1）接地线应采用有透明护套的不小于16mm²的多股软铜线； 2）临时接地体埋深应不少于0.6m
	5	布置工作现场	工作负责人组织班组成员设置工作现场的安全围栏、安全警示标志： 1）安全围栏的范围应考虑作业中高空坠落和高空落物的影响以及道路交通，必要时联系交通部门； 2）围栏的出入口应设置合理； 3）警示标示应包括"从此进出""在此工作"等，道路两侧应有"前方施工，车辆慢行"标示或路障
			班组成员按要求将绝缘工器具放在防潮苫布上： 1）防潮苫布应清洁、干燥； 2）工器具应按定置管理要求分类摆放； 3）绝缘工器具不能与金属根据、材料混放
√	6	检查绝缘工器具	班组成员逐件对绝缘工器具进行外观检查： 1）检查人员应戴清洁、干燥的手套； 2）绝缘工具表面不应破损或有裂纹、变形损坏，操作应灵活； 3）个人安全防护用具和遮蔽、隔离用具应无针孔、砂眼、裂纹； 4）检查斗内专用绝缘安全带外观，并作冲击试验
			班组成员使用绝缘电阻检测仪分段检测绝缘工具（本项目的绝缘工具为绝缘拉杆、绝缘传递绳和绝缘绳套）的表面绝缘电阻值： 1）测量电极应符合规程要求（极宽2cm、极间距2cm）； 2）正确使用（自检、测量）绝缘电阻检测仪（应采用点测的方法，不应使电极在绝缘工具表面滑动，避免刮伤绝缘工具表面）； 3）绝缘电阻值不得低于700MΩ
			绝缘工器具检查完毕，向工作负责人汇报检查结果

√	序号	作业内容	步骤及要求
	7	检查绝缘斗臂车	1 号和 2 号斗内电工检查绝缘斗臂车表面状况：绝缘斗、绝缘臂应清洁、无裂纹损伤
			1 号和 2 号斗内电工试操作绝缘斗臂车： 1）试操作应空斗进行； 2）试操作应充分，有回转、升降、伸缩的过程。确认液压、机械、电气系统正常可靠、制动装置可靠
			绝缘斗臂车检查和试操作完毕，斗内电工向工作负责人汇报检查结果
	8	检查绝缘引流线	斗内电工清洁、检查绝缘引流线： 1）清洁绝缘引流线接线夹接触面的氧化物； 2）检查绝缘引流线的额定荷载电流并对照线路负荷电流（可根据现场勘查或运行资料获得），引流线的额定荷载电流应大于等于 1.2 倍的线路负荷电流； 3）绝缘引流线表面绝缘应无明显磨损或破损现象； 4）绝缘引流线接线夹应操作灵活
	9	检测（新）隔离开关	班组成员检测三只新隔离开关： 1）清洁瓷件，并作表面检查，瓷件表面应光滑，无麻点，裂痕等。用绝缘电阻检测仪检测瓷件的绝缘电阻不应低于 500MΩ； 2）操动机构动作灵活； 3）试操作隔离刀刃时，刀刃接触紧密，分闸后应有不小于 200mm 的空气间隙； 4）检测完毕，向工作负责人汇报检测结果
	10	斗内电工进入绝缘斗臂车绝缘斗	1 号和 2 号斗内电工穿戴好个人安全防护用具： 1）个人安全防护用具包括绝缘帽、绝缘衣（披肩）、绝缘手套（戴防穿刺手套）、护目镜等； 2）工作负责人应检查斗内电工个人防护用具的穿戴是否正确
			1 号和 2 号斗内电工携带工器具进入绝缘斗，工器具应分类放置，工具和人员重量不得超过绝缘斗额定载荷
			1 号和 2 号斗内电工将斗内专用绝缘安全带系挂在斗内专用挂钩上

5.2 作业过程

√	序号	作业内容	步骤及要求
	1	进入带电作业区域	斗内电工经工作负责人许可后，操作绝缘斗臂车，进入带电作业区域，绝缘斗移动应平稳匀速，在进入带电作业区域时： 1）绝缘臂在仰起回转过程中应无大幅晃动现象； 2）绝缘斗下降、上升的速度不应超过 0.4m/s； 3）绝缘斗边沿的最大线速度不应超过 0.5m/s； 4）转移绝缘斗时应注意绝缘斗臂车周围杆塔、线路等情况，绝缘臂的金属部位与带电体和地电位物体的距离大于 1.1m； 5）进入带电作业区域作业后，绝缘斗臂车绝缘臂的有效绝缘长度不应小于 1.2m

续表

√	序号	作业内容	步骤及要求
	2	验电	在工作负责人的监护下，使用验电器确认作业现场无漏电现象。应注意： 1）验电时，必须戴绝缘手套，验电顺序应为由近及远； 2）验电前，应验电器进行自检，确认是否合格（在保证安全距离的情况下也可在带电体上进行）； 3）验电时，电工应与邻近的构件、导体保持足够的距离； 4）如横担等接地构件有电，不应继续进行
	3	测量架空线路负荷电流	1 号斗内电工用钳形电流表检测架空线路负荷电流，确认满足绝缘引流线的负载能力。如不满足要求，怎应终止本项作业。应注意： 1）使用钳形电流表时，应先选择最大量程，按照实际符合电流情况逐级向下一级量程切换并读取数据； 2）检测电流时，应选择近边相架空线路，并与相邻的异电位导体或构件保持足够的安全距离。 记录线路负荷电流数值：_____ A
	4	设置近边相绝缘遮蔽隔离措施	获得工作负责人的许可后，1 号和 2 号斗内电工转移绝缘斗分别到达隔离开关两侧的近边相合适工作位置，按照"由近及远""从下到上"的顺序对作业中可能触及的部位进行绝缘遮蔽隔离： 1）遮蔽的部位和顺序依次为主导线、柱上隔离开关引线、耐张线夹、隔离开关、耐张绝缘子串以及作业点临近的接地体； 2）斗内电工在对带电体设置绝缘遮蔽隔离措施时，动作应轻缓，与横担等地电位构件间应有足够的安全距离，与邻相导线之间应有足够的安全距离； 3）1 号和 2 号斗内电工不应发生身体接触； 4）绝缘遮蔽隔离措施应严密、牢固，绝缘遮蔽组合的重叠距离不得小于 0.2m； 5）工作负责人、专责监护人应对 1 号和 2 号斗内电工加强监护
	5	设置远边相绝缘遮蔽隔离措施	获得工作负责人的许可后，1 号和 2 号斗内电工转移绝缘斗分别到达隔离开关两侧的远边相合适工作位置，按照与近边相相同的方法对作业中可能触及的部位进行绝缘遮蔽隔离
	6	设置中间相绝缘遮蔽隔离措施	获得工作负责人的许可后，1 号和 2 号斗内电工转移绝缘斗分别到达隔离开关两侧的中间相合适工作位置，按照与近边相相同的方法对作业中可能触及的部位进行绝缘遮蔽隔离
	7	安装中间相绝缘引流线	获得工作负责人的许可后，1 号和 2 号斗内电工调整绝缘斗至中间相合适工作位置，检查确认隔离开关应处于合闸位置 地面电工将绝缘引流线传递给斗内电工。传递时应注意： 1）绝缘引流线应妥善圈好； 2）上下传递时，不应与电杆、绝缘斗发生碰撞 获得工作负责人的许可后，1 号和 2 号斗内电工配合安装中间相绝缘引流线。安装绝缘引流线的流程如下： 1）将绝缘引流线的两端线夹用防坠绳扣卡在导线上； 2）解开导线上搭接绝缘引流线部位的绝缘遮蔽隔离措施，清除导线氧化层； 3）安装绝缘引流线； 4）补充绝缘引流线线夹处的绝缘遮蔽隔离措施。

续表

√	序号	作业内容	步骤及要求
	7	安装中间相绝缘引流线	组装绝缘引流线应注意： 1）斗内电工应戴防护目镜； 2）绝缘引流线安装应牢固，防止松脱； 3）绝缘引流线应妥善固定，与地电位构件接触部位应有绝缘遮蔽隔离措施，与邻相绝缘引流线或导体之间保持足够的安全距离； 4）安装引流线应同相同步进行； 5）引流线接点处除自身夹紧力外，不应受其他扭力
	8	检测中间相绝缘引流线通流情况	1 号斗内电工用钳形电流表测试引流线的电流，判断通流情况。应注意：每相测试不少于 2 个点（主导线、绝缘引流线）
	9	拉开中间相隔离开关	经工作负责人同意后，1 号斗内电工用绝缘操作杆拉开中间相隔离开关。应注意： 1）斗内电工应戴防护目镜； 2）斗内电工与隔离开关应有足够的距离； 3）绝缘操作杆有效绝缘长度应不小于 0.9m
	10	拆除中间相隔离开关引线	1 号斗内电工补充并检查确认中间相柱上隔离开关的底座、横担及横担支撑件等地电位构件的绝缘遮蔽隔离措施应严密牢固 1 号和 2 号斗内电工在获得工作负责人的许可后，相互配合拆除中间相隔离开关两侧引线，并将引线作妥善固定。 1）拆引线时，应逐相依次进行； 2）拆引线时，1 号和 2 号斗内电工不应发生接触； 3）应控制动作幅度，不得发生手工工具与其他部件发生撞击现象； 4）应及时补充引线的绝缘遮蔽隔离措施
	11	更换中间相隔离开关	1 号和 2 号斗内电工相互配合拆除中间相旧隔离开关，安装新隔离开关。应注意： 1）隔离开关不得直接放在绝缘斗内，用绝缘传递绳上下传递工具材料不得与电杆、绝缘斗碰撞； 2）隔离开关的安装工艺应符合要求：安装牢固；瓷件无破损；隔离开关位置正确，与邻相隔离开关之间的距离应符合要求；隔离开关的静触头应在电源侧； 3）斗内电工补充中间相柱上隔离开关底座、横担等地电位构件上的绝缘遮蔽隔离措施。遮蔽隔离措施应严密、牢固，组合遮蔽应有 0.2m 的重叠长度
	12	安装中间相隔离开关引线	在获得工作负责人的许可后，1 号和 2 号斗内电工相互配合安装中间相隔离开关两侧引线。 1）应确认隔离开关处于断开位置； 2）安装引线时，应逐相依次进行； 3）安装引线时，1 号和 2 号斗内电工不应发生接触； 4）应控制动作幅度，不得发生手工工具与其他部件发生撞击现象
	13	合上中间相隔离开关	在获得工作负责人的许可后，斗内电工用绝缘操作杆合上中间相隔离开关。应注意： 1）斗内电工应戴防护目镜； 2）斗内电工与隔离开关应有足够的距离； 3）绝缘操作杆有效绝缘长度应不小于 0.9m

续表

√	序号	作业内容	步骤及要求
	14	恢复中间相补充绝缘遮蔽隔离措施	在获得工作负责人的许可后，斗内电工补充中间相隔离开关引线、触头座和刀刃的绝缘遮蔽隔离措施。遮蔽隔离措施应严密、牢固，组合遮蔽应有 0.2m 的重叠长度
	15	检测中间相隔离开关通流情况	斗内电工用钳形电流表测试中间相隔离开关引线上的电流，确定隔离开关通流良好。应注意每相测试不少于 2 个点（主导线、柱上隔离开关引线）
	16	拆除中间相绝缘引流线	获得工作负责人许可后，1 号和 2 号电工相互配合拆除中间相绝缘引流线。 1）拆引流线时，作业人员应戴护目镜； 2）拆除时两人应同相同步进行； 3）应及时恢复主导线上的绝缘遮蔽隔离措施
	17	更换远边相隔离开关	获得工作负责人的许可后，1 号和 2 号斗内电工转移绝缘斗至远边相合适工作位置，工作负责人和专责监护人的监护下，按照与中间相相同的方法更换远边相隔离开关
	18	更换近边相隔离开关	获得工作负责人的许可后，1 号和 2 号斗内电工转移绝缘斗至近边相合适工作位置，工作负责人和专责监护人的监护下，按照与中间相相同的方法更换近边相隔离开关
	19	拆除中间相绝缘遮蔽隔离措施	获得工作负责人的许可后，1 号和 2 号斗内电工转移绝缘斗分别到达隔离开关两侧的中间相合适工作位置，按照与设置绝缘遮蔽隔离措施相反的顺序拆除绝缘遮蔽隔离措施： 1）拆除的顺序依次为作业点临近的接地体、耐张绝缘子串、耐张线夹、隔离开关、隔离开关引线、导线； 2）斗内电工在拆除带电体上的绝缘遮蔽隔离措施时，动作应轻缓，与横担等地电位构件间应有足够的安全距离（不小于 0.6m），与邻相导线之间应有足够的安全距离（不小于 0.8m）
	20	拆除远边相绝缘遮蔽隔离措施	获得工作负责人的许可后，1 号和 2 号斗内电工转移绝缘斗分别到达隔离开关两侧的远边相合适工作位置，按照与中间相相同的方法拆除绝缘遮蔽隔离
	21	拆除近边相绝缘遮蔽隔离措施	获得工作负责人的许可后，1 号和 2 号斗内电工转移绝缘斗分别到达隔离开关两侧的近边相合适工作位置，按照与中间相相同的方法拆除绝缘遮蔽隔离
	22	工程验收	斗内电工撤出带电作业区域。撤出带电作业区域时： 1）应无大幅晃动现象； 2）绝缘斗下降、上升的速度不应超过 0.4m/s； 3）绝缘斗边沿的最大线速度不应超过 0.5m/s
			斗内电工检查施工质量： 1）杆上无遗漏物； 2）装置无缺陷符合运行条件； 3）向工作负责人汇报施工质量
	23	撤离杆塔	斗内电工下降绝缘斗返回地面、收回绝缘臂时应注意绝缘斗臂车周围杆塔、线路等情况

6. 工作结束

√	序号	作业内容	步骤及要求
	1	清理现场	绝缘斗臂车各部件复位，收回绝缘斗臂车支腿
			工作负责人组织班组成员整理工具、材料。将工器具清洁后放入专用的箱（袋）中。清理现场，做到"工完、料尽、场地清"
	2	召开收工会	工作负责人组织召开现场收工会，做工作总结和点评工作： 1）正确点评本项工作的施工质量； 2）点评班组成员在作业中的安全措施的落实情况； 3）点评班组成员对规程的执行情况
	3	办理工作终结手续	工作负责人向调度汇报工作结束，并终结工作票

7. 验收记录

记录检修中发现的问题	
存在问题及处理意见	

8. 现场标准化作业指导书执行情况评估

评估内容	符合性	优		可操作项	
		良		不可操作项	
	可操作性	优		修改项	
		良		遗漏项	
存在问题					
改进意见					

第九节 带负荷直线杆改耐张杆

029 绝缘手套作业法直线杆改耐张杆

1. 范围

本现场标准化作业指导书规定了在"10kV××线××号杆"采用绝缘斗臂车绝缘手套作业法"直线杆改耐张杆"的工作步骤和技术要求。

本现场标准化作业指导书适用于绝缘斗臂车绝缘手套作业法"10kV××线××号杆直线杆改耐张杆"。

2. 人员组合

本项目需要 5 人。

2.1 作业人员要求

√	序号	责任人	资质	人数
	1	工作负责人	应具有 3 年以上的配电带电作业实际工作经验，熟悉设备状况，具有一定组织能力和事故处理能力，并经工作负责人的专门培训，考试合格。经本单位总工程师批准、书面公布	1
	2	1 号绝缘斗臂车斗内电工	应通过配网不停电作业专项培训，考试合格并持有上岗证	1
	3	2 号绝缘斗臂车斗内电工	应通过配网不停电作业专项培训，考试合格并持有上岗证	1
	4	杆上电工	应通过配网不停电作业专项培训，考试合格并持有上岗证	1
	5	地面电工	应通过配网不停电作业专项培训，考试合格并持有上岗证	1

2.2 作业人员分工

√	序号	责任人	分工	责任人签名
	1		工作负责人	
	2		1 号绝缘斗臂车斗内电工	
	3		2 号绝缘斗臂车斗内电工	
	4		杆上电工	
	5		地面电工	

3. 工器具

领用绝缘工器具应核对工器具的使用电压等级和试验周期，并应检查外观完好无损。

工器具运输，应存放在专用的工具袋、工具箱或工具车内；金属工具和绝缘工器具应分开装运。

3.1 装备

√	序号	名称	规格/编号	单位	数量	备注
	1	绝缘斗臂车（1 号车）		辆	1	
	2	绝缘斗臂车（2 号车）		辆	1	可安装"T"型绝缘横担
	3	绝缘引流线	10kV	根	3	

3.2　个人安全防护用具

√	序号	名称	规格/编号	单位	数量	备注
	1	绝缘安全帽	10kV	顶	2	
	2	绝缘衣（披肩）	10kV	件	2	
	3	绝缘手套	10kV	副	2	
	4	防护手套		副	2	
	5	斗内绝缘安全带		副	2	
	6	护目镜		副	2	
	7	普通安全帽		顶	5	
	8	安全带		副	2	
	9	后备保护绳		副	2	

3.3　绝缘遮蔽用具

√	序号	名称	规格/编号	单位	数量	备注
	1	绝缘毯	10kV	块	若干	根据实际情况配置
	2	绝缘毯夹		只	若干	根据实际情况配置
	3	导线遮蔽罩	10kV	根	若干	根据实际情况配置

3.4　绝缘工具

√	序号	名称	规格/编号	单位	数量	备注
	1	"T"型绝缘横担		副	1	
	2	绝缘紧线器	10kV	把	2	
	3	绝缘绳扣		根	6	
	4	绝缘保险绳		根	6	紧线时后备保护用
	5	绝缘断线剪	10kV	把	1	
	6	绝缘传递绳		套	2	
	7	绝缘引流线防坠绳		根	6	

3.5　金属工具

√	序号	名称	规格/编号	单位	数量	备注
	1	棘轮断线钳		把	1	
	2	绝缘导线剥皮器		把	2	
	3	卡线器		副	4	

3.6 仪器仪表

√	序号	名称	规格/编号	单位	数量	备注
	1	绝缘电阻检测仪	2500V 及以上	套	1	最大输出电压应为5000V，检测悬式绝缘子用
	2	钳形电流表		台（只）	1	最大量程应大于线路最大负荷电流
	3	验电器	10kV	支	1	
	4	高压发生器	10kV	只	1	
	5	风速仪		只	1	
	6	温、湿度计		只	1	
	7	对讲机		套	若干	根据情况决定是否使用

3.7 其他工具

√	序号	名称	规格/编号	单位	数量	备注
	1	防潮苫布		块	1	
	2	个人工具		套	1	
	3	钢丝刷		把	2	
	4	安全遮栏、安全围绳		副	若干	
	5	标示牌	"从此进出！"	块	1	根据实际情况使用对应标示牌
	6	标示牌	"在此工作！"	块	2	
	7	路障	"前方施工，车辆慢行"	块	2	

3.8 材料
包括装置性材料和消耗性材料。

√	序号	名称	规格/编号	单位	数量	备注
	1	悬式绝缘子		片	12	
	2	耐张线夹		只	6	
	3	高压双横担		副	1	
	4	瓷横担绝缘子		只	3	
	5	架空绝缘导线		m	20	
	6	并沟线夹		只	12	
	7	塑铝线		m	6	
	8	清洁干燥布		条	若干	

4. 危险点分析及安全控制措施

√	序号	危险点	安全控制措施	备注
	1	人身触电	1) 作业人员必须穿戴齐全合格的个人绝缘防护用具（绝缘手套、绝缘安全帽、防护手套等），使用合格适当的绝缘工器具； 2) 严格按照不停电作业操作规程中的遮蔽顺序（由近至远、由低到高、先带电体后接地体）进行遮蔽，绝缘遮蔽组合应保持不少于 0.2m 的重叠； 3) 人体对带电体应有足够安全距离，斗臂车金属臂回转升降过程中与带电体间的安全距离不应小于 1.1m，安全距离不足应有绝缘隔离措施，斗臂车的伸缩式绝缘臂有效长度不小于 1.2m； 4) 斗臂车需可靠接地； 5) 斗内作业人员严禁同时接触不同电位物体	
	2	高空坠落、物体打击	1) 斗内作业人员必须系好绝缘安全带，戴好绝缘安全帽； 2) 使用的工具、材料等应用绝缘绳索传递或装在工具袋内，禁止乱扔、乱放； 3) 现场除指定人员外，禁止其他人员进入工作区域，地面电工在传递工具、材料不要在作业点正下方，防止掉物伤人； 4) 执行《带电作业绝缘斗臂车使用管理办法》； 5) 作业现场按标准设置防护围栏，加强监护，禁止行人入内； 6) 斗臂车绝缘斗升降过程中注意避开带电体、接地体及障碍物。绝缘斗升降、移动时应防止绝缘臂被过往车辆刮碰，绝缘斗位置固定后绝缘臂应在围栏保护范围内	
	3	二次电击伤害	本项作业需要停用重合闸，防止因相间或相地之间短路线路重合闸造成二次电击伤害	

5. 作业程序

5.1 开工准备

√	序号	作业内容	步骤及要求
	1	现场复勘	工作负责人核对工作线路双重命名、杆号
			工作负责人检查地形环境是否符合作业要求： 1) 平整坚实； 2) 地面倾斜度不大于 7° 或斗臂车说明书规定的角度
			工作负责人检查线路装置是否具备不停电作业条件。本项作业应检查确认的内容有： 1) 作业点及两侧电杆基础、埋深、杆身质量； 2) 检查作业点两侧导线应无损伤、绑扎固定应牢固可靠，弧垂适度
			工作负责人检查气象条件（不需现场检查，但需在工作许可时汇报）： 1) 天气应良好，无雷、雨、雪、雾； 2) 风力：不大于 5 级； 3) 气相对湿度不大于 80%
			工作负责人检查工作票所列安全措施是否完备，必要时在工作票上补充安全措施

续表

√	序号	作业内容	步骤及要求
	2	执行工作许可制度	工作负责人与调度联系,确认许可工作
			工作负责人在工作票上签字
	3	召开现场站班会	工作负责人宣读工作票
			工作负责人检查工作班组成员精神状态、交代工作任务进行分工、交代工作中的安全措施和技术措施
			工作负责人检查班组各成员对工作任务分工、安全措施和技术措施是否明确
			班组各成员在工作票和作业指导书上签名确认
	4	停放绝缘斗臂车	斗臂车驾驶员将 2 辆绝缘斗臂车位置分别停放到最佳位置,1 号车在电杆小号侧(即电源侧),2 号车在电杆的大号侧(即负荷侧): 1)停放的位置应便于绝缘斗臂车绝缘斗到达作业位置,避开附近电力线和障碍物,并能保证作业时绝缘斗臂车的绝缘臂有效绝缘长度; 2)应做到尽可能小的影响道路交通
			斗臂车操作人员支放绝缘斗臂车支腿: 1)不应支放在沟道盖板上; 2)软土地面应使用垫块或枕木; 3)支腿顺序应正确("H"型支腿的车型,应先伸出水平支腿,再伸出垂直支腿;在坡地停放,应先支"前支腿",后支"后支腿"); 4)支撑应到位。车辆前后、左右呈水平
			斗臂车操作人员将绝缘斗臂车可靠接地: 1)接地线应采用有透明护套的不小于 16mm² 的多股软铜线; 2)临时接地体埋深应不少于 0.6m
	5	布置工作现场	工作负责人组织班组成员设置工作现场的安全围栏、安全警示标志: 1)安全围栏的范围应考虑作业中高空坠落和高空落物的影响以及道路交通,必要时联系交通部门; 2)围栏的出入口应设置合理; 3)警示标示应包括"从此进出""在此工作"等,道路两侧应有"前方施工,车辆慢行"标示或路障
			班组成员按要求将绝缘工器具放在防潮苫布上: 1)防潮苫布应清洁、干燥; 2)工器具应按定置管理要求分类摆放; 3)绝缘工器具不能与金属根据、材料混放
	6	检查绝缘工器具	班组成员逐件对绝缘工器具进行外观检查: 1)检查人员应戴清洁、干燥的手套; 2)绝缘工具表面不应破损或有裂纹、变形损坏,操作应灵活; 3)个人安全防护用具和遮蔽、隔离用具应无针孔、砂眼、裂纹; 4)检查斗内专用绝缘安全带外观,并作冲击试验
			班组成员使用绝缘电阻检测仪分段检测绝缘工具(本项目的绝缘工具为绝缘传递绳和、绝缘绳扣、绝缘后备保护绳、绝缘引流线防坠绳、"T"型绝缘横担)的表面绝缘电阻值: 1)测量电极应符合规程要求(极宽 2cm、极间距 2cm); 2)正确使用(自检、测量)绝缘电阻检测仪(应采用点测的方法,不应使电极在绝缘工具表面滑动,避免刮伤绝缘工具表面); 3)绝缘电阻值不得低于 700MΩ
			绝缘工器具检查完毕,向工作负责人汇报检查结果

续表

√	序号	作业内容	步骤及要求
	7	检查绝缘斗臂车	斗内电工检查绝缘斗臂车表面状况：绝缘斗、绝缘臂应清洁、无裂纹损伤
			斗内电工试操作绝缘斗臂车： 1）试操作应空斗进行； 2）试操作应充分，有回转、升降、伸缩的过程。确认液压、机械、电气系统正常可靠、制动装置可靠
			绝缘斗臂车检查和试操作完毕，斗内电工向工作负责人汇报检查结果
	8	检查绝缘引流线	斗内电工清洁、检查绝缘引流线： 1）清洁绝缘引流线接线夹接触面的氧化物； 2）检查绝缘引流线的额定荷载电流并对照线路负荷电流（可根据现场勘查或运行资料获得），引流线的额定荷载电流应大于等于 1.2 倍的线路负荷电流； 3）绝缘引流线表面绝缘应无明显磨损或破损现象； 4）绝缘引流线接线夹应操作灵活
	9	检测悬式绝缘子	班组成员检测悬式绝缘子： 1）清洁瓷件，并作表面检查，瓷件表面应光滑，无麻点，裂痕等； 2）用绝缘电阻检测仪（5000V 电压）逐个进行绝缘电阻测定。绝缘电阻值不得小于 $500M\Omega$
	10	斗内电工进入绝缘斗臂车工作斗	绝缘斗臂车斗内电工穿戴好个人安全防护用具： 1）个人安全防护用具包括绝缘帽、绝缘衣（披肩）、绝缘手套（戴防穿刺手套）、护目镜等； 2）工作负责人应检查斗内电工个人防护用具的穿戴是否正确
			绝缘斗臂车斗内电工携带工器具进入绝缘斗，工器具应分类放置，工具和人员重量不得超过绝缘斗额定载荷
			绝缘斗臂车斗内电工将斗内专用绝缘安全带系挂在斗内专用挂钩上

5.2 作业过程

√	序号	作业内容	步骤及要求
	1	进入带电作业区域	斗内电工经工作负责人许可后，操作绝缘斗臂车，进入带电作业区域，绝缘斗移动应平稳匀速，在进入带电作业区域时： 1）绝缘臂在仰起回转过程中应无大幅晃动现象； 2）绝缘斗下降、上升的速度不应超过 0.4m/s； 3）绝缘斗边沿的最大线速度不应超过 0.5m/s； 4）转移绝缘斗时应注意绝缘斗臂车周围杆塔、线路等情况，绝缘臂的金属部位与带电体和地电位物体的距离大于 1.1m； 5）进入带电作业区域作业后，绝缘斗臂车绝缘臂的有效绝缘长度不应小于 1.2m
	2	验电	在工作负责人的监护下，使用验电器确认作业现场无漏电现象。应注意： 1）验电时，必须戴绝缘手套，验电顺序应为由近及远； 2）验电前，应验电器进行自检，确认是否合格（在保证安全距离的情况下也可在带电体上进行）； 3）验电时，电工应与邻近的构件、导体保持足够的距离； 4）如横担等接地构件有电，不应继续进行

续表

√	序号	作业内容	步骤及要求
	3	测量架空线路负荷电流	1号绝缘斗臂车斗内1号电工用钳形电流表检测架空线路负荷电流，确认满足绝缘引流线的负载能力。如不满足要求，怎应终止本项作业。应注意： 1）使用钳形电流表时，应先选择最大量程，按照实际符合电流情况逐级向下一级量程切换并读取数据； 2）检测电流时，应选择近边相架空线路，并与相邻的异电位导体或构件保持足够的安全距离（相对地不小于0.6m，相间不小于0.8m）。 记录线路负荷电流数值：＿＿＿＿A
	4	设置近边相绝缘遮蔽隔离措施	获得工作负责人的许可后，1号和2号绝缘斗臂车绝缘斗分别转移至电杆两侧的近边相合适工作位置，按照"由近及远""从下到上"的顺序对作业中可能触及的部位进行绝缘遮蔽隔离： 1）遮蔽的部位和顺序依次为主导线、支持绝缘子、横担； 2）斗内电工在对带电体设置绝缘遮蔽隔离措施时，动作应轻缓，与横担等地电位构件间应有足够的安全距离（不小于0.6m），与邻相导线之间应有足够的安全距离（不小于0.8m）； 3）1号和2号绝缘斗臂车斗内电工应同相进行，且不应发生身体接触； 4）绝缘遮蔽隔离措施应严密、牢固，绝缘遮蔽组合的重叠距离不得小于0.2m
	5	设置远边相绝缘遮蔽措施	获得工作负责人的许可后，1号和2号绝缘斗臂车绝缘斗分别转移至电杆两侧的远边相合适工作位置，按照与近边相相同的方法对作业中可能触及的部位进行绝缘遮蔽隔离
	6	设置中间相绝缘遮蔽措施	获得工作负责人的许可后，1号和2号绝缘斗臂车绝缘斗分别转移至电杆两侧的中间相合适工作位置，按照"由近及远""从下到上"的顺序对作业中可能触及的部位进行绝缘遮蔽隔离： 1）遮蔽的部位和顺序依次为主导线、支持绝缘子、电杆杆稍等部位； 2）斗内电工在对带电体设置绝缘遮蔽隔离措施时，动作应轻缓，与横担等地电位构件间应有足够的安全距离（不小于0.6m），与邻相导线之间应有足够的安全距离（不小于0.8m）； 3）1号和2号绝缘斗臂车斗内电工应同相进行，且不应发生身体接触； 4）绝缘遮蔽隔离措施应严密、牢固，绝缘遮蔽组合的重叠距离不得小于0.2m
	7	2号绝缘斗臂车安装"T"型绝缘横担	2号绝缘斗臂车下至地面，在绝缘斗臂车小吊支架上安装"T"型绝缘横担，按照架空线路的三相导线之间的间距安装好线槽架，然后试操作进行调试，最后将"T"型绝缘横担放至最低位置
	8	提升三相导线	2号绝缘斗臂车斗内电工转移绝缘斗至合适工作位置，在工作负责人的监护下将三相导线放进"T"型绝缘横担的线槽。应注意： 1）"T"型绝缘横担应与架空导线垂直，防止绝缘斗臂车受导线侧向拉力； 2）导线放入"T"型绝缘横担的线槽后应扣好扣坏，防止松脱； 3）放入后，应稍微提升"T"型绝缘横担，使导线轻微受力
			1号绝缘斗臂车斗内电工在工作负责人的监护下，依次拆除三相支持绝缘子扎线。拆扎线时应注意： 1）绝缘子底脚和横担的绝缘遮蔽措施应严密牢固； 2）应注意控制扎线的展放长度，一般不宜超过10cm； 3）应及时恢复导线上的绝缘遮蔽措施

√	序号	作业内容	步骤及要求
	8	提升三相导线	2 号绝缘斗臂车斗内电工在工作负责人的监护下，控制"T"型绝缘横担提升导线。应注意： 1）导线提升的高度应≥1.1m，并为更换横担留出足够空间； 2）提升导线时，工作负责人应严密注意绝缘斗臂车、作业点两侧电杆及导线的受力情况
	9	更换横担、杆头抱箍、安装耐张绝缘子串、跨接线瓷横担绝缘子	1 号绝缘斗臂车斗内电工与杆上电工、地面电工配合拆除（中间相）杆顶支架和直线横担，安装耐张横担和杆头抱箍、跨接线瓷横担绝缘子，并安装好三相悬式绝缘子串。应注意： 1）上下传递横担等物件应避免与电杆、绝缘斗发生碰撞； 2）横担、绝缘子等不应搁置在绝缘斗上（内）； 3）应防止高空落物。 耐张横担、杆头抱箍的安装工艺应满足施工和验收规范的要求： 1）安装牢固可靠，螺杆应与构件面垂直，螺头平面与构件间不应有间隙； 2）螺栓紧好后，螺杆丝扣露出的长度不应少于两个螺距。每端垫圈不应超过 2 个； 3）横担组装时，螺栓的穿入方向应符合规定：水平方向由内向外，垂直方向由下向上，杆头抱箍螺栓的穿入由左向右（面向受电侧）或按统一方向； 4）横担安装应平正，安装偏差应符合规定：横担端部上下歪斜不应大于 20mm；横担端部左右扭斜不应大于 20mm。 绝缘子串的安装工艺应满足施工和验收规范的要求： 1）牢固，连接可靠，防止积水； 2）应清除表面灰垢、附着物及不应有的涂料； 3）与电杆、导线金具连接处，无卡压现象； 4）耐张串上的弹簧销子、螺栓及穿钉应由上向下穿； 5）采用的闭口销或开口销不应有折断、裂纹等现象。当采用开口销时应对称开口，开口角度应为 30°～60°。严禁用线材或其他材料代替闭口销、开口销； 跨接线瓷横担绝缘子的安装应满足施工和验收规范的要求： 1）顶端顺线路歪斜不应大于 10mm； 2）全瓷式瓷横担绝缘子的固定处应加软垫
	10	安装紧线用绝缘绳扣、后备保护绳	在耐张横担和杆头安装绝缘绳扣、后备保护绳。应注意：绝缘绳扣、后备保护绳内侧应做好防磨损的措施
	11	补充绝缘遮蔽措施	1 号和 2 号绝缘斗臂车斗内电工分别对耐张横担、杆头抱箍、绝缘子串、电杆顶部（包括跨接线瓷横担绝缘子底脚）等进行绝缘遮蔽。应注意：遮蔽措施应严密牢固，绝缘遮蔽组合的重叠距离不得小于 0.2m
	12	释放导线	2 号绝缘斗臂车斗内电工控制"T"型绝缘横担将三相导线暂时搁置在耐张横担上。应注意： 1）导线、杆头抱箍、耐张横担、耐张绝缘子串以及电杆顶部的绝缘遮蔽措施应严密牢固。导线与横担等物件之间的绝缘遮蔽措施应不少于 3 层； 2）"T"型绝缘横担下降应缓慢平稳； 3）导线应用绝缘短绳进行固定 2 号绝缘斗臂车斗内电工控制绝缘斗下至地面，拆卸"T"型绝缘横担

√	序号	作业内容	步骤及要求
	13	挂接中间相导线的绝缘引流线	1 号和 2 号绝缘斗臂车斗内电工在工作负责人的监护下，在中间相架空导线分断点两侧挂接绝缘引流线。应注意： 1）挂接点应选取在紧线用卡线器的外侧，并留出一定的空间； 2）挂接绝缘引流线前，应先清除架空导线挂接绝缘引流线部位的金属氧化物或脏污； 3）绝缘引流线应先用绝缘防坠绳悬挂在架空导线上； 4）挂接绝缘引流线的两个线夹时，1 号和 2 号绝缘斗臂车斗内电工应同相同步进行； 5）绝缘引流线线夹应安装牢固，线夹应尽量垂直向下，避免因扭力使线夹回松； 6）绝缘引流线应固定在耐张横担上
			1 号绝缘斗臂车斗内电工用钳形电流表确认绝缘引流线分流电流
	14	收紧中间相导线	1 号和 2 号绝缘斗臂车斗内电工在工作负责人的监护下，收紧导线。应注意： 1）紧线时，应保证绝缘绳扣有 0.6m 及以上的绝缘有效长度； 2）紧线时，1 号和 2 号绝缘斗臂车斗内电工应同时操作，使横担受力均衡； 3）工作负责人应紧密监视电杆、横担的受力情况，同时监视作业点两侧电杆受力情况
			好安装绝缘后备保护绳，并收紧。应注意：后备保护的卡线器应装在与绝缘紧线器连接的卡线器的外侧
	15	中间相导线开分断	1 号和 2 号绝缘斗臂车斗内电工在工作负责人的监护下，用绝缘断线剪开断导线。应注意：1 号和 2 号绝缘斗臂车斗内电工分别控制中间相导线开断点两侧的导线，防止开断后，断头晃动
			1 号和 2 号绝缘斗臂车斗内电工在工作负责人的监护下，分别将断开的导线固定在中间相对应的耐张线夹内。应注意：耐张线夹应有足够的紧固力，其握着力与导线的保证计算拉断比不小于 90%
			补充绝缘子串和耐张线夹的绝缘遮蔽措施。应注意：绝缘遮蔽措施应严密牢固，绝缘遮蔽组合的重叠距离不得小于 0.2m
	16	撤除中间相绝缘后备保护绳和绝缘紧线器	1 号和 2 号绝缘斗臂车斗内电工撤除中间相绝缘后备保护绳和绝缘紧线器。应注意：松开紧线器时，1 号和 2 号绝缘斗臂车斗内电工应同时操作，以保证横担受力均衡
			恢复导线上的绝缘遮蔽隔离措施。应注意：绝缘遮蔽措施应严密牢固，绝缘遮蔽组合的重叠距离不得小于 0.2m
	17	安装中间相跨接线	1 号和 2 号绝缘斗臂车斗内电工安装好跨接线。应注意： 1）防止人体串入电路； 2）注意动作幅度。 跨接线的安装工艺和质量应满足施工和验收规范的要求： 1）跨接线宜采用绝缘导线，载流能力与主导线相同； 2）主导线搭接处应清除金属氧化物或脏污； 3）跨接线与主导线接续时并沟线夹个数不应少于 2 个，连接紧密牢固； 4）跨接线长度适宜，应呈均匀弧度； 5）耐张绝缘子裙边与跨接线的间隙不应小于 50mm； 6）跨接线在瓷横担绝缘子上固定牢固，绑扎工艺符合要求
			补充跨接线和主导线的绝缘遮蔽隔离措施。应注意：绝缘遮蔽措施应严密牢固，绝缘遮蔽组合的重叠距离不得小于 0.2m

续表

√	序号	作业内容	步骤及要求
	18	撤除中间相绝缘引流线	1 号和 2 号绝缘斗臂车斗内电工在工作负责人的监护下，依次拆除三相绝缘引流线。应注意： 1）可按"先两边相，后中间相"的顺序进行； 2）1 号和 2 号绝缘斗臂车斗内电工应按"同相同步"的要求拆除绝缘引流线； 3）拆除引流线后，应及时补充主导线上的绝缘遮蔽措施
	19	远边相导线开分断改耐张，并安装跨接线	在工作负责人的监护下，1 号和 2 号绝缘斗臂车斗内电工转移绝缘斗至远边相合适工作位置，按照相同的步骤和方法将远边相导线开分断改耐张，并安装跨接线和补充绝缘遮蔽隔离措施
	20	近边相导线开分断改耐张，并安装跨接线	在工作负责人的监护下，1 号和 2 号绝缘斗臂车斗内电工转移绝缘斗至近边相合适工作位置，按照相同的步骤和方法将近边相导线开分断改耐张，并安装跨接线和补充绝缘遮蔽隔离措施
	21	拆除中间相绝缘遮蔽	获得工作负责人的许可后，1 号和 2 号绝缘斗臂车斗内电工分别转移至电杆两侧的中间相合适工作位置，按照"从远到近、从上到下、先接地体后带电体""从上到下""由远及近"的顺序拆除绝缘遮蔽措施。应注意： 1）动作应轻缓，与已撤除绝缘遮蔽措施的异电位物体之间保持足够的距离； 2）1 号和 2 号绝缘斗臂车斗内电工应同相进行，且不应发生身体接触
	22	拆除远边相绝缘遮蔽	获得工作负责人的许可后，1 号和 2 号绝缘斗臂车斗内电工分别转移至电杆两侧的远边相合适工作位置，按照相同的方法和要求拆除远边相绝缘遮蔽隔离措施
	23	拆除近边相绝缘遮蔽	获得工作负责人的许可后，1 号和 2 号绝缘斗臂车斗内电工分别转移至电杆两侧的近边相合适工作位置，按照相同的方法和要求拆除近边相绝缘遮蔽隔离措施
	24	工作验收	斗内电工撤出带电作业区域。撤出带电作业区域时： 1）应无大幅晃动现象； 2）绝缘斗下降、上升的速度不应超过 0.4m/s； 3）绝缘斗边沿的最大线速度不应超过 0.5m/s
			斗内电工检查施工质量： 1）杆上无遗漏物； 2）装置无缺陷符合运行条件； 3）向工作负责人汇报施工质量
	25	撤离杆塔	下降绝缘斗返回地面、收回绝缘臂时应注意绝缘斗臂车周围杆塔、线路等情况

6. 工作结束

√	序号	作业内容	步骤及要求
	1	工作负责人组织班组成员清理工具和现场	绝缘斗臂车各部件复位，收回绝缘斗臂车支腿
			工作负责人组织班组成员整理工具、材料。将工器具清洁后放入专用的箱（袋）中。清理现场，做到"工完、料尽、场地清"
	2	工作负责人召开收工会	工作负责人组织召开现场收工会，做工作总结和点评工作： 1）正确点评本项工作的施工质量； 2）点评班组成员在作业中的安全措施的落实情况； 3）点评班组成员对规程的执行情况
	3	办理工作终结手续	工作负责人向调度汇报工作结束，并终结工作票

7. 验收记录

记录检修中发现的问题	
存在问题及处理意见	

8. 现场标准化作业指导书执行情况评估

评估内容	符合性	优		可操作项	
		良		不可操作项	
	可操作性	优		修改项	
		良		遗漏项	
存在问题					
改进意见					

第十节　带电断空载电缆线路与架空线路连接引线

030　带电断空载电缆线路与架空线路连接引线

1. 范围

本指导书规定了利用绝缘斗臂车、采用绝缘手套作业法带电断 10kV××线××号杆空载电缆线路与架空线路连接引线的工作步骤和技术要求。

本现场标准化作业指导书适用于利用绝缘斗臂车、采用绝缘手套作业法带电断 10kV××线××号杆空载电缆线路与架空线路连接引线。各单位在使用本指导书的过程中可根据实际情况加以修改和补充，制订出适合本单位的标准化作业指导书。

2. 人员组合

本项目需要 4 人。

2.1　作业人员要求

√	序号	责任人	资质	人数
	1	工作负责人（监护人）	应具有配电网不停电作业实际工作经验，熟悉设备状况，具有一定组织能力和事故处理能力，并具有有效资质证书按《电力安全工作规程》（配电部分）要求取得工作负责人资格	1
	2	斗内电工（1 号和 2 号）	应通过配网不停电作业专项培训，考试合格并持配网不停电作业资质证书（复杂项目）上岗	2
	3	地面电工	应通过配网不停电作业专项培训，考试合格并持配网不停电作业资质证书（简单项目或复杂项目）上岗	1

2.2 作业人员分工

√	序号	姓名	分工	签名
	1		工作负责人	
	2		1 号斗内电工	
	3		2 号斗内电工	
	4		地面电工	

3. 工器具

领用绝缘工器具应核对工器具的使用电压等级和试验周期，并应检查外观完好无损。

工器具运输，应存放在专用的工具袋、工具箱或工具车内；金属工具和绝缘工器具应分开装运。

3.1 装备

√	序号	名称	规格/编号	单位	数量	备注
	1	绝缘斗臂车		辆	1	

3.2 个人防护用具

√	序号	名称	规格/编号	单位	数量	备注
	1	绝缘衣（披肩）	10kV	套	2	
	2	绝缘手套	10kV	双	2	
	3	绝缘安全帽	10kV	顶	2	
	4	安全帽		顶	4	
	5	斗内绝缘安全带		副	2	
	6	防护手套	10kV	双	2	
	7	护目镜		副	2	

3.3 绝缘遮蔽用具

√	序号	名称	规格/编号	单位	数量	备注
	1	导线遮蔽罩	10kV	根	若干	根据实际情况配置
	2	绝缘毯	10kV	块	若干	根据实际情况配置
	3	引线遮蔽罩	10kV	根	若干	根据实际情况配置
	4	绝缘毯夹	10kV	个	若干	根据实际情况配置
	5	横担遮蔽罩	10kV	个	若干	根据实际情况配置

3.4　绝缘工具

√	序号	名称	规格/编号	单位	数量	备注
	1	绝缘传递绳	10kV	根	1	
	2	消弧开关	10kV	套	1	
	3	绝缘断线剪	10kV	把	1	
	4	绝缘滑轮	10kV	个	1	
	5	绝缘操作杆	10kV	根	1	
	6	绝缘引流线	10kV	根	1	

3.5　仪器仪表

√	序号	名称	规格/编号	单位	数量	备注
	1	验电器	10kV	套	1	
	2	高压发生器	10kV	只	1	
	3	绝缘电阻检测仪	2500V 及以上	套	1	
	4	风速仪		只	1	
	5	温、湿度计		只	1	
	6	对讲机		套	若干	根据情况决定是否使用

3.6　其他工具

√	序号	名称	型号/规格	单位	数量	备注
	1	绝缘导线剥皮器		套	1	
	2	绝缘手套充气装置		个	1	
	3	绝缘手工工具		套	1	
	4	放电棒		套	1	
	5	清洁布		块	2	
	6	防潮苫布		块	1	
	7	安全遮栏、安全围绳		副	若干	
	8	标示牌	"从此进出！"	块	1	根据实际情况使用对应标示牌
	9	标示牌	"在此工作！"	块	2	
	10	路障	"前方施工，车辆慢行"	块	2	

3.7 材料

√	序号	名称	规格/编号	单位	数量	备注
	1	线夹		个	3	

4. 危险点分析及安全控制措施

√	序号	危险点	安全控制措施	备注
	1	人身触电	1）作业人员必须穿戴齐全合格的个人绝缘防护用具（绝缘手套、绝缘安全帽、防护手套等），使用合格适当的绝缘工器具； 2）严格按照不停电作业操作规程中的遮蔽顺序（由近至远、由低到高、先带电体后接地体）进行遮蔽，绝缘遮蔽组合应保持不少于 0.2m 的重叠； 3）人体对带电体应有足够安全距离，斗臂车金属臂回转升降过程中与带电体间的安全距离不应小于 1.1m，安全距离不足应有绝缘隔离措施，斗臂车的伸缩式绝缘臂有效长度不小于 1.2m； 4）斗臂车需可靠接地； 5）斗内作业人员严禁同时接触不同电位物体	
	2	高空坠落、物体打击	1）斗内作业人员必须系好绝缘安全带，戴好绝缘安全帽； 2）使用的工具、材料等应用绝缘绳索传递或装在工具袋内，禁止乱扔、乱放； 3）现场除指定人员外，禁止其他人员进入工作区域，地面电工在传递工具、材料不要在作业点正下方，防止掉物伤人； 4）执行《带电作业绝缘斗臂车使用管理办法》； 5）作业现场按标准设置防护围栏，加强监护，禁止行人入内； 6）斗臂车绝缘斗升降过程中注意避开带电体、接地体及障碍物。绝缘斗升降、移动时应防止绝缘臂被过往车辆剐碰，绝缘斗位置固定后绝缘臂应在围栏保护范围内	

5. 作业程序
5.1 开工准备

√	序号	作业内容	步骤及要求
	1	现场复勘	工作负责人核对工作线路双重名称和杆号无误，作业人员现场检查电杆埋深、杆身质量、拉线受力、交叉跨越、带电设备、作业环境等具备不停电作业条件
			1）天气应良好，无雷、雨、雪、雾； 2）风力不大于 5 级； 3）空气相对湿度不大于 80%
			工作负责人根据作业现场情况详细检查工作票所列安全措施是否完备，必要时在工作票上补充安全措施
	2	执行工作许可	工作负责人与调度联系，确认许可工作
			工作负责人在工作票上签字

续表

√	序号	作业内容	步骤及要求
	3	召开班前会	工作负责人宣读工作票。检查工作班组成员精神状态、交代工作任务进行人员分工，讲明工作中的安全措施和技术措施，并确认每一个工作班成员都已知晓
			班组成员分别在工作票与作业指导书上签名确认
	4	绝缘斗臂车停放	绝缘斗臂车驾驶员将车辆停放到适当位置，支腿到位。 1）停放位置应便于绝缘斗到达作业点，尽量避开附近电力线和障碍物，保证作业时绝缘臂伸出后的有效绝缘长度； 2）停放位置坡度不大于 7°，支腿不应支放在沟道盖板上，软土地面应使用垫块或枕木； 3）支撑受力均衡，车辆前后、左右呈水平
			班组成员将绝缘斗臂车可靠接地
	5	工作现场布置	工作负责人组织班组成员设置工作现场的安全围栏、安全警示标志： 1）安全围栏的范围应考虑作业中高空坠落和高空落物的影响以及道路交通，必要时联系交通部门； 2）围栏的出入口应设置合理； 3）警示标示应包括"从此进出""在此工作"等，道路两侧应有"前方施工，车辆慢行"标示或路障
			班组成员按要求将绝缘工器具放在防潮苫布上： 1）防潮苫布应清洁、干燥； 2）工器具应按定置管理要求分类摆放； 3）绝缘工器具不能与金属工具、材料混放
	6	绝缘工器具检测	班组成员戴清洁、干燥的手套逐件对绝缘工器具进行外观检查。 1）绝缘工具无受潮，表面不应磨损、变形损坏，操作应灵活； 2）个人安全防护用具和遮蔽、隔离用具应无针孔、砂眼、裂纹； 3）检查斗内专用绝缘安全带外观，并作冲击试验
			班组成员使用绝缘电阻检测仪检测绝缘工具的表面绝缘电阻值： 1）测量电极应符合规程要求（极宽 2cm、极间距 2cm）； 2）正确使用绝缘电阻检测仪（采用点测、分段测量，避免电极在绝缘工具表面滑动，造成绝缘工具表面划伤）； 3）绝缘电阻值不得低于 700MΩ
	7	绝缘斗臂车检查	斗内电工检查绝缘斗臂车表面状况：绝缘斗、绝缘臂应清洁、无裂纹损伤。 1）预定位置空斗操作一次，确认液压传动、回转、升降、伸缩系统工作正常，操作灵活，制动装置可靠； 2）检查绝缘斗臂车小吊绳是否有过伸长、断裂、变形、严重磨损等情况，判断是否正常起吊
	8	斗内电工进入绝缘斗	斗内电工穿戴好个人安全防护用具携带工器具进入绝缘斗。 1）个人安全防护用具包括绝缘帽、绝缘服、绝缘裤、绝缘手套（戴防穿刺手套）、绝缘鞋（套鞋）等； 2）工作负责人应检查斗内电工个人防护用具的穿戴是否正确，安全带是否系牢； 3）工器具应分类放置工具袋中，金属部分不准超出绝缘斗沿面； 4）工具和人员总重量不得超过绝缘斗额定载荷

5.2　作业过程

✓	序号	作业内容	执行标准要求
	1	进入带作业区域	经工作负责人许可后高空作业人员操作工作斗进入作业区域： 1）绝缘斗移动应平稳匀速，无大幅晃动现象； 2）转移绝缘斗时应平稳匀速，应注意绝缘斗臂车周围杆塔、线路等情况； 3）进入带电作业区域后，高空作业人员与带电体、接地体始终保持0.6m以上安全距离； 4）移动绝缘斗臂车时应注意绝缘斗臂车周围杆塔、线路无擦碰等情况，绝缘臂的金属部位与带电体间的安全距离不得小于1.1m； 5）高空作业人员操作绝缘斗臂车接近或离开带电体时，地面辅助人员应不得远离紧急制动装置附近； 6）作业过程中工作负责人或地面辅助人员不得在绝缘臂、工作斗下方逗留
	2	验电	在工作负责人的监护下，使用验电器确认作业现场无漏电现象。应注意： 1）验电时，必须戴绝缘手套，验电顺序应为由近及远； 2）验电前，应验电器进行自检，确认是否合格（在保证安全距离的情况下也可在带电体上进行）； 3）验电时，电工应与邻近的构件、导体保持足够的距离； 4）接地构件有电，不应继续进行
	3	检测待接入电缆线路	斗内电工检查电缆固定支架装置、连接引线等符合验收规范要求，检测电缆线路对地绝缘良好： 1）接触电缆引线前应再次确认电缆末端负荷已断开，并对电缆引线进行验电，确认无电压； 2）斗内电工采用绝缘电阻检测仪检测电缆相间及相地绝缘，确认绝缘良好（绝缘电阻值不小于 500 MΩ），检测完成后应对电缆充分放电； 3）检测完毕，向工作负责人汇报检测结果
	4	绝缘遮蔽	获得工作负责人许可后，斗内电工进行绝缘遮蔽： 1）带电作业过程中人体与带电体应保持足够安全距离（不小于0.6m），如不满足安全距离应进行绝缘遮蔽； 2）遮蔽顺序按照"从近到远、从下到上、先带电体后接地体"的遮蔽原则，对不满足安全距离的带电体和接地体进行绝缘遮蔽；遮蔽的顺序依次为导线、绝缘子、横担； 3）在设置绝缘遮蔽隔离措施时，动作应轻缓，人体与其他带电体和不同电位体应保持足够的安全距离； 4）绝缘遮蔽隔离措施应严密、牢固，两个绝缘遮蔽用具之间搭接不得小于0.2m； 5）遮蔽过程换相工作转移前应得到工作负责人的许可； 6）其他两项按照与近边相相同的方法设置绝缘遮蔽措施
	5	安装近边相消弧器	获得工作负责人的许可后，斗内电工转移绝缘斗到近边相合适作业位置，相互配合安装近边相消弧器。 1）斗内电工用钳形电流表检测三相电缆电流，每相电流应小于5A； 2）检查消弧器上的消弧装置和小闸刀处于断开位置； 3）获得工作负责人许可后，斗内电工相互配合将消弧器安装到近边相导线上，绝缘引流线与待断电缆引线连接； 4）获得工作负责人许可后，斗内电工先将小闸刀合上，然后合上消弧器； 5）消弧器绝缘引流线与地电位构件接触部位应有绝缘遮蔽措施，与邻相导体之间保持足够的安全距离

续表

√	序号	作业内容	执行标准要求
	6	拆除近边相引线	获得工作负责人的许可后，斗内电工相互配合拆除近边相电缆引线
	7	拆除近边相消弧器	获得工作负责人的许可后，斗内电工转移绝缘斗到合适位置，用绝缘操作杆将近边相消弧器断开。 1）斗内电工配合将消弧器拆除，及时恢复导线绝缘遮蔽措施； 2）斗内电工在对带电体设置绝缘遮蔽措施时动作应轻缓且规范，并保持不小于0.6m的安全距离，严禁人体串入电路； 3）绝缘遮蔽隔离措施应严密、牢固，绝缘遮蔽的重叠距离不得小于0.2m
	8	安装远边相消弧器	获得工作负责人的许可后，斗内电工转移绝缘斗到远边相合适作业位置，相互配合安装远边相消弧器。 1）斗内电工用钳形电流表检测三相电缆电流，每相电流应小于5A； 2）检查消弧器上的消弧装置和小闸刀处于断开位置； 3）获得工作负责人许可后，斗内电工相互配合将消弧器安装到远边相导线上，绝缘引流线与待断电缆引线连接； 4）获得工作负责人许可后，斗内电工先将小闸刀合上，然后合上消弧器； 5）消弧器绝缘引流线与地电位构件接触部位应有绝缘遮蔽措施，与邻相导体之间保持足够的安全距离
	9	拆除远边相引线	获得工作负责人的许可后，斗内电工相互配合拆除远边相电缆引线
	10	拆除远边相消弧器	获得工作负责人的许可后，斗内电工转移绝缘斗到合适位置，用绝缘操作杆将远边相消弧器断开。 1）斗内电工配合将消弧器拆除，及时恢复导线绝缘遮蔽措施； 2）斗内电工在对带电体设置绝缘遮蔽措施时动作应轻缓且规范，并保持不小于0.6m的安全距离，严禁人体串入电路； 3）绝缘遮蔽隔离措施应严密、牢固，绝缘遮蔽的重叠距离不得小于0.2m
	11	安装中相消弧器	获得工作负责人的许可后，斗内电工转移绝缘斗到中相合适作业位置，相互配合安装中相消弧器。 1）斗内电工用钳形电流表检测三相电缆电流，每相电流应小于5A； 2）检查消弧器上的消弧装置和小闸刀处于断开位置； 3）获得工作负责人许可后，斗内电工相互配合将消弧器安装到中相导线上，绝缘引流线与待断电缆引线连接； 4）获得工作负责人许可后，斗内电工先将小闸刀合上，然后合上消弧器； 5）消弧器绝缘引流线与地电位构件接触部位应有绝缘遮蔽措施，与邻相导体之间保持足够的安全距离
	12	拆除中相引线	获得工作负责人的许可后，斗内电工相互配合拆除中相电缆引线
	13	拆除中相消弧器	获得工作负责人的许可后，斗内电工转移绝缘斗到合适位置，用绝缘操作杆将中相消弧器断开。 1）斗内电工配合将消弧器拆除，及时恢复导线绝缘遮蔽措施； 2）斗内电工在对带电体设置绝缘遮蔽措施时动作应轻缓且规范，并保持不小于0.6m的安全距离，严禁人体串入电路； 3）绝缘遮蔽隔离措施应严密、牢固，绝缘遮蔽的重叠距离不得小于0.2m

续表

√	序号	作业内容	执行标准要求
	14	拆除绝缘遮蔽措施	获得工作负责人许可后，斗内电工将绝缘斗调整到合适作业位置，按照从远到近、从上到下、从接地体到带电体的原则依次拆除所有绝缘遮蔽用具。 作业人员依次拆除绝缘遮蔽工具时，动作应轻缓且规范，并保持不小于 0.6m 的安全距离
	15	工作验收	高空作业人员对施工质量、工艺进行验收： 1）杆上无遗漏物； 2）装置无缺陷符合运行条件； 3）向工作负责人汇报施工质量
	16	撤离杆塔	经工作负责人许可高空作业人员撤离作业区域： 1）绝缘斗下降回收时应平稳匀速，无大幅晃动现象； 2）绝缘斗下降和斗边沿的速度不应超过 0.5m/s； 3）撤离时作业人员与带电线路、电缆引线等带电体保持 0.6m 以上安全距离； 4）移动绝缘斗臂车时应注意绝缘斗臂车周围杆塔、线路无擦碰等情况，绝缘臂的金属部位与带电体间的安全距离不得小于 1.1m； 5）下降后工作斗应恢复至工作斗初始位置

6. 工作结束

√	序号	作业内容	步骤及要求
	1	清理现场	绝缘斗臂车各部件复位，收回绝缘斗臂车支腿
			工作负责人组织班组成员整理工具、材料。将工器具清洁后放入专用的箱（袋）中。清理现场，做到工完料尽场地清
	2	召开收工会	工作负责人组织召开现场收工会，进行工作总结和点评工作： 1）正确点评本项工作的施工质量； 2）点评班组成员在作业中的防范措施或安全措施的落实情况； 3）点评班组成员对本指导书的执行情况
	3	办理工作终结手续	工作负责人向值班调控人员（工作许可人）汇报工作结束，申请恢复线路重合闸，终结工作票

7. 验收记录

记录检修中发现的问题	
问题处理意见	

8. 现场标准化作业指导书执行情况评估

评估内容	符合性	优		可操作项	
		良		不可操作项	
	可操作性	优		修改项	
		良		遗漏项	
存在问题					
改进意见					

第十一节 带电接空载电缆线路与架空线路连接引线

031 带电接空载电缆线路与架空线路连接引线

1. 范围

本指导书规定了利用绝缘斗臂车、采用绝缘手套作业法带电接 10kV××线××号杆空载电缆线路与架空线路连接引线的工作步骤和技术要求。

本现场标准化作业指导书适用于利用绝缘斗臂车、采用绝缘手套作业法带电接 10kV ××线××号杆空载电缆线路与架空线路连接引线。各单位在使用本指导书的过程中可根据实际情况加以修改和补充，制订出适合本单位的标准化作业指导书。

2. 人员组合

本项目需要 4 人。

2.1 作业人员要求

√	序号	责任人	资质	人数
	1	工作负责人（监护人）	应具有配电网不停电作业实际工作经验，熟悉设备状况，具有一定组织能力和事故处理能力，并具有有效资质证书按《电力安全工作规程》（配电部分）要求取得工作负责人资格	1
	2	斗内电工（1 号和 2 号）	应通过配网不停电作业专项培训，考试合格并持配网不停电作业资质证书（复杂项目）上岗	2
	3	地面电工	应通过配网不停电作业专项培训，考试合格并持配网不停电作业资质证书（简单项目或复杂项目）上岗	1

2.2 作业人员分工

√	序号	责任人	分工	责任人签名
	1		工作负责人	
	2		1 号斗内电工	
	3		2 号斗内电工	
	4		地面电工	

3. 工器具

领用绝缘工器具应核对工器具的使用电压等级和试验周期，并应检查外观完好无损。

工器具运输，应存放在专用的工具袋、工具箱或工具车内；金属工具和绝缘工器具应分开装运。

3.1 装备

✓	序号	名称	型号/规格	单位	数量	备注
	1	绝缘斗臂车		辆	1	

3.2 个人防护用具

✓	序号	名称	型号/规格	单位	数量	备注
	1	绝缘衣（披肩）	10kV	套	2	
	2	绝缘手套	10kV	双	2	
	3	绝缘安全帽	10kV	顶	2	
	4	安全帽		顶	4	
	5	斗内绝缘安全带		副	2	
	6	防护手套	10kV	双	2	
	7	护目镜		副	2	

3.3 绝缘遮蔽用具

✓	序号	名称	型号/规格	单位	数量	备注
	1	导线遮蔽罩	10kV	根	若干	根据实际情况配置
	2	绝缘毯	10kV	块	若干	根据实际情况配置
	3	引线遮蔽罩	10kV	根	若干	根据实际情况配置
	4	绝缘毯夹	10kV	个	若干	根据实际情况配置
	5	横担遮蔽罩	10kV	个	若干	根据实际情况配置

3.4 绝缘工具

✓	序号	名称	型号/规格	单位	数量	备注
	1	绝缘传递绳	10kV	根	1	
	2	消弧开关	10kV	套	1	
	3	断线剪	10kV	把	1	
	4	绝缘滑轮	10kV	个	1	
	5	绝缘操作杆	10kV	根	1	
	6	绝缘引流线	10kV	根	1	

3.5 仪器仪表

√	序号	名称	型号/规格	单位	数量	备注
	1	验电器	10kV	套	1	
	2	高压发生器	10kV	只	1	
	3	绝缘电阻检测仪	2500V 及以上	套	1	
	4	风速仪		只	1	
	5	温、湿度计		只	1	
	6	对讲机		套	若干	根据情况决定是否使用

3.6 其他工具

√	序号	名称	型号/规格	单位	数量	备注
	1	导线剥皮器		套	1	
	2	绝缘手套充气装置		个	1	
	3	手工工具		套	1	
	4	放电棒		套	1	
	5	清洁布		块	2	
	6	防潮苫布		块	1	
	7	安全遮栏、安全围绳		副	若干	
	8	标示牌	"从此进出!"	块	1	根据实际情况使用对应标示牌
	9	标示牌	"在此工作!"	块	2	
	10	路障	"前方施工,车辆慢行"	块	2	

3.7 材料

√	序号	名称	型号/规格	单位	数量	备注
	1	线夹		个	3	
	2	绝缘引线		m	若干	
	3	接线端子		个	3	

4. 危险点分析及安全控制措施

√	序号	危险点	安全控制措施	备注
	1	人身触电	1）作业人员必须穿戴齐全合格的个人绝缘防护用具（绝缘手套、绝缘安全帽、防护手套等），使用合格适当的绝缘工器具； 2）严格按照不停电作业操作规程中的遮蔽顺序（由近至远、由低到高、先带电体后接地体）进行遮蔽，绝缘遮蔽组合应保持不少于 0.2m 的重叠； 3）人体对带电体应有足够安全距离，斗臂车金属臂回转升降过程中与带电体间的安全距离不应小于 1.1m，安全距离不足应有绝缘隔离措施，斗臂车的伸缩式绝缘臂有效长度不小于 1.2m； 4）斗臂车需可靠接地； 5）斗内作业人员严禁同时接触不同电位物体	
	2	高空坠落、物体打击	1）斗内作业人员必须系好绝缘安全带，戴好绝缘安全帽； 2）使用的工具、材料等应用绝缘绳索传递或装在工具袋内，禁止乱扔、乱放； 3）现场除指定人员外，禁止其他人员进入工作区域，地面电工在传递工具、材料不要在作业点正下方，防止掉物伤人； 4）执行《带电作业绝缘斗臂车使用管理办法》； 5）作业现场按标准设置防护围栏，加强监护，禁止行人入内； 6）斗臂车绝缘斗升降过程中注意避开带电体、接地体及障碍物。绝缘斗升降、移动时应防止绝缘臂被过往车辆剐碰，绝缘斗位置固定后绝缘臂应在围栏保护范围内	

5. 作业程序

5.1 开工准备

√	序号	作业内容	步骤及要求
	1	现场复勘	工作负责人核对工作线路双重名称和杆号无误，作业人员现场检查电杆埋深、杆身质量、拉线受力、交叉跨越、带电设备、作业环境等具备不停电作业条件
			1）天气应良好，无雷、雨、雪、雾； 2）风力不大于 5 级； 3）空气相对湿度不大于 80%
			工作负责人根据作业现场情况详细检查工作票所列安全措施是否完备，必要时在工作票上补充安全措施
	2	执行工作许可	工作负责人与调度联系，确认许可工作
			工作负责人在工作票上签字
	3	召开班前会	工作负责人宣读工作票。检查工作班组成员精神状态、交代工作任务进行人员分工，讲明工作中的安全措施和技术措施，并确认每一个工作班成员都已知晓
			班组成员分别在工作票与作业指导书上签名确认

续表

√	序号	作业内容	步骤及要求
	4	绝缘斗臂车停放	绝缘斗臂车驾驶员将车辆停放到适当位置，支腿到位。 1）停放位置应便于绝缘斗到达作业点，尽量避开附近电力线和障碍物，保证作业时绝缘臂伸出后的有效绝缘长度； 2）停放位置坡度不大于7°，支腿不应支放在沟道盖板上，软土地面应使用垫块或枕木； 3）支撑受力均衡，车辆前后、左右呈水平
			班组成员将绝缘斗臂车可靠接地
	5	工作现场布置	工作负责人组织班组成员设置工作现场的安全围栏、安全警示标志： 1）安全围栏的范围应考虑作业中高空坠落和高空落物的影响以及道路交通，必要时联系交通部门； 2）围栏的出入口应设置合理； 3）警示标示应包括"从此进出""在此工作"等，道路两侧应有"前方施工，车辆慢行"标示或路障
			班组成员按要求将绝缘工器具放在防潮苫布上： 1）防潮苫布应清洁、干燥； 2）工器具应按管理要求分类摆放； 3）绝缘工器具不能与金属工具、材料混放
	6	绝缘工器具检测	班组成员戴清洁、干燥的手套逐件对绝缘工器具进行外观检查： 1）绝缘工具无受潮，表面不应磨损、变形损坏，操作应灵活； 2）个人安全防护用具和遮蔽、隔离用具应无针孔、砂眼、裂纹； 3）检查斗内专用绝缘安全带外观，并作冲击试验
			班组成员使用绝缘电阻检测仪检测绝缘工具的表面绝缘电阻值： 1）测量电极应符合规程要求（极宽2cm、极间距2cm）； 2）正确使用绝缘电阻检测仪（采用点测、分段测量，避免电极在绝缘工具表面滑动，造成绝缘工具表面划伤）； 3）绝缘电阻值不得低于700MΩ
	7	绝缘斗臂车检查	斗内电工检查绝缘斗臂车表面状况：绝缘斗、绝缘臂应清洁、无裂纹损伤。 1）预定位置空斗操作一次，确认液压传动、回转、升降、伸缩系统工作正常，操作灵活，制动装置可靠； 2）检查绝缘斗臂车小吊绳是否有过伸长、断裂、变形、严重磨损等情况，判断是否正常起吊
	8	斗内电工进入绝缘斗	斗内电工穿戴好个人安全防护用具携带工器具进入绝缘斗。 1）个人安全防护用具包括绝缘帽、绝缘服、绝缘裤、绝缘手套（带防穿刺手套）、绝缘鞋（套鞋）等； 2）工作负责人应检查斗内电工个人防护用具的穿戴是否正确，安全带是否系牢； 3）工器具应分类放置工具袋中，金属部分不准超出绝缘斗沿面； 4）工具和人员总重量不得超过绝缘斗额定载荷

251

5.2 作业过程

√	序号	作业内容	执行标准要求
	1	进入带作业区域	经工作负责人许可后高空作业人员操作工作斗进入作业区域： 1）绝缘斗移动应平稳匀速，无大幅晃动现象； 2）转移绝缘斗时应平稳匀速，应注意绝缘斗臂车周围杆塔、线路等情况； 3）进入带电作业区域后，高空作业人员与带电体、接地体始终保持安全距离； 4）移动绝缘斗臂车时应注意绝缘斗臂车周围杆塔、线路无擦碰等情况，绝缘臂的金属部位与带电体间的安全距离不得小于 1.1m； 5）高空作业人员操作绝缘斗臂车接近或离开带电体时，地面辅助人员应不得远离紧急制动装置附近； 6）作业过程中工作负责人或地面辅助人员不得在绝缘臂、工作斗下方逗留
	2	验电	在工作负责人的监护下，使用验电器确认作业现场无漏电现象。应注意： 1）验电时，必须戴绝缘手套，验电顺序应为由近及远； 2）验电前，应验电器进行自检，确认是否合格（在保证安全距离的情况下也可在带电体上进行）； 3）验电时，电工应与邻近的构件、导体保持足够的距离； 4）接地构件有电，不应继续进行
	3	检测待接入电缆线路	斗内电工检查电缆固定支架装置、连接引线等符合验收规范要求，检测电缆线路对地绝缘良好： 1）接触电缆引线前应再次确认电缆末端负荷已断开，并对电缆引线进行验电，确认无电压； 2）高空作业人员采用绝缘电阻检测仪检测电缆相间及相地绝缘，确认绝缘良好（绝缘电阻值不小于 500MΩ），检测完成后应对电缆充分放电； 3）检测完毕，向工作负责人汇报检测结果
	4	绝缘遮蔽	获得工作负责人许可后，斗内电工进行绝缘遮蔽： 1）带电作业过程中人体与带电体应保持足够安全距离（不小于 0.6m），如不满足安全距离应进行绝缘遮蔽； 2）遮蔽顺序按照"从近到远、从下到上、先带电体后接地体"的遮蔽原则，对不满足安全距离的带电体和接地体进行绝缘遮蔽；遮蔽的顺序依次为导线、绝缘子、横担； 3）在设置绝缘遮蔽隔离措施时，动作应轻缓，人体与其他带电体和不同电位体应保持足够的安全距离； 4）绝缘遮蔽隔离措施应严密、牢固，两个绝缘遮蔽用具之间搭接不得小于 0.2m； 5）遮蔽过程换相工作转移前应得到工作负责人的许可； 6）其他两项按照与近边相相同的方法设置绝缘遮蔽措施
	5	测量电缆引线长度并与电缆终端头连接	斗内电工相互配合，利用绝缘测杆，分别测量三相电缆终端头与带电导线的距离，截取相应的绝缘导线，在引线一端压接接线端子，与电缆终端头连接。 注意：只是与无电的电缆终端头连接，不是与带电导线连接
	6	设置电缆终端头及其引线绝缘遮蔽	对连接好的电缆终端头及其引线进行绝缘遮蔽，保证相间遮蔽措施良好

续表

√	序号	作业内容	执行标准要求
	7	安装中相消弧器	获得工作负责人的许可后，斗内电工转移绝缘斗到中相合适作业位置，相互配合安装中相消弧器。 1）检查消弧器上的消弧装置和小闸刀处于断开位置； 2）获得工作负责人许可后，斗内电工相互配合将消弧器安装到中相导线上，绝缘引流线与待接电缆引线连接，并确认连接良好； 3）获得工作负责人许可后，斗内电工先将小闸刀合上，然后合上消弧器； 4）消弧器绝缘引流线与地电位构件接触部位应有绝缘遮蔽措施，与邻相导体之间保持足够的安全距离
	8	接中相电缆引线	获得工作负责人的许可后，斗内电工相互配合搭接中相电缆引线，并及时恢复电缆引线搭接处的绝缘遮蔽措施
	9	拆除中相消弧器	获得工作负责人的许可后，斗内电工转移绝缘斗到合适位置，用绝缘操作杆将中相消弧器断开。 1）斗内电工配合将消弧器拆除，及时恢复导线绝缘遮蔽措施； 2）斗内电工在对带电体设置绝缘遮蔽措施时动作应轻缓且规范，并保持不小于 0.6m 的安全距离，严禁人体串入电路； 3）绝缘遮蔽隔离措施应严密、牢固，绝缘遮蔽的重叠距离不得小于0.2m
	10	安装远边相消弧器	获得工作负责人的许可后，斗内电工转移绝缘斗到远边相合适作业位置，相互配合安装远边相消弧器。 1）检查消弧器上的消弧装置和小闸刀处于断开位置； 2）获得工作负责人许可后，斗内电工相互配合将消弧器安装到远边相导线上，绝缘引流线与待接电缆引线连接，并确认连接良好； 3）获得工作负责人许可后，斗内电工先将小闸刀合上，然后合上消弧器； 4）消弧器绝缘引流线与地电位构件接触部位应有绝缘遮蔽措施，与邻相导体之间保持足够的安全距离
	11	搭接远边相 电缆引线	获得工作负责人的许可后，斗内电工相互配合搭接远边相电缆引线，并及时恢复电缆引线搭接处的绝缘遮蔽措施
	12	拆除远边相消弧器	获得工作负责人的许可后，斗内电工转移绝缘斗到合适位置，用绝缘操作杆将远边相消弧器断开。 1）斗内电工配合将消弧器拆除，及时恢复导线绝缘遮蔽措施； 2）斗内电工在对带电体设置绝缘遮蔽措施时动作应轻缓且规范，并保持不小于 0.6m 的安全距离，严禁人体串入电路； 3）绝缘遮蔽隔离措施应严密、牢固，绝缘遮蔽的重叠距离不得小于0.2m
	13	安装近边相消弧器	获得工作负责人的许可后，斗内电工转移绝缘斗到近边相合适作业位置，相互配合安装近边相消弧器。 1）检查消弧器上的消弧装置和小闸刀处于断开位置； 2）获得工作负责人许可后，斗内电工相互配合将消弧器安装到近边相导线上，绝缘引流线与待接电缆引线连接，并确认连接良好； 3）获得工作负责人许可后，斗内电工先将小闸刀合上，然后合上消弧器； 4）消弧器绝缘引流线与地电位构件接触部位应有绝缘遮蔽措施，与邻相导体之间保持足够的安全距离

续表

√	序号	作业内容	执行标准要求
	14	搭接近边相电缆引线	获得工作负责人的许可后,斗内电工相互配合搭接近边相电缆引线,并及时恢复电缆引线搭接处的绝缘遮蔽措施
	15	拆除近边相消弧器	获得工作负责人的许可后,斗内电工转移绝缘斗到合适位置,用绝缘操作杆将近边相消弧器断开。 1)斗内电工配合将消弧器拆除,及时恢复导线绝缘遮蔽措施; 2)斗内电工在对带电体设置绝缘遮蔽措施时动作应轻缓且规范,并保持不小于 0.6m 的安全距离,严禁人体串入电路; 3)绝缘遮蔽隔离措施应严密、牢固,绝缘遮蔽的重叠距离不得小于 0.2m
	16	拆除绝缘遮蔽措施	获得工作负责人许可后,斗内电工将绝缘斗调整到合适作业位置,按照从远到近、从上到下、从接地体到带电体的原则依次拆除所有绝缘遮蔽用具。作业人员依次拆除绝缘遮蔽工具时,动作应轻缓且规范,并保持不小于 0.6m 的安全距离
	17	工作验收	高空作业人员对施工质量、工艺进行验收: 1)杆上无遗漏物; 2)装置无缺陷符合运行条件; 3)向工作负责人汇报施工质量
	18	撤离杆塔	经工作负责人许可高空作业人员撤离作业区域: 1)绝缘斗下降回收时应平稳匀速,无大幅晃动现象; 2)绝缘斗下降和斗边沿的速度不应超过 0.5m/s; 3)撤离时作业人员与带电线路、电缆引线等带电体保持 0.6m 以上安全距离; 4)移动绝缘斗臂车时应注意绝缘斗臂车周围杆塔、线路无擦碰等情况,绝缘臂的金属部位与带电体间的安全距离不得小于 1.1m; 5)下降后工作斗应恢复至工作斗初始位置

6. 工作结束

√	序号	作业内容	步骤及要求
	1	清理现场	工作负责人组织班组工作班成员传递、回收、整理工具、材料: 1)工器具应放入工具袋(专用工具箱)内、摆放到防潮苫布上或专用支架上; 2)绝缘斗内及车上不应有遗留的工器具、材料; 3)传递过程绝缘工器具不得触碰地面或金属物体<hr>收回绝缘斗臂车: 1)收回绝缘斗臂车接地线; 2)绝缘斗臂车支腿收回。将敷设的垫板应回收至相应位置; 3)操作后,操作把手应回位至初始状态,关闭操作门锁
	2	召开收工会	工作负责人组织召开现场收工会,进行工作总结和点评工作: 1)正确点评本项工作的施工质量; 2)点评班组成员在作业中的防范措施或安全措施的落实情况; 3)点评班组成员对本指导书的执行情况

续表

√	序号	作业内容	步骤及要求
	3	办理工作终结手续	工作负责人与裁判（工作许可人）办理工作终结手续，恢复线路重合闸： 终结汇报时内容包括：参赛选手编号、工作负责人编号、工作地点（双重名称）、工作内容、工作结束具备正常运行条件及可以恢复作业线路（双重名称）重合闸装置； 终结后，在工作票填写终结时间及签名，工作票应无空白项； 1）汇报"工完、料尽、场地清"，现场无工器具、材料等； 2）终结过程使用普通话，精神饱满

7. 验收记录

记录检修中发现的问题	
问题处理意见	

8. 现场标准化作业指导书执行情况评估

评估内容	符合性	优		可操作项	
		良		不可操作项	
	可操作性	优		修改项	
		良		遗漏项	
存在问题					
改进意见					

第五章 第四类作业项目

第一节 带负荷直线杆改耐张杆并加装柱上开关或隔离开关

032 绝缘手套作业法直线杆开分段改耐张加装柱上开关

1. 范围

本现场标准化作业指导书规定了在"10kV××线××号杆"采用绝缘斗臂车绝缘手套作业法"带电开分段改耐张加装柱上负荷开关"的工作步骤和技术要求。

本现场标准化作业指导书适用于绝缘斗臂车绝缘手套作业法"10kV××线××号杆直线杆开分段改耐张加装柱上负荷开关"。

2. 人员组合

本项目需要6人。

2.1 作业人员要求

√	序号	责任人	资质	人数
	1	工作负责人	应具有3年以上的配电带电作业实际工作经验，熟悉设备状况，具有一定组织能力和事故处理能力，并经工作负责人的专门培训，考试合格。经本单位总工程师批准、书面公布	1
	2	1号绝缘斗臂车斗内1号电工	应通过配网不停电作业专项培训，考试合格并持有上岗证	1
	3	1号绝缘斗臂车斗内2号电工	应通过配网不停电作业专项培训，考试合格并持有上岗证	1
	4	2号绝缘斗臂车斗内1号电工	应通过配网不停电作业专项培训，考试合格并持有上岗证	1
	5	2号绝缘斗臂车斗内2号电工	应通过配网不停电作业专项培训，考试合格并持有上岗证	1
	6	地面电工	应通过配网不停电作业专项培训，考试合格并持有上岗证	1

2.2 作业人员分工

√	序号	责任人	分工	责任人签名
	1		工作负责人	
	2		1号绝缘斗臂车斗内1号电工	

续表

√	序号	责任人	分工	责任人签名
	3		1号绝缘斗臂车斗内2号电工	
	4		2号绝缘斗臂车斗内1号电工	
	5		2号绝缘斗臂车斗内2号电工	
	6		地面电工	

3.　工器具

领用绝缘工器具应核对工器具的使用电压等级和试验周期，并应检查外观完好无损。

工器具运输，应存放在专用的工具袋、工具箱或工具车内；金属工具和绝缘工器具应分开装运。

3.1　装备

√	序号	名称	规格/编号	单位	数量	备注
	1	绝缘斗臂车（1号车）		辆	1	
	2	绝缘斗臂车（2号车）		辆	1	可安装"T"型绝缘横担
	3	绝缘引流线	10kV	根	3	

3.2　个人安全防护用具

√	序号	名称	规格/编号	单位	数量	备注
	1	绝缘安全帽	10kV	顶	4	
	2	绝缘衣（披肩）	10kV	件	4	
	3	绝缘手套	10kV	副	4	
	4	防护手套		副	4	
	5	斗内绝缘安全带		副	4	
	6	护目镜		副	4	
	7	普通安全帽		顶	6	

3.3　绝缘遮蔽用具

√	序号	名称	规格/编号	单位	数量	备注
	1	绝缘毯	10kV	块	若干	根据实际情况配置
	2	绝缘毯夹		只	若干	根据实际情况配置
	3	导线绝缘软护罩	10kV	根	若干	根据实际情况配置
	4	导线遮蔽罩	10kV	根	若干	根据实际情况配置

3.4 绝缘工具

√	序号	名称	规格/编号	单位	数量	备注
	1	"T"型绝缘横担		副	1	
	2	绝缘紧线器	10kV	把	2	
	3	绝缘绳扣	加强型	根	6	
	4	绝缘保险绳	加强型	根	6	紧线时,后备保护用
	5	绝缘断线剪	10kV	把	1	
	6	绝缘拉杆		套	1	
	7	绝缘传递绳	30m	套	2	
	8	绝缘引流线防坠绳		根	6	

3.5 仪器仪表

√	序号	名称	规格/编号	单位	数量	备注
	1	绝缘电阻检测仪	2500V 及以上	套	1	最大输出电压应为5000V,检测悬式绝缘子用
	2	钳形电流表		台(只)	1	最大量程应大于线路最大负荷电流
	3	核相仪	10kV	台	1	
	4	验电器	10kV	支	1	
	5	高压发生器	10kV	只	1	
	6	对讲机		套	若干	根据情况决定是否使用
	7	温、湿度计				
	8	风速仪				

3.6 金属工具

√	序号	名称	规格/编号	单位	数量	备注
	1	棘轮断线钳		把	1	
	2	导线剥皮器		把	2	
	3	卡线器		副	4	

3.7 其他工具

√	序号	名称	规格/编号	单位	数量	备注
	1	防潮苫布		块	1	
	2	个人工具		套	1	

续表

√	序号	名称	规格/编号	单位	数量	备注
	3	钢丝刷		把	2	
	4	安全遮栏、安全围绳		副	若干	
	5	标示牌	"从此进出！"	块	1	根据实际情况使用对应标示牌
	6	标示牌	"在此工作！"	块	2	
	7	路障	"前方施工，车辆慢行"	块	2	

3.8 材料

包括装置性材料和消耗性材料。

√	序号	名称	规格/编号	单位	数量	备注
	1	柱上负荷开关		台	1	
	2	避雷器		只	3	
	3	悬式绝缘子		片	12	
	4	耐张线夹		只	6	
	5	高压双横担		副	1	
	6	柱上负荷开关托架		副	1	
	7	架空绝缘导线		m	20	
	8	钢绞线		m	20	
	9	并沟线夹		只	15	
	10	设备线夹		只	6	
	11	接地体		根	2	
	12	接地线接线夹		只	1	
	13	绝缘自粘带		盘	3	
	14	清洁干燥布		条	若干	

4. 危险点分析及安全控制措施

√	序号	危险点	安全控制措施	备注
	1	人身触电	1）作业人员必须穿戴齐全合格的个人绝缘防护用具（绝缘手套、绝缘安全帽、防护手套等），使用合格适当的绝缘工器具； 2）严格按照不停电作业操作规程中的遮蔽顺序（由近至远、由低到高、先带电体后接地体）进行遮蔽，绝缘遮蔽组合应保持不少于 0.2m 的重叠； 3）人体对带电体应有足够安全距离，斗臂车金属臂回转升降过程中与带电体间的安全距离不应小于 1.1m，安全距离不足应有绝缘隔离措施，斗臂车的伸缩式绝缘臂有效长度不小于 1.2m；	

续表

√	序号	危险点	安全控制措施	备注
	1	人身触电	4）斗臂车需可靠接地； 5）斗内作业人员严禁同时接触不同电位物体； 6）断、接旁路电缆引线时，应防止人体串入电路； 7）为防止电击，应采取绝缘措施后才能触及旁路设备	
	2	高空坠落、物体打击	1）斗内作业人员必须系好绝缘安全带，戴好绝缘安全帽； 2）使用的工具、材料等应用绝缘绳索传递或装在工具袋内，禁止乱扔、乱放； 3）现场除指定人员外，禁止其他人员进入工作区域，地面电工在传递工具、材料不要在作业点正下方，防止掉物伤人； 4）执行《带电作业绝缘斗臂车使用管理办法》； 5）作业现场按标准设置防护围栏，加强监护，禁止行人入内； 6）斗臂车绝缘斗升降过程中注意避让带电体、接地体及障碍物。绝缘斗升降、移动时应防止绝缘斗被过往车辆刮碰，绝缘斗位置固定后绝缘臂应在围栏保护范围内	
	3	二次电击伤害	本项作业需要停用重合闸，防止因相间或相地之间短路线路重合闸造成二次电击伤害	
	4	旁路电缆设备投运前未进行外观检查及绝缘性能检验，因设备损毁或有缺陷未及时发现造成人身、设备事故	旁路作业设备使用前应进行外观检查。旁路系统连接好后，合上开关，进行绝缘电阻检测；测量完毕后应进行放电，并断开旁路开关	
	5	旁路作业前未检测确认待检修线路负荷电流，负荷电流大于200A造成旁路作业设备过载	作业前需检测确定待检修线路负荷电流小于 200A	
	6	旁路作业设备投入运行前，未进行核相或核相不正确造成短路事故	旁路作业设备投入运行前，必须进行核相，确认相位正确	
	7	恢复原线路供电前，未进行核相或核相不正确造成短路事故	恢复原线路供电前，必须进行核相，确认相位正确方可实施	

5. 作业程序

5.1 开工准备

√	序号	作业内容	步骤及要求
	1	现场复勘	工作负责人核对工作线路双重命名、杆号
			工作负责人检查地形环境是否符合作业要求： 1）平整坚实； 2）地面倾斜度不大于 7° 或斗臂车说明书规定的角度

续表

√	序号	作业内容	步骤及要求
	1	现场复勘	工作负责人检查线路装置是否具备不停电作业条件。本项作业应检查确认的内容有： 1）作业点及两侧电杆基础、埋深、杆身质量； 2）检查作业点两侧导线应无损伤、绑扎固定应牢固可靠，弧垂适度
			工作负责人检查气象条件（不需现场检查，但需在工作许可时汇报）： 1）天气应良好，无雷、雨、雪、雾； 2）风力：不大于5级； 3）气相对湿度不大于80%
			工作负责人检查工作票所列安全措施，在工作票上补充安全措施
	2	执行工作许可制度	工作负责人与调度联系，确认许可工作
			工作负责人在工作票上签字
	3	召开现场站班会	工作负责人宣读工作票
			工作负责人检查工作班组成员精神状态、交代工作任务进行分工、交代工作中的安全措施和技术措施
			工作负责人检查班组各成员对工作任务分工、安全措施和技术措施是否明确
			班组各成员在工作票和作业指导书上签名确认
	4	停放绝缘斗臂车	斗臂车驾驶员将2辆绝缘斗臂车位置分别停放到最佳位置，1号车在电杆小号侧（即电源侧），2号车在电杆的大号侧（即负荷侧）： 1）停放的位置应便于绝缘斗臂车绝缘斗到达作业位置，避开附近电力线和障碍物，并能保证作业时绝缘斗臂车的绝缘臂有效绝缘长度； 2）停放位置坡度不大于7°； 3）应做到尽可能小的影响道路交通
			斗臂车操作人员支放绝缘斗臂车支腿： 1）不应支放在沟道盖板上； 2）软土地面应使用垫块或枕木。 3）支腿顺序应正确（"H"型支腿的车型，应先伸出水平支腿，再伸出垂直支腿；在坡地停放，应先支"前支腿"，后支"后支腿"）； 4）支撑应到位。车辆前后、左右呈水平
			斗臂车操作人员将绝缘斗臂车可靠接地： 1）接地线应采用有透明护套的不小于16mm²的多股软铜线； 2）临时接地体埋深应不少于0.6m
	5	布置工作现场	工作负责人组织班组成员设置工作现场的安全围栏、安全警示标志： 1）安全围栏的范围应考虑作业中高空坠落和高空落物的影响以及道路交通，必要时联系交通部门； 2）围栏的出入口应设置合理； 3）警示标示应包括"从此进出""在此工作"等，道路两侧应有"前方施工，车辆慢行"标示或路障
			班组成员按要求将绝缘工器具放在防潮苫布上： 1）防潮苫布应清洁、干燥； 2）工器具应按定置管理要求分类摆放； 3）绝缘工器具不能与金属根据、材料混放

续表

√	序号	作业内容	步骤及要求
	6	检查绝缘工器具	班组成员逐件对绝缘工器具进行外观检查： 1）检查人员应戴清洁、干燥的手套； 2）绝缘工具表面不应破损或有裂纹、变形损坏，操作应灵活； 3）个人安全防护用具和遮蔽、隔离用具应无针孔、砂眼、裂纹； 4）检查斗内专用绝缘安全带外观，并作冲击试验
			班组成员使用绝缘电阻检测仪分段检测绝缘工具（本项目的绝缘工具为绝缘拉杆、绝缘传递绳和、绝缘绳扣、绝缘后备保护绳、绝缘引流线防坠绳、"T"型绝缘横担）的表面绝缘电阻值： 1）测量电极应符合规程要求（极宽 2cm，极间距 2cm）； 2）正确使用（自检、测量）绝缘电阻检测仪（应采用点测的方法，不应使电极在绝缘工具表面滑动，避免刮伤绝缘工具表面）； 3）绝缘电阻值不得低于 700MΩ
			绝缘工器具检查完毕，向工作负责人汇报检查结果
	7	检查绝缘斗臂车	斗内电工检查绝缘斗臂车表面状况：绝缘斗、绝缘臂应清洁、无裂纹损伤
			斗内电工试操作绝缘斗臂车： 1）试操作应空斗进行； 2）试操作应充分，有回转、升降、伸缩的过程。确认液压、机械、电气系统正常可靠、制动装置可靠
			绝缘斗臂车检查和试操作完毕，斗内电工向工作负责人汇报检查结果
	8	检查绝缘引流线	斗内电工清洁、检查绝缘引流线： 1）清洁绝缘引流线接线夹接触面的氧化物； 2）检查绝缘引流线的额定荷载电流并对照线路负荷电流（可根据现场勘查或运行资料获得），引流线的额定荷载电流应大于等于 1.2 倍的线路负荷电流； 3）绝缘引流线表面绝缘应无明显磨损或破损现象； 4）绝缘引流线接线夹应操作灵活
	9	检测柱上负荷开关	班组成员检测柱上负荷开关： 1）核对铭牌参数； 2）清洁瓷件，并作表面检查，瓷件表面应光滑，无麻点，裂痕等； 3）清除柱上负荷开关接线端子上的金属氧化物或脏污； 4）试拉合，检查操动机构应动作灵活，分、合位置指示正确可靠； 5）在开关分闸位置时，用绝缘电阻检测仪检测各相断口之间的绝缘电阻； 6）在开关合闸位置时，用绝缘电阻检测仪检测各相对地，各相之间的绝缘电阻不应低于 500MΩ； 7）检测完毕，向工作负责人汇报检测结果
	10	检测悬式绝缘子	班组成员检测悬式绝缘子： 1）清洁瓷件，并作表面检查，瓷件表面应光滑，无麻点，裂痕等； 2）用绝缘电阻检测仪（5000V 电压）逐个进行绝缘电阻测定，绝缘电阻值不得小于 500MΩ

√	序号	作业内容	步骤及要求
	11	斗内电工进入绝缘斗臂车工作斗	1号和2号绝缘斗臂车斗内电工穿戴好个人安全防护用具： 1）个人安全防护用具包括绝缘帽、绝缘衣（披肩）、绝缘手套（带防穿刺手套）、护目镜等； 2）工作负责人应检查斗内电工个人防护用具的穿戴是否正确
			绝缘斗臂车斗内电工携带工器具进入绝缘斗，工器具应分类放置，工具和人员重量不得超过绝缘斗额定载荷
			绝缘斗臂车斗内电工将斗内专用绝缘安全带系挂在斗内专用挂钩上

5.2 作业过程

√	序号	作业内容	步骤及要求
	1	进入带电作业区域	斗内电工经工作负责人许可后，操作绝缘斗臂车，进入带电作业区域，绝缘斗移动应平稳匀速，在进入带电作业区域时： 1）绝缘臂在仰起回转过程中应无大幅晃动现象； 2）绝缘斗下降、上升的速度不应超过 0.4m/s； 3）绝缘斗边沿的最大线速度不应超过 0.5m/s； 4）转移绝缘斗时应注意绝缘斗臂车周围杆塔、线路等情况，绝缘臂的金属部位与带电体和地电位物体的距离大于 1.1m； 5）进入带电作业区域作业后，绝缘斗臂车绝缘臂的有效绝缘长度不应小于 1.2m
	2	验电	在工作负责人的监护下，使用验电器确认作业现场无漏电现象。应注意： 1）验电时，必须戴绝缘手套，验电顺序应为由近及远； 2）验电前，应验电器进行自检，确认是否合格（在保证安全距离的情况下也可在带电体上进行）； 3）验电时，电工应与邻近的构件、导体保持足够的距离； 4）接地构件有电，不应继续进行
	3	测量架空线路负荷电流	1号绝缘斗臂车斗内 1 号电工用钳形电流表检测架空线路负荷电流，确认满足绝缘引流线的负载能力。如不满足要求，怎应终止本项作业。应注意： 1）使用钳形电流表时，应先选择最大量程，按照实际符合电流情况逐级向下一级量程切换并读取数据； 2）检测电流时，应选择近边相架空线路，并与相邻的异电位导体或构件保持足够的安全距离(相对地不小于 0.6m,相间不小于 0.8m)。记录线路负荷电流数值：_____A
	4	设置近边相绝缘遮蔽隔离措施	获得工作负责人的许可后，1号和2号绝缘斗臂车绝缘斗分别转移至电杆两侧的近边相合适工作位置，按照"由近及远""从下到上"的顺序对作业中可能触及的部位进行绝缘遮蔽隔离： 1）遮蔽的部位和顺序依次为主导线、支持绝缘子、横担； 2）斗内电工在对带电体设置绝缘遮蔽隔离措施时，动作应轻缓，与横担等地电位构件间应有足够的安全距离（不小于 0.6m），与邻相导线之间应有足够的安全距离（不小于 0.8m）； 3）1号和2号绝缘斗臂车斗内电工应同相进行，且不应发生身体接触； 4）绝缘遮蔽隔离措施应严密、牢固，绝缘遮蔽组合的重叠距离不得小于 0.2m

续表

√	序号	作业内容	步骤及要求
	5	设置远边相绝缘遮蔽措施	获得工作负责人的许可后，1 号和 2 号绝缘斗臂车绝缘斗分别转移至电杆两侧的远边相合适工作位置，按照与近边相相同的方法对作业中可能触及的部位进行绝缘遮蔽隔离
	6	设置中间相绝缘遮蔽措施	获得工作负责人的许可后，1 号和 2 号绝缘斗臂车绝缘斗分别转移至电杆两侧的中间相合适工作位置，按照"由近及远""从下到上"的顺序对作业中可能触及的部位进行绝缘遮蔽隔离： 1）遮蔽的部位和顺序依次为主导线、支持绝缘子、电杆杆稍等部位； 2）斗内电工在对带电体设置绝缘遮蔽隔离措施时，动作应轻缓，与横担等地电位构件间应有足够的安全距离（不小于 0.6m），与邻相导线之间应有足够的安全距离（不小于 0.8m）； 3）1 号和 2 号绝缘斗臂车斗内电工应同相进行，且不应发生身体接触； 4）绝缘遮蔽隔离措施应严密、牢固，绝缘遮蔽组合的重叠距离不得小于 0.2m
	7	2 号绝缘斗臂车安装"T"型绝缘横担	2 号绝缘斗臂车下至地面，在绝缘斗臂车小吊支架上安装"T"型绝缘横担，按照架空线路的三相导线之间的间距安装好线槽架，然后试操作进行调试，最后将"T"型绝缘横担放至最低位置
	8	提升三相导线	2 号绝缘斗臂车斗内电工转移绝缘斗至合适工作位置，在工作负责人的监护下将三相导线放进"T"型绝缘横担的线槽。应注意： 1）"T"型绝缘横担应与架空导线垂直，防止绝缘斗臂车受导线侧向拉力； 2）导线放入"T"型绝缘横担的线槽后应扣好扣环，防止松脱； 3）放入后，应稍微提升"T"型绝缘横担，使导线轻微受力
			1 号绝缘斗臂车斗内电工在工作负责人的监护下，依次拆除三相支持绝缘子扎线。拆扎线时应注意： 1）绝缘子底脚和横担的绝缘遮蔽措施应严密牢固； 2）应注意控制扎线的展放长度，一般不宜超过 10cm； 3）应及时恢复导线上的绝缘遮蔽措施
			2 号绝缘斗臂车斗内电工在工作负责人的监护下，控制"T"型绝缘横担提升导线。应注意： 1）导线提升的高度应≥0.6m，并为更换横担留出足够空间； 2）提升导线时，工作负责人应严密注意绝缘斗臂车、作业点两侧电杆及导线的受力情况
	9	更换横担、杆头抱箍、安装耐张绝缘子串	1 号绝缘斗臂车斗内电工与地面电工配合拆除（中间相）杆顶支架和直线横担，安装耐张横担和杆头抱箍，并安装好三相悬式绝缘子串。应注意： 1）上下传递横担等物件应避免与电杆、绝缘斗发生碰撞； 2）横担、绝缘子等不应搁置在绝缘斗上（内）； 3）应防止高空落物。 耐张横担、杆头抱箍的安装工艺应满足施工和验收规范的要求： 1）安装牢固可靠，螺杆应与构件面垂直，螺头平面与构件间不应有间隙； 2）螺栓紧好后，螺杆丝扣露出的长度不应少于两个螺距。每端垫圈不应超过 2 个；

√	序号	作业内容	步骤及要求
	9	更换横担、杆头抱箍、安装耐张绝缘子串	3）横担组装时，螺栓的穿入方向应符合规定：水平方向由内向外，垂直方向由下向上。杆头抱箍螺栓的穿入由左向右（面向受电侧）或按统一方向； 4）横担安装应平正，安装偏差应符合规定：横担端部上下歪斜不应大于20mm；横担端部左右扭斜不应大于20mm。 绝缘子串的安装工艺应满足施工和验收规范的要求： 1）牢固，连接可靠，防止积水； 2）应清除表面灰垢、附着物及不应有的涂料； 3）与电杆、导线金具连接处，无卡压现象； 4）耐张串上的弹簧销子、螺栓及穿钉应由上向下穿； 5）采用的闭口销或开口销不应有折断、裂纹等现象
	10	安装紧线用绝缘绳扣、后备保护绳	在耐张横担和杆头安装绝缘绳扣、后备保护绳。应注意：绝缘绳扣、后备保护绳内侧应做好防磨损的措施
			对耐张横担、杆头抱箍、绝缘子串、电杆顶部等进行绝缘遮蔽。应注意：遮蔽措施应严密牢固，绝缘遮蔽组合的重叠距离不得小于0.2m
	11	安装柱上负荷开关托架及开关、避雷器	1号绝缘斗臂车斗内电工与地面电工安装好柱上负荷开关支架及开关、避雷器。应注意： 1）吊装柱上负荷开关支架及开关时，应避免与电杆、绝缘斗发生碰撞； 2）在绝缘斗臂车操作绝缘斗臂车小吊时，禁止同时起降绝缘斗臂车绝缘臂； 3）金属材料不应搁置在绝缘斗上（内）； 4）应防止高空落物。 柱上负荷开关托架及开关的安装工艺应符合满足施工和验收规范的要求： 1）托架安装位置应符合要求，一般距上横担为1.0m； 2）托架应牢固可靠，水平倾斜不大于托架长度的1/100； 3）外壳干净，瓷套清洁，无破损等现象。 杆上避雷器的安装，应符合满足施工和验收规范的要求： 1）排列整齐、高低一致，相间距离不小于350mm； 2）引下线短而直、连接紧密。 开关外壳接地、避雷器接地引下线的安装，应满足施工和验收规范的要求：接地可靠，接地电阻值不大于10Ω
			对避雷器安装支架、柱上负荷开关出线套管等进行绝缘遮蔽。应注意：遮蔽措施应严密牢固，绝缘遮蔽组合的重叠距离不得小于0.2m
	12	释放导线	2号绝缘斗臂车斗内电工控制"T"型绝缘横担将三相导线暂时搁置在耐张横担上。应注意： 1）导线、杆头抱箍、耐张横担、耐张绝缘子串以及电杆顶部的绝缘遮蔽措施应严密牢固。导线与横担等物件之间的绝缘遮蔽措施应不少于3层； 2）"T"型绝缘横担下降应缓慢平稳； 3）导线应用绝缘短绳进行固定
			2号绝缘斗臂车斗内电工控制绝缘斗下至地面，拆卸"T"型绝缘横担

续表

√	序号	作业内容	步骤及要求
	13	挂接中间相导线的绝缘引流线	1号和2号绝缘斗臂车斗内电工在工作负责人的监护下，在中间相架空导线分断点两侧挂接绝缘引流线。应注意： 1）挂接点应选取在紧线用卡线器的外侧，并留出一定的空间； 2）挂接绝缘引流线前，应先清除架空导线挂接绝缘引流线部位的金属氧化物或脏污； 3）绝缘引流线应先用绝缘防坠绳悬挂在架空导线上； 4）挂接绝缘引流线的两个线夹时，1号和2号绝缘斗臂车斗内电工应同相同步进行； 5）绝缘引流线线夹应安装牢固，线夹应尽量垂直向下，避免因扭力使线夹回松； 6）绝缘引流线应固定在耐张横担上
			1号绝缘斗臂车斗内电工用钳形电流表确认绝缘引流线分流电流
	14	收紧中间相导线	1号和2号绝缘斗臂车斗内电工在工作负责人的监护下，收紧导线。应注意： 1）紧线时，应保证绝缘绳扣有0.6m及以上的绝缘有效长度； 2）紧线时，1号和2号绝缘斗臂车斗内电工应同时操作，使横担受力均衡； 3）工作负责人应紧密监视电杆、横担的受力情况，同时监视作业点两侧电杆受力情况
			安装绝缘后备保护绳，并收紧。应注意：后备保护的卡线器应装在与绝缘紧线器连接的卡线器的外侧
	15	中间相导线开分断	1号和2号绝缘斗臂车斗内电工在工作负责人的监护下，用绝缘断线剪剪断导线。应注意：1号和2号绝缘斗臂车斗内电工分别控制中间相导线开断点两侧的导线，防止开断后，断头晃动
			1号和2号绝缘斗臂车斗内电工在工作负责人的监护下，分别将断开的导线固定在中间相对应的耐张线夹内。应注意：耐张线夹应有足够的紧固力，其握着力与导线的保证计算拉断比不小于90%
			补充绝缘子串和耐张线夹的绝缘遮蔽措施。应注意：绝缘遮蔽措施应严密牢固，绝缘遮蔽组合的重叠距离不得小于0.2m
	16	撤除中间相绝缘后备保护绳和绝缘紧线器	1号和2号绝缘斗臂车斗内电工撤除中间相绝缘后备保护绳和绝缘紧线器。应注意：松开紧线器时，1号和2号绝缘斗臂车斗内电工应同时操作，以保证横担受力均衡
			恢复导线上的绝缘遮蔽隔离措施。应注意：绝缘遮蔽措施应严密牢固，绝缘遮蔽组合的重叠距离不得小于0.2m
	17	远边相导线开分断改耐张	在工作负责人的监护下，1号和2号绝缘斗臂车斗内电工转移绝缘斗至远边相合适工作位置，按照相同的步骤和方法将远边相导线开分断改耐张
	18	近边相导线开分断改耐张	在工作负责人的监护下，1号和2号绝缘斗臂车斗内电工转移绝缘斗至近边相合适工作位置，按照相同的步骤和方法将近边相导线开分断改耐张

续表

√	序号	作业内容	步骤及要求
	19	搭接柱上负荷开关中间相引线	确认柱上负荷开关应处于"分闸"位置
			1号和2号绝缘斗臂车斗内电工在工作负责人的监护下，转移绝缘斗至中间相合适工作位置，搭接好柱上负荷开关的中相引线。应注意： 1）斗内应注意站位和控制动作幅度，避免身体较长时间触及边相的绝缘遮蔽措施； 2）禁止作业人员同时触及不同电位体。 引线的安装工艺和质量应符合施工、验收规范： 1）主导线搭接部位应清除金属氧化物或脏污； 2）引线应采用与主导线相同载流能力的、相同材质的绝缘导线； 3）引线长度和弧度应适宜，引线与地电位构件、邻相线路之间保持安全距离； 4）并沟线夹的数量不少于2个，有足够的紧固力； 5）引线穿出线夹的长度一般为2～3cm，两个线夹之间的距离为一个线夹的宽度
			恢复、加强主导线、引线、柱上负荷开关出线套管上的绝缘遮蔽措施。应注意：绝缘遮蔽措施应严密牢固，绝缘遮蔽组合的重叠距离不得小于0.2m
	20	搭接柱上负荷开关远边相引线	1号和2号绝缘斗臂车斗内电工在工作负责人的监护下，转移绝缘斗至远边相合适工作位置，按照相同步骤和方法，搭接好柱上负荷开关的远边相引线
	21	搭接柱上负荷开关近边相引线	1号和2号绝缘斗臂车斗内电工在工作负责人的监护下，转移绝缘斗至近边相合适工作位置，按照相同步骤和方法，搭接好柱上负荷开关的近边相引线
	22	搭接中间相避雷器引线	1号绝缘斗臂车斗内电工在工作负责人的监护下，转移绝缘斗至中间相合适的工作位置，安装并搭接好中间相避雷器引线。应注意： 1）斗内应注意站位和控制动作幅度，避免身体较长时间触及异电位物体上的绝缘遮蔽措施； 2）禁止作业人员同时接触不同电位体。 避雷器引线的安装工艺和质量应满足施工和验收规范的要求： 1）引线短而直、连接紧密； 2）引线应使用绝缘导线，截面不小于25mm²； 3）与电气部分连接，不应使避雷器产生外加应力
			补充避雷器引线、搭接部位等的绝缘遮蔽措施。应注意：绝缘遮蔽措施应严密牢固，绝缘遮蔽组合的重叠距离不得小于0.2m
	23	搭接远边相避雷器引线	1号绝缘斗臂车斗内电工在工作负责人的监护下，转移绝缘斗至远边相合适的工作位置，按照相同的步骤和方法安装并搭接好远边相避雷器引线
	24	搭接近边相避雷器引线	1号绝缘斗臂车斗内电工在工作负责人的监护下，转移绝缘斗至近边相合适的工作位置，按照相同的步骤和方法安装并搭接好近边相避雷器引线
	25	柱上负荷开关投入运行	1号绝缘斗臂车斗内电工在工作负责人的监护下，使用绝缘拉杆拉合柱上负荷开关，并确认其机械指示已在"合闸"位置
			1号绝缘斗臂车斗内电工用钳形电流表测量柱上开关三相引线，确认已在通流状态

续表

✓	序号	作业内容	步骤及要求
	26	撤除绝缘引流线	1号和2号绝缘斗臂车斗内电工在工作负责人的监护下，依次拆除三相绝缘引流线。应注意： 1）可按"先两边相，后中间相"的顺序进行； 2）1号和2号绝缘斗臂车斗内电工应按"同相同步"的要求拆除绝缘引流线； 3）拆除引流线后，应及时补充主导线上的绝缘遮蔽措施
	27	拆除中间相绝缘遮蔽	获得工作负责人的许可后，1号和2号绝缘斗臂车斗内电工分别转移至电杆两侧的中间相合适工作位置，按照"从远到近、从上到下、先接地体后带电体""从上到下""由远及近"的顺序拆除绝缘遮蔽措施。应注意： 1）动作应轻缓，与已撤除绝缘遮蔽措施的异电位物体之间保持足够的距离（相对地不小于0.6m，相间不小于0.8m）； 2）1号和2号绝缘斗臂车斗内电工应同相进行，且不应发生身体接触
	28	拆除远边相绝缘遮蔽	获得工作负责人的许可后，1号和2号绝缘斗臂车斗内电工分别转移至电杆两侧的远边相合适工作位置，按照相同的方法和要求拆除远边相绝缘遮蔽隔离措施
	29	拆除近边相绝缘遮蔽	获得工作负责人的许可后，1号和2号绝缘斗臂车斗内电工分别转移至电杆两侧的近边相合适工作位置，按照相同的方法和要求拆除近边相绝缘遮蔽隔离措施
	30	工作验收	斗内电工撤出带电作业区域。撤出带电作业区域时： 1）应无大幅晃动现象； 2）绝缘斗下降、上升的速度不应超过0.4m/s； 3）绝缘斗边沿的最大线速度不应超过0.5m/s
			斗内电工检查施工质量： 1）杆上无遗漏物； 2）装置无缺陷符合运行条件； 3）向工作负责人汇报施工质量
	31	撤离杆塔	下降绝缘斗返回地面、收回绝缘臂时应注意绝缘斗臂车周围杆塔、线路等情况

6. 工作结束

✓	序号	作业内容	步骤及要求
	1	工作负责人组织班组成员清理工具和现场	绝缘斗臂车各部件复位，收回绝缘斗臂车支腿
			工作负责人组织班组成员整理工具、材料。将工器具清洁后放入专用的箱（袋）中。清理现场，做到"工完、料尽、场地清"
	2	工作负责人召开收工会	工作负责人组织召开现场收工会，做工作总结和点评工作： 1）正确点评本项工作的施工质量； 2）点评班组成员在作业中的安全措施的落实情况； 3）点评班组成员对规程的执行情况
	3	办理工作终结手续	工作负责人向调度汇报工作结束，并终结工作票

7. 验收记录

记录检修中发现的问题	
存在问题及处理意见	

8. 现场标准化作业指导书执行情况评估

评估内容	符合性	优		可操作项	
		良		不可操作项	
	可操作性	优		修改项	
		良		遗漏项	
存在问题					
改进意见					

第二节　不停电更换柱上变压器

033　综合不停电作业更换杆上变压器

1. 范围

本现场标准化作业指导书规定了综合不停电作业更换 10kV××线××号杆××号变压器的工作步骤和技术要求。装置结构不限于单、双杆变压器台架。

本现场标准化作业指导书适用于综合不停电作业更换 10kV××线××号杆××号变压器。

2. 人员组合

本项目需要 5 人。

2.1　作业人员要求

√	序号	责任人	资质	人数
	1	工作负责人	应具有 3 年以上的配电带电作业实际工作经验，熟悉设备状况，具有一定组织能力和事故处理能力，并经工作负责人的专门培训，考试合格	1
	2	斗内作业人员	应通过配网不停电作业专项培训，考试合格并持有上岗证	1
	3	地面电工	应通过 10kV 配电线路专项培训，考试合格并持有上岗证	2
	4	吊车操作工	应通过吊车操作专项培训，考试合格并持有上岗证	1

2.2　作业人员分工

✓	序号	责任人	分工	责任人签名
	1		工作负责人	
	2		斗内作业人员	
	3		1 号地面电工	
	4		2 号地面电工	
	5		吊车操作工	

3. 工器具

领用绝缘工器具应核对工器具的使用电压等级和试验周期，并应检查外观完好无损。

工器具运输，应存放在专用的工具袋、工具箱或工具车内；金属工具和绝缘工器具应分开装运。

3.1　装备

✓	序号	名称	规格/编号	单位	数量	备注
	1	绝缘斗臂车		辆	1	带小吊臂
	2	移动箱变车		辆	1	带配套工具
	3	吊车		辆	1	带卸扣、钢丝绳套等

3.2　个人安全防护用具

✓	序号	名称	规格/编号	单位	数量	备注
	1	绝缘安全帽	10kV	顶	1	
	2	绝缘手套	10kV	双	2	其中 1 双为地面电工验电、挂设接地线用
	3	防护手套		双	1	
	4	绝缘衣（披肩）	10kV	件	1	
	5	绝缘裤	10kV	件	1	
	6	绝缘鞋（套鞋）	10kV	双	1	
	7	斗内绝缘安全带		副	1	
	8	护目镜		副	1	
	9	普通安全帽		顶	5	

3.3　绝缘遮蔽用具

√	序号	名称	规格/编号	单位	数量	备注
	1	绝缘毯		块	若干	根据实际情况配置
	2	绝缘毯夹		只	若干	根据实际情况配置
	3	软质导线遮蔽罩		根	若干	根据实际情况配置
	4	导线遮蔽罩		根	若干	根据实际情况配置
	5	绝缘挡板		块	1	隔离变压器低压配电箱刀开关上下桩头用

3.4　绝缘工具

√	序号	名称	规格/编号	单位	数量	备注
	1	绝缘吊绳		根	1	
	2	绝缘短绳		根	6	作为高、低压柔性电缆的防坠绳使用
	3	令克棒		副	1	
	4	绝缘人字梯	5m	架	1	地面电工操作杆上变压器低压配电箱用

3.5　仪器仪表

√	序号	名称	规格/编号	单位	数量	备注
	1	验电器	10kV	支	1	
	2	低压验电器	0.4kV	支	1	
	3	绝缘电阻检测仪	2500V	只	1	
	4	风速仪		只	1	
	5	温、湿度计		只	1	
	6	单臂电桥		套	1	
	7	接地电阻测试仪		套	1	
	8	核相仪	0.4kV	套	1	
	9	对讲机		部	若干	根据情况决定是否使用

3.6　其他工具

√	序号	名称	规格/编号	单位	数量	备注
	1	防潮苫布		块	1	
	2	剥皮器		把	1	

√	序号	名称	规格/编号	单位	数量	备注
	3	个人常用工具		套	1	
	4	高压接地线	10kV	套	1	
	5	低压接地线	0.4kV	套	1	
	6	安全遮栏、安全围绳		副	若干	
	7	标示牌	"从此进出！"	块	1	
	8	标示牌	"在此工作！"	块	2	根据实际情况使用对应标示牌
	9	标示牌	"禁止合闸，线路有人工作！"	块	1	
	10	路障	"前方施工，车辆慢行"	块	2	
	11	干燥清洁布		块	若干	

3.7　材料

√	序号	名称	规格/编号	单位	数量	备注
	1	变压器		台	1	附产品合格证、试验合格证
	2	设备线夹		只	3	
	3	设备线夹绝缘罩		只	6	
	4	绝缘胶带		圈	3	

4. 危险点分析及安全控制措施

√	序号	危险点	安全控制措施	备注
	1	人身触电	1）作业人员必须穿戴齐全合格的个人绝缘防护用具（绝缘手套、绝缘安全帽、防护手套等），使用合格适当的绝缘工器具； 2）严格按照不停电作业操作规程中的遮蔽顺序（由近至远、由低到高、先带电体后接地体）进行遮蔽，绝缘遮蔽组合应保持不少于 0.2m 的重叠； 3）人体对带电体应有足够安全距离，斗臂车金属臂回转升降过程中与带电体间的安全距离不应小于 1.1m，安全距离不足应有绝缘隔离措施，斗臂车的伸缩式绝缘臂有效长度不小于 1.2m； 4）斗臂车、吊车需可靠接地； 5）斗内作业人员严禁同时接触不同电位物体； 6）断电缆引线之前，应通过测量引线电流确认电缆处于空载状态； 7）应采用绝缘操作杆进行消弧开关的开、合操作； 8）断电缆引线时，应采取防摆动措施，要保持引线与人体、邻相及接地体之间的安全距离	

√	序号	危险点	安全控制措施	备注
	2	高空坠落物体打击	1）斗内作业人员必须系好绝缘安全带，戴好绝缘安全帽； 2）使用的工具、材料等应用绝缘绳索传递或装在工具袋内，禁止乱扔、乱放； 3）现场除指定人员外，禁止其他人员进入工作区域，地面电工在传递工具、材料不要在作业点正下方，防止掉物伤人； 4）执行《带电作业绝缘斗臂车使用管理办法》； 5）作业现场按标准设置防护围栏，加强监护，禁止行人入内； 6）斗臂车绝缘斗升降过程中注意避开带电体、接地体及障碍物。绝缘斗升降、移动时应防止绝缘臂被过往车辆剐碰，绝缘斗位置固定后绝缘臂应在围栏保护范围内	
	3	二次电击伤害	本项作业需要停用重合闸，防止因相间或相地之间短路线路重合闸造成二次电击伤害	

5. 作业程序

5.1 开工准备

√	序号	作业内容	步骤及要求
	1	现场复勘	工作负责人核对工作线路双重命名、杆号
			工作负责人检查环境是否符合作业要求： 1）平整结实； 2）地面坡度不大于 7°
			工作负责人检查线路装置是否具备不停电作业条件： 1）作业段电杆杆根、埋深、杆身质量是否满足要求； 2）变压器容量应小于等于移动箱变车的变压器容量
			工作负责人检查气象条件（不需现场检查,但需在工作许可时汇报）： 1）天气应良好，无雷、雨、雪、雾； 2）风力：不大于 5 级； 3）气相对湿度不大于 80%
			工作负责人检查工作票所列安全措施是否完备，必要时在工作票上补充安全技术措施
	2	执行工作许可制度	工作负责人与调度联系，确认许可工作
			工作负责人在工作票上签字
	3	召开现场站班会	工作负责人宣读工作票
			工作负责人检查工作班组成员精神状态、交代工作任务进行分工、交代工作中的安全措施和技术措施
			工作负责人检查班组各成员对工作任务分工、安全措施和技术措施是否明确
			班组各成员在工作票和作业指导书上签名确认

续表

√	序号	作业内容	步骤及要求
	4	停放移动箱变车	驾驶员将移动箱变车停放到适当位置： 1）停放的位置应便于搭接高、低压柔性电缆和箱变车接地装置接地； 2）不应正对变压器台架，应给绝缘斗臂车（或吊车，注：由于现场空间的原因，吊车暂不进入作业位置）预留作业空间； 3）移动箱变车应顺线路停放，支腿支放正确
	5	停放绝缘斗臂车	斗臂车驾驶员将绝缘斗臂车位置停放到适当位置： 1）停放的位置应便于绝缘斗臂车绝缘斗达到作业位置，避免附近电力线和障碍物。并能保证作业时绝缘斗臂车的绝缘臂有效绝缘长度； 2）停放位置坡度不大于 7°
			斗臂车操作人员支放绝缘斗臂车支腿： 1）不应支放在沟道盖板上； 2）软土地面应使用垫块或枕木； 3）支腿顺序应正确（"H"型支腿的车型，应先伸出水平支腿，再伸出垂直支腿；在坡地停放，应先支"前支腿"，后支"后支腿"）； 4）支撑应到位。车辆前后、左右呈水平
			斗臂车操作人员将绝缘斗臂车可靠接地： 1）接地线应采用有透明护套的不小于 $16mm^2$ 的多股软铜线； 2）临时接地体埋深应不少于 0.6m
	6	布置工作现场	工作负责人组织班组成员设置工作现场的安全围栏、安全警示标志： 1）安全围栏的范围应考虑作业中高空坠落和高空落物的影响以及道路交通，必要时联系交通部门； 2）围栏的出入口应设置合理； 3）警示标示应包括"从此进出""在此工作"等，道路两侧应有"车辆慢行"标示或路障
			班组成员按要求将绝缘工器具放在防潮苫布上： 1）防潮苫布应清洁、干燥； 2）工器具应按定置管理要求分类摆放； 3）绝缘工器具不能与金属工具、材料混放
	7	工作负责人组织班组成员检查工器具	班组成员逐件对绝缘工器具进行外观检查： 1）检查人员应戴清洁、干燥的手套； 2）绝缘工具表面不应破损或有裂纹、变形损坏，操作应灵活； 3）个人安全防护用具和遮蔽、隔离用具应无针孔、砂眼、裂纹； 4）检查斗内专用绝缘安全带外观，并作冲击试验
			班组成员使用绝缘电阻检测仪分段检测绝缘工具的表面绝缘电阻值： 1）测量电极应符合规程要求（极宽 2cm、极间距 2cm）； 2）正确使用（自检、测量）绝缘电阻检测仪（应采用点测的方法，不应使电极在绝缘工具表面滑动，避免刮伤绝缘工具表面）； 3）绝缘电阻值不得低于 700MΩ
			绝缘工器具检查完毕，向工作负责人汇报检查结果
	8	检查绝缘斗臂车	斗内电工检查绝缘斗臂车表面状况：绝缘斗、绝缘臂应清洁、无裂纹损伤

续表

√	序号	作业内容	步骤及要求
	8	检查绝缘斗臂车	斗内电工试操作绝缘斗臂车： 1）试操作应空斗进行； 2）试操作应充分，有回转、升降、伸缩的过程。确认液压、机械、电气系统正常可靠、制动装置可靠
			绝缘斗臂车检查和试操作完毕，斗内电工向工作负责人汇报检查结果
	9	检查（新）变压器	地面电工检查（新）变压器： 1）清洁瓷件，并作表面检查，瓷件表面应光滑，无麻点、裂痕等； 2）清洁本体，无渗漏油现象； 3）核对产品合格证、试验合格证，记录铭牌参数； 4）检测完毕，向工作负责人汇报检测结果
	10	斗内电工进入绝缘斗臂车绝缘斗	斗内电工穿戴好个人安全防护用具： 1）个人安全防护用具包括绝缘帽、绝缘衣（披肩）、绝缘手套（带防穿刺手套）等； 2）工作负责人应检查斗内电工个人防护用具的穿戴是否正确
			斗内电工携带工器具进入绝缘斗，工器具应分类放置，工具和人员重量不得超过绝缘斗额定载荷
			斗内电工将斗内专用绝缘安全带系挂在斗内专用挂钩上

5.2　作业过程

√	序号	作业内容	步骤及要求
	1	进入带电作业区域	获得工作负责人的许可后，斗内电工操作绝缘斗臂车，进入带电作业区域，绝缘斗移动应平稳匀速，在进入带电作业区域时： 1）应无大幅晃动现象； 2）绝缘斗下降、上升的速度不应超过 0.4m/s； 3）绝缘斗边沿的最大线速度不应超过 0.5m/s； 4）转移绝缘斗时应注意绝缘斗臂车周围杆塔、线路等情况，绝缘臂的金属部位与带电体和地电位物体的距离大于 1.1m； 5）进入带电作业区域作业后，绝缘斗臂车绝缘臂的有效绝缘长度不应小于 1.2m
	2	验电	在工作负责人的监护下，使用验电器确认作业现场无漏电现象。应注意： 1）验电时，必须戴绝缘手套，验电顺序应为由近及远； 2）验电前，应验电器进行自检，确认是否合格（在保证安全距离的情况下也可在带电体上进行）； 3）验电时，电工应与邻近的构件、导体保持足够的距离； 4）接地构件有电，不应继续进行
	3	设置低压架空线路绝缘遮蔽隔离措施	获得工作负责人的许可后，斗内作业人员转移绝缘斗至低压架空线路合适工作位置，按照"由近到远"的原则对低压架空线路进行绝缘遮蔽隔离： 1）遮蔽部位为挂接低压柔性电缆时可能触及的异电位； 2）在对处于中间位置的导线设置绝缘绝缘遮蔽隔离措施时，作业人员应处于已遮蔽相和待遮蔽相的下方； 3）绝缘遮蔽隔离措施应严密、牢固

续表

√	序号	作业内容	步骤及要求
	4	设置高压架空线路绝缘遮蔽隔离措施	获得工作负责人的许可后,斗内作业人员转移绝缘斗至高压架空线路合适工作位置,按照"由近到远"的原则或"先近边相,再远边相,最后中间相"的顺序依次对高压架空线路进行绝缘遮蔽隔离: 1) 遮蔽部位为挂接高压柔性电缆时可能触及的异电位; 2) 斗内电工在设置绝缘遮蔽隔离措施时,动作应轻缓并保持足够安全距离。在对处于中间位置的导线设置绝缘绝缘遮蔽隔离措施时,作业人员应处于已遮蔽相和待遮蔽相的下方; 3) 绝缘遮蔽隔离措施应严密、牢固,绝缘遮蔽组合的重叠距离不得小于 0.2m
	5	检查杆上变压器分接开关位置和铭牌参数	获得工作负责人的许可后,斗内作业人员转移绝缘斗至合适工作位置,检查杆上变压器分接开关位置。斗内电工在检查杆上变压器分接开关位置和铭牌参数时,动作应轻缓并与带电导体保持足够安全距离
	6	移动箱变车接入前的准备	地面电工根据杆上变压器的型号、分接开关位置等,做好移动箱变接入前的准备工作和其他地面工作: 1) 调整移动箱变接线组别,并确认; 2) 调整移动箱变分接开关位置,并确认; 3) 用单臂电桥测试移动箱变高压绕组的直流电阻,并核对、比较有关数据,确认接线组别、分接开关调整到位; 4) 将移动箱变接地装置接地,并用接地电阻测试仪测试接地电阻应不大于 4Ω; 5) 将高、低压柔性电缆接入到移动箱变的高、低压开关柜中,并将电缆铠装接地接好。柔性电缆插拔式插头的相色标志应与开关插口的相色标志一致; 6) 检查确认移动箱变高低压开关均应在断开位置,接地刀闸已打开无接地
	7	挂接低压柔性电缆	获得工作负责人的许可后,斗内电工转移绝缘斗至低压架空线路的合适工作位置,按照"由远及近"的顺序逐相移开挂接点的绝缘遮蔽隔离措施,剥除绝缘导线的绝缘层,挂接好低压柔性电缆,并恢复和补充挂接点的绝缘遮蔽隔离措施。应注意: 1) 剥离绝缘层应使用专用切削工具,不得损伤导线,切口处绝缘层与线芯宜有 45°倒角; 2) 应注意柔性电缆挂接头的相色标志与架空线路的相色标志一致; 3) 接头应紧固,不应受扭力
	8	挂接高压柔性电缆	获得工作负责人的许可后,斗内电工转移绝缘斗至高压架空线路的合适工作位置,按照"先中间相,再远边相,最后近边相"的顺序逐相移开挂接点的绝缘遮蔽隔离措施,剥除绝缘导线的绝缘层,挂接好低压柔性电缆,并恢复和补充挂接点的绝缘遮蔽隔离措施。注意事项于搭接低压柔性电缆时相同
	9	倒闸操作,接入移动箱变,退出杆上变压器	倒闸操作时应注意: 1) 倒闸操作人员分工为:移动箱变、杆上变压器低压配电箱及高压跌落式熔断器的操作由 1 号地面电工执行,工作负责人监护; 2) 倒闸操作时工作负责人与操作人员之间应采用复诵制度; 3) 1 号地面电工在操作时,绝缘人字梯应架设牢固稳定; 4) 1 号地面电工在操作时,应戴绝缘手套。在操作跌落式熔断器时,应使用令克棒,令克棒的有效绝缘长度应不小于 0.9m; 5) 在 1 号地面电工和工作负责人操作时,斗内电工应撤出有电区域。 倒闸操作流程见附录 A

√	序号	作业内容	步骤及要求
	10	补充安全措施	获得工作负责人的许可后，控制绝缘斗臂车绝缘斗到达跌落式熔断器上接线柱部位合适的工作位置，补充绝缘遮蔽隔离措施，以防止变台上工作人员和吊车的吊臂与带电部位距离不足，必要时可以将跌落式熔断器上引线从 10kV 高压架空线路上拆除： 1）遮蔽的部位主要是跌落式熔断器的上接线柱、上引线等部位； 2）斗内电工在设置绝缘遮蔽隔离措施时，动作应轻缓并保持足够安全距离； 3）绝缘遮蔽隔离措施应严密、牢固，绝缘遮蔽组合的重叠距离不得小于 0.2m
	11	更换杆上变压器	绝缘斗臂车操作人员将绝缘臂复位，收起支腿，暂时撤出在此工作
			在工作负责人的监护下，地面电工登上杆上变压器台架，逐相拆除变压器高低压出线、外壳的保护接地线等，并圈好妥善固定。以及拆除可能阻碍拆、吊装变压器的构件
			吊车进入在此工作，停留于最佳起吊位置，支好支腿，并将吊车整车接地
			在工作负责人的指挥下，吊车操作工操作吊车和地面电工等更换柱上变压器。作业中应注意： 1）吊车操作工应听从工作负责人的指挥； 2）吊车的吊臂应与作业装置带电部位保持一定的距离（如 1.1m）； 3）在拆除旧变压器时，地面电工在吊车吊索吊紧变压器后，才能全部拆除杆上变压器的底脚螺栓，反之，在吊装新变压器时，待全部紧固变压器底脚螺丝后才能解下吊车吊索； 4）吊点应合适，在起吊、吊装过程中，地面电工应用绳索对变压器进行控制； 5）配合人员不应站在起重臂下，并应注意防止重物打击； 6）新变压器朝向应正确，水平倾斜不大于台架根开的 1/100
			带车操作工收回吊车吊臂和支腿及接地线等，吊车撤出在此工作
			在工作负责人的监护下，地面电工登上杆上变压器台架，逐相安装变压器高低压出线、外壳的保护接地线等。变压器的安装工艺应符合要求： 1）变压器一、二次引线排列整齐、绑扎牢固； 2）变压器外壳干净； 3）接地可靠，应用接地电阻测试仪测试接地电阻值符合规定； 4）套管压线螺栓等部件齐全
			绝缘斗臂车进入在此工作，停放在最佳工作位置，支放好支腿，整车接地
	12	倒闸操作，接入杆上变压器，退出移动箱变	倒闸操作的注意事项与"接入移动箱变，退出杆上变压器"时相同。倒闸操作流程见附录 B

续表

√	序号	作业内容	步骤及要求
	13	撤除移动箱变高压柔性电缆	获得工作负责人的许可后，斗内电工转移绝缘斗至高压架空线路的合适工作位置，按照"先近边相、再远边相、最后中间相"的顺序逐相拆除高压柔性电缆，并恢复挂接点的绝缘遮蔽隔离措施。应注意： 1）对于绝缘导线，绝缘层破损处应用 3M 胶带进行绝缘补强，每圈绝缘自黏带间搭压带宽的 1/2，补修后绝缘自黏带的厚度应足够。也可用绝缘护罩将绝缘层损伤部位罩好，并将开口部位用绝缘自粘带缠绕封住； 2）地面电工应戴绝缘手套，不应接触柔性电缆的金属挂接线夹，防止可能的电荷电击
	14	撤除移动箱变低压柔性电缆	获得工作负责人的许可后，斗内电工转移绝缘斗至低压架空线路的合适工作位置，按照"从近到远"的顺序逐相拆除低压柔性电缆，并恢复挂接点的绝缘遮蔽隔离措施。注意事项与撤除移动箱变高压柔性电缆同
	15	移动箱变车的复位	地面电工将移动箱变车高低压开关柜的接地闸刀接地，对变压器、高低压柔性电缆等进行充分放电，将移动箱变各部件复位
	16	撤除高压架空线路绝缘遮蔽隔离措施	获得工作负责人的许可后，斗内作业人员转移绝缘斗至高压架空线路合适工作位置，按照"从远到近"的原则或"先中间相，再远边相，最后近边相"的顺序依次拆除高压架空线路的绝缘遮蔽隔离措施
	17	撤除低压架空线路绝缘遮蔽隔离措施	获得工作负责人的许可后，斗内作业人员转移绝缘斗至高压架空线路合适工作位置，按照"从远到近"的原则依次拆除低压架空线路的绝缘遮蔽隔离措施
	18	工作验收	斗内电工撤出带电作业区域。撤出带电作业区域时： 1）应无大幅晃动现象； 2）绝缘斗下降、上升的速度不应超过 0.4m/s； 3）绝缘斗边沿的最大线速度不应超过 0.5m/s； 4）转移绝缘斗时应注意绝缘斗臂车周围杆塔、线路等情况，绝缘臂的金属部位与带电体和地电位物体的距离大于 1.1m
			斗内电工检查施工质量： 1）杆上无遗漏物； 2）装置无缺陷符合运行条件； 3）向工作负责人汇报施工质量
	19	撤离杆塔	下降绝缘斗返回地面、收回绝缘臂时应注意绝缘斗臂车周围杆塔、线路等情况

6. 工作结束

√	序号	作业内容	步骤及要求
	1	工作负责人组织班组成员清理工具和现场	绝缘斗臂车各部件复位，收回绝缘斗臂车支腿
			工作负责人组织班组成员整理工具、材料。将工器具清洁后放入专用的箱（袋）中。清理现场，做到"工完、料尽、场地清"
	2	工作负责人召开收工会	工作负责人组织召开现场收工会，做工作总结和点评工作： 1）正确点评本项工作的施工质量； 2）点评班组成员在作业中的安全措施的落实情况； 3）点评班组成员对规程的执行情况
	3	办理工作终结手续	工作负责人向调度汇报工作结束，并终结工作票

7. 验收记录

记录检修中发现的问题	
存在问题及处理意见	

8. 现场标准化作业指导书执行情况评估

评估内容	符合性	优		可操作项	
		良		不可操作项	
	可操作性	优		修改项	
		良		遗漏项	
存在问题					
改进意见					

9. 附录

附录A　倒闸操作流程（接入移动箱变、退出杆上变压器）

√	序号	作业过程
	1	合上移动箱变高压负荷开关
	2	检查高压负荷开关的操动机构机械和电气信号装置，确认确已在合上位置
	3	合上移动箱变低压开关柜的刀开关
	4	检查并确认刀开关确已在合上位置
	5	核对移动箱变低压空气开关两侧电源的相位，应正确无误
	6	合上移动箱变低压空气开关
	7	检查并确认低压空气开关确已在合上位置
	8	检查移动箱变的电流指示，确认移动箱变分流良好
	9	打开杆上变压器低压配电箱箱门，拉开低压空气开关
	10	检查并确认杆上变压器低压空气开关确已在分闸位置
	11	拉开杆上变压器低压刀开关
	12	检查并确认杆上变压器低压刀开关确已在分闸位置
	13	关上杆上变压器低压配电箱箱门，在箱门把手上挂好"禁止合闸，线路有人工作！"标识牌
	14	拉开杆上变压器高压侧中间相跌落式熔断器，取下熔管
	15	拉开杆上变压器高压侧下风相跌落式熔断器，取下熔管
	16	拉开杆上变压器高压侧上风相跌落式熔断器，取下熔管
	17	低压验电器自检正常

续表

√	序号	作业过程
	18	用低压验电器对变压器低压出线桩头、中性点出线桩头进行验电,确认无电
	19	挂设低压接地线
	20	验电器自检正常
	21	用验电器对变压器高压出线桩头进行验电,确认无电
	22	挂设高压接地线

附录 B 倒闸操作流程(接入杆上变压器、退出移动箱变)

√	序号	作业过程
	1	拆除高压接地线
	2	拆除低压接地线
	3	挂上杆上变压器上风相高压跌落式熔断器熔管,合上熔管
	4	检查熔管是否合闸到位
	5	挂上杆上变压器下风相高压跌落式熔断器熔管,合上熔管
	6	检查熔管是否合闸到位
	7	挂上杆上变压器中间相高压跌落式熔断器熔管,合上熔管
	8	检查熔管是否合闸到位
	9	取下杆上变压器低压配电箱把手上的警示牌,打开箱门
	10	合上杆上变压器低压刀开关
	11	检查并确认杆上变压器低压刀开关确已在合闸位置
	12	合上杆上变压器低压空气开关
	13	检查并确认杆上变压器低压空气开关确已在合闸位置
	14	检查低压配电箱电流指示或移动箱变的电流指示,确认杆上变压器分流良好
	15	拉开移动箱变低压空气开关
	16	检查并确认移动箱变低压空气开关确已在分闸位置
	17	拉开移动箱变低压开关柜的刀开关
	18	检查并确认刀开关确已在分闸位置
	19	拉开移动箱变高压负荷开关
	20	确认移动箱变高压负荷开关确已在分闸位置

第三节　旁路作业检修架空线路

034　综合不停电作业旁路作业检修架空线路

1. 范围

本现场标准化作业指导书规定了旁路作业（综合不停电作业）更换 10kV××线××号杆至××号杆架空导线的工作骤和技术要求。

本现场标准化作业指导书适用于旁路作业（综合不停电作业）更换 10kV××线××号杆至××号杆架空导线的工作。

2. 人员组合

本项目需要 17 人。

2.1　作业人员要求

本现场标准化作业指导书人员数量按照工作内容不交叉的要求配备。

√	序号	责任人	资质	人数
	1	工作负责人	应具有 3 年以上的配电带电作业实际工作经验，熟悉设备状况，具有一定组织能力和事故处理能力，并经工作负责人的专门培训，考试合格	1
	2	小组负责人（专责监护人）	应具有配电线路带电作业资格，并具备 3 年以上的配电带电作业实际工作经验，熟悉设备状况，有一定组织能力和事故处理能力，并经工作负责人的专门培训，考试合格	3
	3	斗内电工	应通过配网不停电作业专项培训，考试合格并持有上岗证	3
	4	地面电工	应通过 10kV 配电线路专项培训，考试合格并持有上岗证	10

2.2　作业人员分工

√	序号	责任人	分工	责任人签名
	1		工作负责人	
	2		1 号作业点（作业区段起始杆）小组负责人（专责监护人）	
	3		2 号作业点（作业区段分支杆）小组负责人（专责监护人）	
	4		3 号作业点（作业区段终端杆）小组负责人（专责监护人）	
	5		1 号车（1 号作业点）斗内电工	
	6		2 号车（2 号作业点）斗内电工	
	7		3 号车（3 号作业点）斗内电工	

√	序号	责任人	分工	责任人签名
	8		1 号作业点地面电工	
	9		2 号作业点地面电工	
	10		3 号作业点地面电工	
	11		1 号电缆放线工（兼小组负责人，和其他电缆放线工、电缆架设辅助工一起负责电缆的放线和收线工作）	
	12		2 号电缆放线工	
	13		3 号电缆放线工	
	14		1 号电缆架设辅助工	
	15		2 号电缆架设辅助工	
	16		机动绞磨操作工（兼小组负责人，和机动绞磨操作辅助工一起负责电缆的牵引）	
	17		机动绞磨操作辅助工	

3. 工器具

领用绝缘工器具应核对工器具的使用电压等级和试验周期，并应检查外观完好无损。

工器具运输，应存放在专用的工具袋、工具箱或工具车内；金属工具和绝缘工器具应分开装运。

3.1 装备

√	序号	名称	规格/编号	单位	数量	备注
	1	绝缘斗臂车		辆	3	带小吊臂
	2	卷扬机		台	1	
	3	旁路电缆	YJRV8.7/15，50m	根	6	黄、绿、红各 2 根，载流能力应大于 1.2 倍的线路最大负荷电流
	4	旁路辅助电缆	HCV8.7/15，6m	根	6	黄、绿、红各 3 根，载流能力应大于 1.2 倍的线路最大负荷电流
	5	旁路高压引下电缆	HCV8.7/15，6m	根	6	黄、绿、红各 3 根，载流能力应大于 1.2 倍的线路最大负荷电流
	6	电缆中间接头		组	3	即电缆双通接头，每组 3 个，载流能力应大于 1.2 倍的线路最大负荷电流
	7	电缆 T 型接头		组	1	共 3 个，包含支架。载流能力应大于 1.2 倍的线路最大负荷电流
	8	滑轮		箱	2	每箱 25 只
	9	连接绳	2m	盘	2	每盘 25 根

续表

√	序号	名称	规格/编号	单位	数量	备注
	10	蚕丝牵引绳	100m	根	2	
	11	可调连接绳	2m	根	2	
	12	电缆牵引工具（牵头用）		套	1	
	13	电缆牵引工具（中间用）		套	1	即 MR 连接器
	14	电缆送出轮		只	3	
	15	电缆导入轮		只	1	
	16	电缆导入支撑架		套	1	
	17	输送绳	（100m）	套	2	每套含万向接头 4 只，输送绳缆盘和固定支架，输送绳有 100m/根 或 50m/根，为便于现场调节输送绳长度，应适当配备 7、2、1m 长度的输送绳
	18	固定工具（地上用）		套	1	
	19	固定工具（杆上用）		套	1	作业区段起始杆用
	20	中间支持工具		套	1	作业区段分支杆用
	21	紧线工具		套	1	作业区段终端杆用，含杆上固定支架和紧线器
	22	缆盘固定支架		只	3	
	23	余缆支架		只	6	
	24	电缆绑扎带		根	12	
	25	旁路开关		台	3	载流能力应大于 1.2 倍的线路最大负荷电流
	26	旁路开关保护接地线		根	3	开关外壳接地用，配临时接地棒

3.2　个人安全防护用具

√	序号	名称	规格/编号	单位	数量	备注
	1	绝缘安全帽	10kV	顶	3	
	2	绝缘手套	10kV	副	3	
	3	防护手套		副	3	
	4	绝缘衣（披肩）	10kV	件	3	
	5	绝缘裤	10kV	件	3	
	6	绝缘鞋（套鞋）	10kV	双	3	

续表

√	序号	名称	规格/编号	单位	数量	备注
	7	斗内绝缘安全带		副	3	
	8	普通安全带		副	3	
	9	护目镜		副	3	
	10	普通安全帽		顶	14	

3.3 绝缘遮蔽工具

√	序号	名称	规格/编号	单位	数量	备注
	1	绝缘毯	10kV	块	若干	根据实际情况配置
	2	绝缘毯夹		只	若干	根据实际情况配置
	3	导线遮蔽罩	10kV	根	若干	根据实际情况配置

3.4 绝缘工具

√	序号	名称	规格/编号	单位	数量	备注
	1	专用绝缘操作杆		根	3	
	2	绝缘短绳	1.5m	根	6	
	3	绝缘吊绳	15m	根	3	

3.5 仪器仪表

√	序号	名称	规格/编号	单位	数量	备注
	1	验电器	10kV	支	3	
	2	绝缘电阻检测仪	2500V	只	1	
	3	风速仪		只	1	
	4	温、湿度计		只	1	
	5	核相仪	10kV	套	2	
	6	钳型电流表		只	2	
	7	对讲机		套	若干	根据情况决定是否使用

3.6 其他工具

√	序号	名称	规格/编号	单位	数量	备注
	1	脚扣		副	2	
	2	防潮苫布		块	4	
	3	剥皮器		把	3	
	4	个人常用工具		套	5	
	5	高压接地线	10kV	套	2	
	6	安全遮栏、安全围绳		副	若干	
	7	标示牌	"从此进出!"	块	3	根据实际情况使用对应标示牌
	8	标示牌	"在此工作!"	块	3	
	9	路障	"前方施工,车辆慢行"	块	2	
	10	干燥清洁布		块	若干	

3.7 更换导线用工器具

√	序号	名称	规格/编号	单位	数量	备注
	1	放线架		架	2	
	2	制动木杠		根	2	
	3	临时拉线钢丝绳		道	2	
	4	锚桩		个	2	
	5	八角锤		把	2	
	6	双钩紧线器		把	2	
	7	紧线器		个	4	
	8	卡线器		个	4	
	9	钢丝绳套		个	5	
	10	卸扣	ϕ12	个	6	
	11	大卡钳		把	2	
	12	放线滑车		只	6	
	13	白棕绳		根	2	
	14	弧垂尺		把	1	

3.8 材料

√	序号	名称	规格/编号	单位	数量	备注
	1	导线	LJ-120	kg	若干	主导线
	2	绝缘导线	JKLYL-120	kg	若干	作设备引线、耐张杆跳线用
	3	铝包带	1mm×10mm	m	若干	
	4	扎线		m	若干	

4. 危险点分析及安全控制措施

√	序号	危险点	安全控制措施	备注
	1	人身触电	1）作业人员必须穿戴齐全合格的个人绝缘防护用具（绝缘手套、绝缘安全帽、防护手套等），使用合格适当的绝缘工器具； 2）严格按照不停电作业操作规程中的遮蔽顺序（由近至远、由低到高、先带电体后接地体）进行遮蔽，绝缘遮蔽组合应保持不少于 0.2m 的重叠； 3）人体对带电体应有足够安全距离，斗臂车金属臂回转升降过程中与带电体间的安全距离不应小于 1.1m，安全距离不足应有绝缘隔离措施，斗臂车的伸缩式绝缘臂有效长度不小于 1.2m； 4）斗臂车、吊车需可靠接地； 5）斗内作业人员严禁同时接触不同电位物体； 6）断电缆引线之前，应通过测量引线电流确认电缆处于空载状态； 7）应采用绝缘操作杆进行消弧开关的开、合操作； 8）断电缆引线时，应采取防摆动措施，要保持引线与人体、邻相及接地体之间的安全距离	
	2	高空坠落物体打击	1）斗内作业人员必须系好绝缘安全带，戴好绝缘安全帽； 2）使用的工具、材料等应用绝缘绳索传递或装在工具袋内，禁止乱扔、乱放； 3）现场除指定人员外，禁止其他人员进入工作区域，地面电工在传递工具、材料不要在作业点正下方，防止掉物伤人； 4）执行《带电作业绝缘斗臂车使用管理办法》； 5）作业现场按标准设置防护围栏，加强监护，禁止行人入内； 6）斗臂车绝缘斗升降过程中注意避开带电体、接地体及障碍物。绝缘斗升降、移动时应防止绝缘臂被过往车辆刮碰，绝缘斗位置固定后绝缘臂应在围栏保护范围内	
	3	二次电击伤害	本项作业需要停用重合闸，防止因相间或相地之间短路线路重合闸造成二次电击伤害	

5. 作业程序

5.1 开工准备

√	序号	作业内容	步骤及要求
	1	现场复勘	工作负责人核对工作线路双重命名、作业区段杆号
			工作负责人检查环境是否符合作业要求： 1）平整结实； 2）地面坡度不大于7°
			工作负责人检查线路装置是否具备不停电作业条件： 1）工作区段两端应均为耐张杆； 2）耐张杆两侧拉线完整、无锈蚀、上拔等现象； 3）作业区段中各电杆埋深符合要求、杆根和杆身质量良好
			工作负责人检查气象条件（不需现场检查，但需在工作许可时汇报）： 1）天气应良好，无雷、雨、雪、雾； 2）风力：不大于5级； 3）气相对湿度不大于80%
			工作负责人检查工作票所列安全措施,必要时在工作票上补充安全技术措施
	2	执行工作许可制度	工作负责人与调度联系，确认许可工作
			工作负责人在工作票上签字
	3	召开现场站班会	工作负责人宣读工作票
			工作负责人检查工作班组成员精神状态、交代工作任务进行分工、交代工作中的安全措施和技术措施
			工作负责人检查班组各成员对工作任务分工、安全措施和技术措施是否明确
			班组各成员在工作票和作业指导书上签名确认
	4	停放绝缘斗臂车	斗臂车驾驶员将1、2、3号绝缘斗臂车分别停放到1号作业点、2号作业点和3号作业点的适当位置： 1）停放的位置应便于绝缘斗臂车绝缘斗达到作业位置，避开附近电力线和障碍物。并能保证作业时绝缘斗臂车的绝缘臂有效绝缘长度； 2）停放位置坡度不大于7°
			斗臂车操作人员支放绝缘斗臂车支腿： 1）不应支放在沟道盖板上； 2）软土地面应使用垫块或枕木； 3）支腿顺序应正确（"H"型支腿的车型，应先伸出水平支腿，再伸出垂直支腿；在坡地停放，应先支"前支腿"，后支"后支腿"）； 4）支撑应到位。车辆前后、左右呈水平
			斗臂车操作人员将绝缘斗臂车可靠接地： 1）接地线应采用有透明护套的不小于16mm²的多股软铜线； 2）临时接地体埋深应不少于0.6m

√	序号	作业内容	步骤及要求
	5	布置工作现场	工作负责人组织班组成员设置工作现场的安全围栏、安全警示标志： 1）安全围栏的范围应考虑作业中高空坠落和高空落物的影响以及道路交通，必要时联系交通部门； 2）围栏的出入口应设置合理； 3）警示标示应包括"从此进出""在此工作"等，道路两侧应有"车辆慢行"标示或路障
			各工作点成员在小组负责人（专责监护人）的组织下，按要求将绝缘工器具放在防潮苫布上： 1）防潮苫布应清洁、干燥； 2）工器具应按定置管理要求分类摆放； 3）绝缘工器具不能与金属工具、材料混放
	6	工作负责人指挥各工作点小组负责人（专责监护人）组织班组成员检查工器具	各工作点成员在小组负责人（专责监护人）的组织下逐件对绝缘工器具进行外观检查： 1）检查人员应戴清洁、干燥的手套； 2）绝缘工具表面不应破损或有裂纹、变形损坏，操作应灵活； 3）个人安全防护用具和遮蔽、隔离用具应无针孔、砂眼、裂纹； 4）检查斗内专用绝缘安全带外观，并作冲击试验
			使用绝缘电阻检测仪分段检测绝缘工具的表面绝缘电阻值： 1）测量电极应符合规程要求（极宽 2cm、极间距 2cm）； 2）正确使用（自检、测量）绝缘电阻检测仪（应采用点测的方法，不应使电极在绝缘工具表面滑动，避免刮伤绝缘工具表面）； 3）绝缘电阻值不得低于 700MΩ
			绝缘工器具检查完毕，应向小组负责人（专责监护人）汇报检查结果，然后小组负责人（专责监护人）向工作负责人汇报检查结果
	7	检查绝缘斗臂车	各工作点斗内电工检查绝缘斗臂车表面状况：绝缘斗、绝缘臂应清洁、无裂纹损伤
			各工作点斗内电工试操作绝缘斗臂车： 1）试操作应空斗进行； 2）试操作应充分，有回转、升降、伸缩的过程。确认液压、机械、电气系统正常可靠、制动装置可靠
			绝缘斗臂车检查和试操作完毕，斗内电工应向小组负责人（专责监护人）汇报检查结果，然后小组负责人（专责监护人）项工作负责人汇报检查结果
	8	斗内电工进入绝缘斗臂车绝缘斗	各工作点斗内电工穿戴好个人安全防护用具： 1）个人安全防护用具包括绝缘帽、绝缘衣（披肩）、绝缘手套（带防穿刺手套）等； 2）各工作点小组负责人（专责监护人）应检查斗内电工个人防护用具的穿戴是否正确
			各工作点斗内电工携带工器具进入绝缘斗，工器具应分类放置，工具和人员重量不得超过绝缘斗额定载荷
			各工作点斗内电工进入绝缘斗后应立即将斗内专用绝缘安全带系挂在斗内专用挂钩上

5.2 作业过程

✓	序号	作业内容	步骤及要求
	1	工作负责人指挥1号工作点小组负责人（专责监护人）组织落实1号作业点作业装置的绝缘遮蔽隔离措施	斗内电工经工作负责人许可后，操作绝缘斗臂车，进入带电作业区域，绝缘斗移动应平稳匀速，在进入带电作业区域时： 1）绝缘臂在仰起回转过程中应无大幅晃动现象； 2）绝缘斗下降、上升的速度不应超过0.4m/s； 3）绝缘斗边沿的最大线速度不应超过0.5m/s； 4）转移绝缘斗时应注意绝缘斗臂车周围杆塔、线路等情况，绝缘臂的金属部位与带电体和地电位物体的距离大于1.1m； 5）进入带电作业区域作业后，绝缘斗臂车绝缘臂的有效绝缘长度不应小于1.2m 1号车斗内电工对1号作业点作业装置设置绝缘遮蔽措施。应注意： 1）设置绝缘遮蔽隔离措施应遵守"从下到上，由近及远，先大后小"的原则。三相的遮蔽顺序为"先近边相、再远边相、最后中间相"，电杆两侧可依次进行；每相遮蔽的部位和顺序依次为：主导线、耐张线夹、耐张跳线、耐张绝缘子串。电杆两侧可以电杆为界限分开依次进行； 2）斗内电工应注意动作幅度，与邻近的异电位物体保持足够的安全距离（相对地不小于0.6m，相间不小于0.8m）； 3）绝缘遮蔽措施保护范围应足够，设置严密、牢固，绝缘遮蔽组合的重叠部分不应小于0.2m
	2	验电	在工作负责人的监护下，使用验电器确认作业现场无漏电现象。应注意： 1）验电时，必须戴绝缘手套，验电顺序应为由近及远； 2）验电前，应验电器进行自检，确认是否合格（在保证安全距离的情况下也可在带电体上进行）； 3）验电时，电工应与邻近的构件、导体保持足够的距离； 4）接地构件有电，不应继续进行
	3	工作负责人指挥2号工作点小组负责人（专责监护人）组织落实2号作业点作业装置的绝缘遮蔽隔离措施	在2号作业点小组负责人（专责监护人）的监护下，2号车斗内电工操作绝缘斗臂车进入带电作业区域，对2号作业点作业装置设置绝缘遮蔽隔离措施。应注意： 1）设置绝缘遮蔽隔离措施应遵守"从下到上，由近及远，先大后小"的原则。三相的遮蔽顺序为"先近边相、再远边相、最后中间相"，电杆两侧的带电体及主回路、分支回路可分开依次进行；遮蔽的部位和顺序依次为：跌落式熔断器下引线、跌落式熔断器上引线，跌落式熔断器，电杆两侧部分主回路导线，分支线路部分导线等； 2）斗内电工应注意动作幅度，与邻近的异电位物体保持足够的安全距离（相对地不小于0.6m，相间不小于0.8m）； 3）绝缘遮蔽措施保护范围应足够，设置严密、牢固，绝缘遮蔽组合的重叠部分不应小于0.2m
	4	工作负责人指挥3号工作点小组负责人（专责监护人）组织落实3号作业点作业装置的绝缘遮蔽隔离措施	在3号作业点小组负责人（专责监护人）的监护下，3号车斗内电工操作绝缘斗臂车进入带电作业区域，按照与1号作业点相同的方法和要求对3号作业点作业装置设置绝缘遮蔽隔离措施

√	序号	作业内容	步骤及要求
	5	安装旁路电缆敷设支架	旁路电缆施放端作业人员选择合适的位置，打好固定锚桩，准备地面固定工具的组装。应注意： 1）锚桩方向应正确，打入地中的深度应足够； 2）打击锚桩时，作业人员不应戴手套，无关人员及配合人员不应站在抡锤方向的前方
			1号作业点作业人员在杆上安装杆上固定工具。应注意： 1）杆上固定工具的安装高度为 4.5m 左右； 2）应防止高空落物
			2号作业点（作业终端杆）作业人员在杆上安装中间支持工具。应注意： 1）安装高度为 5m 左右（跨越道路，则安装高度按有关规定适当增高）； 2）应防止高空落物
			3号作业点（作业终端杆）作业人员在杆上安装紧线工具和输送绳缆盘固定支架。应注意： 1）紧线工具和输送绳缆盘固定支架的安装高度为 5m 左右（跨越道路，则安装高度按有关规定适当增高）； 2）应防止高空落物
	6	连接、固定、收紧输送绳	各工作点的地面电工和斗内电工配合连接、固定，并收紧输送绳。应注意： 1）在连接输送绳时应检查万向接头螺纹和输送绳有无磨损以防牵引电缆时断落； 2）输送绳应收紧，防止在承受电缆重量后下挂松弛
	7	安装旁路开关和余缆支架	在工作负责人的特意指挥下，和在各工作点小组负责人（专责监护人）的监护下，1号作业点、2号作业点、3号作业点的作业人员在电杆上安装好旁路开关和余缆支架，并将开关外壳接地。应注意： 1）旁路开关的安装高度比输送绳高 1～1.5m；余缆支架比开关低 0.5m 左右； 2）旁路开关外壳接地良好，临时接地棒埋深不少于 0.6m； 3）应防止高空落物
	8	施放旁路电缆	施放、牵引电缆。应注意： 1）旁路电缆端部应绑扎紧密、整齐、牢固； 2）滑轮和连接绳组装时，配合应密切； 3）作业人员应听从工作负责人统一指挥，密切配合，旁路电缆从缆盘的展放速度和机动绞磨的牵引速度应一致，速度应缓慢均匀，电缆不得非正常受力； 4）牵引过程中应密切关注电缆在输送绳上的移动，特别是在经过各电杆上的固定支持工具的过程，防止电缆卡住； 5）整个施放过程，电缆不得与地面或其他硬物摩擦； 6）施放电缆时，电缆放线工应对旁路电缆进行表面检查，是否有明显破损现象
	9	安装旁路辅助电缆和旁路高压引下电缆	1号作业点、3号作业点的工作人员在各自小组负责人的组织下，将旁路辅助电缆和旁路高压引下电缆安装到旁路开关接口，并用电缆中间接头将旁路辅助电缆和旁路电缆接续。应注意： 1）同一相的旁路辅助电缆、旁路高压引下电缆和旁路电缆色标应一致； 2）旁路开关接口连接可靠，应注意不能磕碰，防止杂物进入接口； 3）电缆中间接头不应受扭力； 4）余缆应用电缆带扎好，固定可靠，防止散落

续表

√	序号	作业内容	步骤及要求
	9	安装旁路辅助电缆和旁路高压引下电缆	2号作业点作业人员在各自小组负责人的组织下，将旁路辅助电缆和旁路高压引下电缆安装到2号旁路开关接口，并用电缆T型接头将旁路辅助电缆和旁路电缆接续。应注意： 1）同一相的旁路辅助电缆、旁路高压引下电缆和旁路电缆色标应一致； 2）旁路开关接口连接可靠，应注意不能磕碰，防止杂物进入接口； 3）电缆T型接头不应受扭力； 4）余缆应用电缆带扎好，固定可靠，防止散落
	10	1号作业点，用绝缘短绳固定旁路开关旁路高压引下电缆	工作负责人指挥1号作业点小组负责人（专责监护人），在小组负责人（专责监护人）的监护下，斗内电工用绝缘短绳将旁路开关的旁路高压引下电缆固定在主干线的合适位置。应注意： 1）固定位置为主干线作业范围外侧，绝缘短绳应绑在主导线外面的绝缘遮蔽隔离措施上； 2）固定的顺序应按"先中间相、再远边相、最后中间相"（或按"从远到近"）的顺序进行； 3）三根旁路高压引下电缆端部的金属部分之间应有足够的距离； 4）旁路高压引下电缆端部的金属部分与架空导线间应有足够的距离（大于等于0.6m）； 5）斗内电工应注意在绝缘遮蔽组合的保护范围内工作，与未设置绝缘遮蔽隔离措施的异电位构件或带电导体保持足够的安全距离
	11	2号作业点，用绝缘短绳固定旁路开关旁路高压引下电缆	2号作业点，在小组负责人（专责监护人）的监护下，斗内电工用绝缘短绳将旁路开关的旁路高压引下电缆固定在分支线的合适位置。注意事项同1号作业点
	12	3号作业点，用绝缘短绳固定旁路开关旁路高压引下电缆	3号作业点，在小组负责人（专责监护人）的监护下，斗内电工按照与1号作业点系统的方法和要求将旁路开关的旁路高压引下电缆固定在主干线的合适位置
	13	配合高压电气试验班对旁路回路实施预防性试验，以检查旁路设备的绝缘性能和载流能力	依次进行的预防性试验内容有：绝缘电阻测试、直流电阻试验和工频耐压试验。应注意： 1）试验前应先合上1、2、3号作业点的旁路开关，短接1号作业点三相旁路高压引下电缆，在3号作业点进行； 2）工作负责人应指挥作业班人员协同看护试验区域，严禁无关人员进入试验现场； 3）用2500V以上的绝缘电阻测试仪测量绝缘电阻，不应低于100MΩ； 4）各相直流电阻的组织应平衡，相互之间的差值不大于20%，且与标准值（或出厂数据、历次试验数据）比较无显著变化； 5）工频耐压14kV/5min（一般为1.6倍的额定电压），应无击穿、发热现象； 6）试验结束后，电试班工作人员对旁路回路充分放电，放电次数不少于2次，总放电时间不少于5min； 7）最后应拉开1、2、3号作业点旁路开关、拆除1号作业点三相旁路高压引下电缆的短接线，并确认。 旁路回路预防性试验记录单见附录A

✓	序号	作业内容	步骤及要求
	14	检查确认各作业点旁路开关工作位置	各作业点小组负责人（专责监护人）检查并确认旁路开关已处于分闸位置，开关操动机构应已闭锁。检查无误后，小组负责人（专责监护人）向工作负责人汇报
	15	搭接 1 号作业点旁路开关的旁路高压引下电缆	1 号作业点，在小组负责人（专责监护人）监护下，斗内电工将 1 号旁路开关的旁路高压引下电缆搭接到主干线上。应注意： 1）旁路高压引下电缆色相标志与主干线色相标志一致； 2）应使用专用操作杆进行搭接； 3）搭接位置为作业点旁路作业区段范围外侧主导线； 4）主导线搭接部位及旁路高压引下电缆线夹应清除氧化膜和脏污，避免接触电阻大，旁通时发热； 5）应按"先中间相，在远边相、最后近边相"（或"从远到近"）的顺序进行搭接； 6）搭接后，应及时恢复和补充搭接处的绝缘遮蔽隔离措施，旁路高压引下电缆的线夹也应设置严密、牢固的绝缘遮蔽隔离措施，绝缘遮蔽组合的重叠长度不小于 0.2m
	16	搭接 2 号作业点旁路开关的旁路高压引下电缆	按照与 1 号作业点相同的方法和要求，2 号作业点的斗内电工将 2 号旁路开关的旁路高压引下电缆搭接到分支线上
	17	搭接 3 号作业点旁路开关的旁路高压引下电缆	按照与 1 号作业点相同的方法和要求，3 号作业点的斗内电工将 3 号旁路开关的旁路高压引下电缆搭接到主导线上
	18	将旁路回路投入运行	在工作负责人的统一指挥下，将旁路回路投入运行。应注意： 1）应严格按照"先 1 号作业点、再 3 号作业点，最后 2 号作业点"（即先电源侧、在负荷侧）的顺序操作各作业点的旁路开关； 2）各工作点在操作旁路开关时，小组负责人（专责监护人）应严格监护，与操作人员（斗内电工）之间应采用复诵制度； 3）操作人员操作时，应使用操作棒，并应戴绝缘手套； 4）各作业点应听从工作负责人的统一指挥，操作完毕后，应及时向工作负责人汇报。 操作流程见附录 B
	19	拉开 2 号作业点跌落式熔断器，拆除跌落式熔断器上引线	2 号作业点，在小组负责人（专责监护人）的监护下，斗内电工逐相拆除跌落式熔断器的绝缘遮蔽隔离措施。应注意： 1）斗内电工的动作应轻缓，防止装置和设备受到震动，跌落式熔断器的熔管掉落； 2）拆除绝缘遮蔽措施应按"先中间、再两边"的顺序进行，并与周围异电位的构件或带电导体保持足够的安全距离 2 号作业点，在小组负责人（专责监护人）的监护下，斗内电工逐相拉开跌落式熔断器，并取下熔管。应注意： 1）拉开跌落式熔断器应按"先中间相，再下风相，最后上风相"的顺序进行； 2）防止高空落物 2 号作业点，在小组负责人（专责监护人）的监护下，斗内电工逐相恢复和补充跌落式熔断器上下接线柱的绝缘遮蔽隔离措施。应注意： 1）斗内电工的动作应轻缓，防止人体串入（同相或相间电路）； 2）补充绝缘遮蔽措施应按"先两边、再中间"的顺序进行，并与周围异电位的构件或带电导体保持足够的安全距离

续表

✓	序号	作业内容	步骤及要求
	19	拉开 2 号作业点跌落式熔断器，拆除跌落式熔断器上引线	2 号作业点，在小组负责人（专责监护人）的监护下，斗内电工逐相拆除跌落式熔断器上引线。应注意： 1）拆除跌落式熔断器上引线应按"先近边相，再远边相，最后中间相"的顺序进行； 2）拆除每相跌落式熔断器上引线后，应及时回复主导线上的绝缘遮蔽隔离措施； 3）斗内电工动作应轻缓，与周围异电位的构件或带电导体保持足够的安全距离； 4）防止高空落物
	20	拆除 2 号作业点处主干线跳线	3 号作业点，在小组负责人（专责监护人）的监护下，斗内电工逐相拆除耐张杆跳线。应注意： 1）应先增加耐张横担、电杆杆顶等处的绝缘遮蔽隔离措施； 2）拆除耐张杆跳线应按"先两边相，再中间相"的顺序进行； 3）斗内电工动作应轻缓，与周围异电位的构件或带电导体保持足够的安全距离； 4）每相跳线拆除后，应及时补充装置两侧的绝缘遮蔽措施（保留包括耐张绝缘子串、耐张线夹、导线等处的绝缘遮蔽措施）； 5）防止高空落物
	21	拆除 1 号作业点处主干线跳线	1 号作业点，在小组负责人（专责监护人）的监护下，斗内电工逐相拆除耐张杆跳线。应注意： 1）应先增加耐张横担、电杆杆顶等处的绝缘遮蔽隔离措施； 2）拆除耐张杆跳线应按"先两边相，再中间相"的顺序进行； 3）斗内电工动作应轻缓，与周围异电位的构件或带电导体保持足够的安全距离； 4）每相跳线拆除后，应及时补充装置两侧的绝缘遮蔽措施（保留包括耐张绝缘子串、耐张线夹、导线等处的绝缘遮蔽措施）； 5）防止高空落物
	22	撤除已脱离电源作业段的绝缘遮蔽措施	各作业点依次拆除已脱离作业段线路的绝缘遮蔽措施。应注意： 1）斗内电工注意与带电侧保持足够的注意安全距离； 2）带电侧绝缘遮蔽措施应严密、牢固，绝缘遮蔽组合的重叠长度不小于 0.2m； 3）防止高空落物
	23	配合线路检修班更换导线	工作负责人对作业进行阶段性验收，带电侧绝缘遮蔽措施应严密、牢固，绝缘遮蔽组合的重叠长度不小于 0.2m 配合线路班对停电线路进行检修。应注意： 1）停电线路应先进行验电、然后在适当位置挂好接地线； 2）作业区段两侧电杆及分支杆处的工作，带电作业班组人员应密切配合，并加强监督 导线更换完毕，应检查确认线路无接地情况
	24	恢复和补充各作业点线路装置停电侧的绝缘遮蔽措施	在各自小组负责人（专责监护人）的监护下，各作业点依次补充线路装置停电侧的绝缘遮蔽措施。应注意： 1）斗内电工注意与带电侧保持足够的注意安全距离； 2）停电侧（包括耐张绝缘子串、横担、电杆杆顶等处）的绝缘遮蔽措施应严密、牢固，绝缘遮蔽组合的重叠长度不小于 0.2m； 3）防止高空落物

√	序号	作业内容	步骤及要求
	25	恢复 1 号作业点处的耐张杆跳线	1 号作业点在小组负责人（专责监护人）的监护下，搭接 1 号作业点耐张杆跳线。应注意： 1）搭接跳线的应按"先中间，再远边相，最后近边相"的顺序进行； 2）斗内电工应注意动作幅度，与周围异电位的构件和带电导体保持足够的安全距离（对地 0.6m，相间 0.8m）； 3）每相跳线搭接完毕，应及时补充绝缘遮蔽隔离措施，绝缘遮蔽组合的重叠长度不小于 0.2m
	26	恢复 3 号作业点处的耐张杆跳线	3 号作业点在小组负责人（专责监护人）的监护下，搭接 3 号作业点耐张杆跳线。应注意： 1）搭接跳线的应按"先中间，再两边"的顺序进行； 2）斗内电工应注意动作幅度，与周围异电位的构件和带电导体保持足够的安全距离（对地 0.6m，相间 0.8m）； 3）每相跳线搭接完毕，应及时补充绝缘遮蔽隔离措施，绝缘遮蔽组合的重叠长度不小于 0.2m
	27	恢复 2 号作业点跌落式熔断器上引线，合上跌落式熔断器熔管	2 号作业点，在小组负责人（专责监护人）的监护下，斗内电工逐相搭接跌落式熔断器上引线。应注意： 1）搭接跌落式熔断器上引线应按"先中间相，再远边相，最后近边相"的顺序进行； 2）每相搭接完毕后，应及时恢复和补充引线、跌落式熔断器上接线柱、主导线上的绝缘遮蔽隔离措施； 3）斗内电工动作应轻缓，与周围异电位的构件或带电导体保持足够的安全距离； 4）防止高空落物
			3 号作业点，在小组负责人（专责监护人）的监护下，斗内电工逐相拆除跌落式熔断器上下接线柱的绝缘遮蔽隔离措施。应注意： 1）斗内电工的动作应轻缓，防止人体串入（同相或相间电路）； 2）拆除绝缘遮蔽措施应按"先中间、再两边"的顺序进行，并与周围异电位的构件或带电导体保持足够的安全距离
			2 号作业点，在小组负责人（专责监护人）的监护下，斗内电工挂上熔管，并逐相合上跌落式熔断器。应注意： 1）合跌落式熔断器应按"先上风相，再下风相，最后中间相"的顺序进行； 2）防止高空落物
			3 号作业点，在小组负责人（专责监护人）的监护下，斗内电工逐相恢复和补充跌落式熔断器上下接线柱的绝缘遮蔽隔离措施。应注意： 1）斗内电工的动作应轻缓，防止装置和设备受到震动，跌落式熔断器的熔管掉落； 2）补充绝缘遮蔽措施应按"先两边、再中间"的顺序进行，并与周围异电位的构件或带电导体保持足够的安全距离
	28	旁路回路退出运行	在工作负责人的统一指挥下，将旁路回路退出运行。应注意： 1）应严格按照"先 2 号作业点、再 3 号作业点，最后 1 号作业点"（即先负荷侧、后电源侧）的顺序操作各作业点的旁路开关； 2）各工作点在操作旁路开关时，小组负责人（专责监护人）应严格监护，与操作人员（斗内电工）之间应采用复诵制度； 3）操作人员操作时，应使用操作棒，并应戴绝缘手套； 4）各作业点应听从工作负责人的统一指挥，操作完毕后，应及时向工作负责人汇报。 操作流程见附录 C

续表

√	序号	作业内容	步骤及要求
	29	拆除2号工作点的旁路高压引下电缆	3号作业点，在小组负责人（专责监护人）监护下，斗内电工从分支线上逐相拆除旁路高压引线电缆。应注意： 1）拆除旁路高压引线电缆应使用专用操作杆； 2）斗内电工应戴绝缘手套，并注意动作幅度，保持足够的安全距离安全距离（对地电位物体大于0.6m，对邻相导体大于0.8m）； 3）拆除每相旁路高压引线电缆后，应及时补充分支线上的绝缘遮蔽隔离措施，绝缘遮蔽组合的重叠长度不小于0.2m； 4）旁路高压引下电缆拆卸后应妥善放置在余缆支架上
	30	拆除3号工作点的旁路高压引下电缆	3号作业点，在小组负责人（专责监护人）监护下，斗内电工按照与2号作业点相同的方法和要求，从主导线上逐相拆除旁路高压引线电缆
	31	拆除1号工作点的旁路高压引下电缆	3号作业点，在小组负责人（专责监护人）监护下，斗内电工按照与2号作业点相同的方法和要求，从主导线上逐相拆除旁路高压引线电缆
	32	撤除2号工作点绝缘遮蔽措施	2号作业点，在小组负责人（专责监护人）监护下，斗内电工拆除装置的绝缘遮蔽隔离措施。应注意： 1）拆除绝缘遮蔽隔离措施时应遵守"先小后大，由远及近，从上到下"的原则。三相的顺序为"先中间相，后远边相，最后近边相"，主导线和分支线，电杆两侧主导线可以电杆为界限分开依次进行；每相的顺序依次为：分支线路部分导线、电杆两侧部分主回路导线、跌落式熔断器、跌落式熔断器上引线、跌落式熔断器下引线等； 2）拆除绝缘遮蔽隔离措施时应注意动作幅度，保持足够的安全距离安全距离（对地电位物体大于0.6m，对邻相导体大于0.8m）； 3）防止高空落物
	33	撤除3号工作点绝缘遮蔽措施	3号作业点，在小组负责人（专责监护人）监护下，斗内电工拆除装置的绝缘遮蔽隔离措施。应注意： 1）拆除绝缘遮蔽隔离措施时应遵守"先小后大，由远及近，从上到下"的原则。三相的顺序为"先中间相，后远边相，最后近边相"；每相的顺序依次为：横担、耐张绝缘子串、耐张跳线、耐张线夹、主导线。电杆两侧可以电杆为界限分开依次进行； 2）拆除绝缘遮蔽隔离措施时应注意动作幅度，保持足够的安全距离安全距离（对地电位物体大于0.6m，对邻相导体大于0.8m）； 3）防止高空落物
	34	撤除1号工作点绝缘遮蔽措施	1号作业点，在小组负责人（专责监护人）监护下，斗内电工拆除装置的绝缘遮蔽隔离措施。应注意： 1）拆除绝缘遮蔽隔离措施时应遵守"先小后大，由远及近，从上到下"的原则。三相的顺序为"先中间相，后远边相，最后近边相"；每相的顺序依次为：横担、耐张绝缘子串、耐张跳线、耐张线夹、主导线。电杆两侧可以电杆为界限分开依次进行； 2）拆除绝缘遮蔽隔离措施时应注意动作幅度，保持足够的安全距离安全距离（对地电位物体大于0.6m，对邻相导体大于0.8m）； 3）防止高空落物
	35	对旁路电缆放电	旁路电缆在收回前，应对旁路电缆进行放电。应注意：放电应充分，放电次数不少于2次，总放电时间不少于5min

续表

√	序号	作业内容	步骤及要求
	36	撤离杆塔	斗内电工撤出带电作业区域。撤出带电作业区域时： 1）应无大幅晃动现象； 2）绝缘斗下降、上升的速度不应超过 0.4m/s； 3）绝缘斗边沿的最大线速度不应超过 0.5m/s； 4）转移绝缘斗时应注意绝缘斗臂车周围杆塔、线路等情况，绝缘臂的金属部位与带电体和地电位物体的距离大于 1.1m
			下降绝缘斗返回地面、收回绝缘臂时应注意绝缘斗臂车周围杆塔、线路等情况
	37	工作验收	斗内电工检查施工质量： 1）杆上无遗漏物； 2）装置无缺陷符合运行条件； 3）向工作负责人汇报施工质量
	38	拆除 1 号、2 号作业点旁路高压引下电缆和旁路辅助电缆设备	各工作点的斗内电工将旁路高压引下电缆和旁路辅助电缆从开关上拆除。应注意： 1）防止灰尘进入引下线和辅助电缆接口，及时用保护罩保护； 2）防止高空落物
	39	拆除旁路开关和余缆支架	各工作点的斗内电工拆除 1、2、3 号旁路开关和余缆支架。应注意： 1）防止灰尘进入开关接口，及时用保护罩保护； 2）防止高空落物
	40	收回旁路电缆	牵引收回电缆。应注意： 1）牵引速度应均匀，电缆不得受力； 2）电缆不得与地面或其他硬物摩擦，防止灰尘进入接头接口，及时用保护罩保护
	41	收回电缆输送绳	地面电工和斗内电工配合连接固定和收紧输送绳，在连接输送绳时应检查万向接头螺纹和输送绳有无磨损以防牵引电缆时断落
	42	拆除旁路电缆敷设支架	各个作业点作业人员拆除杆上电缆敷设支架。应注意防止高空落物

6. 工作结束

√	序号	作业内容	步骤及要求
	1	工作负责人组织班组成员清理工具和现场	绝缘斗臂车各部件复位，收回绝缘斗臂车支腿
			工作负责人组织班组成员整理工具、材料。将工器具清洁后放入专用的箱（袋）中。清理现场，做到"工完、料尽、场地清"
	2	工作负责人召开收工会	工作负责人组织召开现场收工会，做工作总结和点评工作： 1）正确点评本项工作的施工质量； 2）点评班组成员在作业中的安全措施的落实情况； 3）点评班组成员对规程的执行情况
	3	办理工作终结手续	工作负责人向调度汇报工作结束，并终结工作票

7. 验收记录

记录检修中发现的问题	
存在问题及处理意见	

8. 现场标准化作业指导书执行情况评估

评估内容	符合性	优		可操作项	
		良		不可操作项	
	可操作性	优		修改项	
		良		遗漏项	
存在问题					
改进意见					

9. 附录

附录 A　旁路回路预防性试验记录单

_____（单位）

试　验　报　告

申请单位		设备名称和编号		试验性质	
试验时间	年　月　日　时　分	气象条件	温度		℃
	星期		湿度		RH（%）

设备型号及参数

检测数据记录	数据分析
试验结论：	备注：
负责人：	试验人员：

附录 B　旁路回路投入运行操作流程

√	序号	作业过程
	1	合上 1 号作业点的 1 号旁路开关，并确认
	2	将 1 号旁路开关的操动机构闭锁
	3	对 3 号作业点的 3 号旁路开关进行核相，相位应正确无误
	4	合上 3 号作业点的 3 号旁路开关，并确认
	5	将 3 号旁路开关的操动机构闭锁
	6	用钳形电流表检测 3 号旁路高压辅助电缆有无通流，分流正常
	7	对 2 号作业点的 2 号旁路开关进行核相，相位应正确无误
	8	合上 2 号作业点的 3 号旁路开关，并确认
	9	将 2 号旁路开关的操动机构闭锁
	10	用钳形电流表检测 2 号旁路高压辅助电缆有无通流，分流正常

附录 C　旁路回路退出运行操作流程

√	序号	作业过程
	1	拉开 2 号作业点的 2 号旁路开关，并确认
	2	用钳形电流表检测 2 号旁路高压辅助电缆应无负荷电流
	3	将 2 号旁路开关的操动机构闭锁
	4	拉开 3 号作业点的 3 号旁路开关，并确认
	5	用钳形电流表检测 3 号旁路高压辅助电缆应无负荷电流
	6	将 3 号旁路开关的操动机构闭锁
	7	拉开 1 号作业点的 1 号旁路开关，并确认
	8	将 1 号旁路开关的操动机构闭锁

第四节　旁路作业检修电缆线路

035　旁路作业检修电缆线路

1. 范围

本现场标准化作业指导书针对"10kV ××线××分支箱（无备用间隔）至××环网柜（无备用间隔）间严重缺陷联络电缆线路"使用旁路作业法进行短时停电检修的工作编写而成，仅适用于该项工作。

2. 人员组合

本项目需要 15 人。

2.1 作业人员要求

√	序号	责任人	资质	人数
	1	工作负责人（监护人）	应具有 3 年以上的配电带电作业实际工作经验，熟悉设备状况，具有一定组织能力和事故处理能力，并经工作负责人的专门培训，考试合格	4
	2	杆上电工（1 号和 2 号）	应通过配网不停电作业专项培训，考试合格并持有上岗证	2
	3	地面作业人员	应通过 10kV 配电线路专项培训，考试合格并持有上岗证	9

2.2 作业人员分工

√	序号	责任人	分工	责任人签名
	1	工作负责人	组织、指挥作业，作业中全程监护，落实安全措施	
	2	专责监护人	专职监护操作电工作业全过程	
	3	操作电工	1 号操作电工：负责环网柜操作作业 2 号操作电工：负责环网柜操作作业	
	4	地面电工	3~6 号地面电工：负责地面配合作业	

3. 工器具

领用绝缘工器具应核对工器具的使用电压等级和试验周期，并应检查外观完好无损。

工器具运输，应存放在专用的工具袋、工具箱或工具车内；金属工具和绝缘工器具应分开装运。

3.1 装备

√	序号	名称	规格/编号	单位	数量	备注
	1	旁路作业电缆车		辆	1	
	2	电缆施放车		辆	1	

3.2 个人安全防护用具

√	序号	名称	规格/编号	单位	数量	备注
	1	安全帽		顶	15	
	2	护目镜	防辐射、弧光	副	2	分、合旁路开关用
	3	绝缘手套	10kV	副	2	核相、倒闸操作、验电用
	4	验电器	10kV	支	2	

3.3 绝缘操作工具

√	序号	名称	规格/编号	单位	数量	备注
	1	绝缘操作杆	10kV	根	1	分、合旁路开关用
	2	绝缘放电杆及接地线		根	1	旁路电缆试验以及使用以后，放电用

3.4 旁路设备

√	序号	名称	规格/编号	单位	数量	备注
	1	旁路电缆	10kV	根	300	根据现场实际长度配置
	2	快速插拔旁路电缆连接器	10kV	套	4	根据现场实际情况确定
	3	旁路电缆终端	10kV	套	2	与环网柜配套
	4	旁路负荷开关	10kV/200A	台	1	
	5	旁路电缆防护盖板、防护垫布等		块	100	地面敷设，根据现场电缆实际长度配置

3.5 仪器仪表

√	序号	名称	规格/编号	单位	数量	备注
	1	绝缘电阻检测仪	2500V 及以上	台	1	
	2	核相仪	10kV	套	1	与旁路开关或环网柜配套使用
	3	电流表	10kV	台	1	
	4	湿度表		台	1	
	5	风速表		台	1	

3.6 其他工具

√	序号	名称	规格/编号	单位	数量	备注
	1	个人工具		套	2	
	2	对讲机		套	若干	根据情况决定是否使用
	3	围栏、安全警示牌等			若干	根据现场实际情况确定

3.7 材料

√	序号	名称	规格/编号	单位	数量	备注
	1					根据现场实际情况确定
	2					

4. 危险点分析及安全控制措施

√	序号	危险点	安全控制措施	备注
	1	人身触电	1）作业过程中，不论线路是否停电，都应始终认为线路有电。 2）作业人员应穿戴齐全合格的安全防护用品［绝缘手套、绝缘靴、安全帽、绝缘衣（披肩）等］。 3）使用工具前，应仔细检查其是否损坏、变形、失灵。操作绝缘工具时应戴清洁、干燥的手套，并应防止绝缘工具在使用中脏污和受潮。	

续表

√	序号	危险点	安全控制措施	备注
	1	人身触电	4）绝缘工具使用前，应仔细检查其是否损坏、变形、失灵。并使用 5000V 绝缘电阻表进行绝缘检查，电阻值应不低于 700MΩ。 5）柔性电缆试验时，应戴绝缘手套。 6）停用线路重合闸。 7）保持对地最小距离为 0.6m，对相邻导线的最小距离为 0.8m，绝缘绳索类工具有效绝缘长度不小于 0.6m，绝缘操作杆有效绝缘长度不小于 0.9m	
	2	感应电触电	1）引线未全部断开时，已断开的导线应视为有电，严禁在无措施下直接触及。 2）电缆试验完成及电缆拆除后应对电缆进行对地放电。 3）设置遮拦，防止行人进入	

5. 作业程序

5.1　开工准备

√	序号	作业内容	步骤及要求
	1	现场复勘	工作负责人核对工作线路、环网柜双重名称无误
			工作负责人检查环境是否符合旁路作业要求
			工作负责人检查线路装置是否具备旁路作业条件
			检查气象条件： 1）天气良好，无雪、雹、雨、雾等。 2）气温：宜为 −5～35℃。 3）风力：≤5 级；湿度：≤80%
			检查工作票所列安全措施是否齐全，必要时在工作票上补充安全技术措施
	2	执行工作许可制度	工作负责人与调度联系，确认许可工作
			工作负责人在工作票上签字
	3	召开现场站班会	工作负责人宣读工作票
			工作负责人检查工作班组成员精神状态、交代工作任务进行分工、交代工作中的安全措施和技术措施
			工作负责人检查班组各成员对工作任务分工、安全措施和技术措施是否明确
			班组各成员在工作票和作业指导书上签名确认
	4	布置工作现场	旁路自动放线车停放在合适工作位置
			工作现场设置安全护栏、作业标志及相关警示标志。 1）作业现场和旁路自动放线车两侧，应根据道路情况设置安全围栏、警告标志或路障，防止外人进入工作区域。 2）如在车辆繁忙地段还应与交通管理部门取得联系，以取得配合

√	序号	作业内容	步骤及要求
	4	布置工作现场	摆放安全用具、绝缘工具及辅助工器具。 1）安全用具、绝缘工具应摆放在防潮垫上，防潮垫应清洁、干燥不得随意踩踏。 2）绝缘工具不能与金属工具、材料混放
	5	工作负责人组织班组成员检查工器具	班组成员逐件对绝缘工器具进行外观检查： 1）检查人员应戴清洁、干燥的手套。 2）绝缘工具表面不应破损或有裂纹、变形损坏，操作应灵活。 3）个人安全防护用具和遮蔽、隔离用具应无针孔、砂眼、裂纹。 4）检查斗内专用绝缘安全带外观，并作冲击试验
			班组成员使用绝缘电阻检测仪分段检测绝缘工具的表面绝缘电阻值： 1）测量电极应符合规程要求（极宽 2cm，极间距 2cm）。 2）正确使用（自检、测量）绝缘电阻检测仪（应采用点测的方法，不应使电极在绝缘工具表面滑动，避免刮伤绝缘工具表面）。 3）绝缘电阻值不得低于 700MΩ
			绝缘工器具检查完毕，向工作负责人汇报检查结果

5.2 作业过程

√	序号	作业内容	步骤及要求
	1	旁路电缆敷设	铺设旁路柔性电缆保护盒，在过街路口铺设电缆过街碾压保护板。 沿保护盒路径，敷设旁路柔性电缆。 按照预留位置，设置旁路中间接头、旁路负荷开关。 沿敷设路径设置围栏或警示标志。 1）核实待检修电缆正常运行电流，确认负荷电流小于旁路系统额定电流。 2）沿电缆敷设路径，设置安全围栏，道口派专人看守。 3）敷设时设专人指挥。 4）整体敷设，防止电缆与地面摩擦，避免碰撞。 5）敷设完成后，应检查旁路电缆的外护套是否有机械损伤。 6）柔性电缆装设在电缆槽盒中，特殊部位采取措施，防止电缆损伤。 7）旁路中间接头、旁路负荷开关应放置在防潮垫上
	2	验电	在工作负责人的监护下，使用验电器确认作业现场无漏电现象。应注意： 1）验电时，必须戴绝缘手套，验电顺序应为由近及远。 2）验电前，应验电器进行自检，确认是否合格（在保证安全距离的情况下也可在带电体上进行）。 3）验电时，电工应与邻近的构件、导体保持足够的距离。 4）如横担等接地构件有电，不应继续进行
	3	旁路作业设备连接	对旁路作业设备进行外观检查；清洁中间接头、终端接头、肘型接头及旁路负荷开关套管。 连接旁路作业设备。 对旁路负荷开关、中间接头保护盒进行有效接地。 1）旁路连接器保持清洁，连接可靠；连接前，利用专用清洁器具，仔细清理电缆插头、插座，并按规定要求涂导电脂。

续表

√	序号	作业内容	步骤及要求
	3	旁路作业设备连接	2）旁路系统绝缘良好，并将旁路电缆接头、旁路负荷开关外壳可靠接地，检测接地电阻不超过10Ω，且有防止接地线松脱的措施。 3）对旁路负荷开关进行试分、合操作与通断状况检测，检查旁路负荷开关在断开位置并闭锁好。 4）检查确认电缆中间接头连接牢固，并加装旁路中间接头保护盒
	4	待检修电缆退出运行、定相	工作负责人联系调控人员，取得调控人员许可后，按照下述程序将待检修电缆退出运行。 　拉开××线FXK02分支箱3号间隔开关。 　拉开FXK02－HK01环网柜1号间隔开关。 　合上××线FXK02分支箱3号间隔、FXK02－HK01环网柜1号间隔接地刀闸。 　记录联络电缆与××线FXK02分支箱3号间隔、FXK02－HK01环网柜1号间隔的连接状态。 　联络电缆退出××线FXK02分支箱3号间隔、FXK02－HK01环网柜1号间隔；待检修电缆退出运行。 　利用万用表对联络电缆进行定相，并做好记录。 　根据定相相序,确定旁路电缆系统与××线FXK02分支箱3号间隔、FXK02－HK01环网柜1号间隔的连接相序。 1）倒闸操作应由两人进行，一人操作，一人监护，并认真执行唱票、复诵制。发布指令和复诵指令都应严肃认真，使用规范的操作术语，准确清晰，按操作票顺序逐项操作，每操作完一项，应检查无误后，做一个"√"记号。 2）操作人员应戴绝缘手套。 3）定相应在停电状态下进行
	5	旁路系统绝缘检测和旁路系统接入××线FXK02分支箱3号间隔、FXK02－HK01环网柜1号间隔	将旁路电缆系统接入FXK02－HK01环网柜1号间隔。 　合上旁路负荷开关。 1）拉开××线FXK02分支箱3号间隔、FXK02－HK01环网柜1号间隔接地刀闸。 　在旁路系统与××线FXK02分支箱3号间隔连接处，通过预置式肘型接头的柱螺栓利用绝缘电阻表对旁路系统进行绝缘电阻检测。 2）绝缘检测合格后，对旁路电缆系统充分放电，拉开旁路负荷开关。 3）合上××线FXK02分支箱3号间隔接地刀闸；将旁路系统接入××线FXK02分支箱3号间隔。 4）在预置式肘型接头安装时，电缆铠装、金属屏蔽层应用接地线分别引出，并应接地良好。 5）利用2500V及以上绝缘电阻表或绝缘电阻检测仪逐相进行绝缘检测，并记录在册。 6）电缆耐压试验前，应先对柔性电缆充分放电。 7）电缆试验过程中，更换试验引线时，应先对设备充分放电。 8）操作过程中作业人员应戴好绝缘手套。 9）电缆试验结束，应对被试电缆系统进行充分放电。 10）旁路系统绝缘电阻检测值应大于700MΩ

√	序号	作业内容	步骤及要求
	6	旁路系统投入运行	1）拉开××线 FXK02 分支箱 3 号间隔、FXK02－HK01 环网柜 1 号间隔接地刀闸。 检查确认旁路负荷开关，××线 FXK02 分支箱 3 号间隔、FXK02－HK01 环网柜 1 号间隔开关均处于分位，且均有闭锁。 旁路系统符合送电条件后，工作负责人与调度人员联系，取得许可后，按照下述顺序逐级送电的方式，使旁路系统投入运行： 合上××线 FXK02 分支箱 3 号间隔开关。 合上旁路负荷开关。 合上 FXK02－HK01 环网柜 1 号间隔开关。 检测旁路电缆通流状况，确保高压柔性电缆均在额定电流范围内，且电流平衡。 2）倒闸操作应由两人进行，一人操作，一人监护，并认真执行唱票、复诵制。发布指令和复诵指令都应严肃认真，使用规范的操作术语，准确清晰，按操作票顺序逐项操作，每操作完一项，应检查无误后，做一个"√"记号。操作人员应戴绝缘手套。 用钳形电流表检测旁路电缆是否通流正常，正常后将负荷开关插上闭锁销，并每隔 30min 记录检查电流数据
	7	进行缺陷电缆检修	按照电缆检修作业指导书，检修缺陷电缆。 检修缺陷环网柜期间，应加强对旁路系统的巡视及测流工作
	8	缺陷电缆修复后投入前准备	缺陷电缆修复后，进行耐压试验，电缆定相，确认联络电缆满足投运要求。 缺陷电缆试验合格，相序与检修前相同
	9	拆除旁路电缆	检修电缆满足投运要求后，按照下述顺序使旁路系统退出运行。 拉开××线 FXK02 分支箱 3 号间隔开关。 拉开旁路负荷开关。 拉开 FXK02－HK01 环网柜 1 号间隔开关。 合上××线 FXK02 分支箱 3 号间隔、FXK02－HK01 环网柜 1 号间隔接地刀闸。 拆开两侧柔性电缆肘型终端，旁路电缆退出运行。 1）旁路作业工作负责人接到调控人员许可命令后方可开始拆除旁路电缆设备工作。 2）按照标准化操作程序进行，设专人监护。操作完毕检查设备运行情况。 3）检查旁路段线路确已不带负荷，线路设备上确已无人员。 4）注意对旁路电缆线路进行放电
	10	联络电缆投入运行	按照原相序将原联络电缆连接至××线 FXK02 分支箱 3 号间隔、FXK02－HK01 环网柜 1 号间隔。 拉开××线 FXK02 分支箱 3 号间隔、FXK02－HK01 环网柜 1 号间隔接地刀闸。 检查确认联络电缆符合送电条件，工作负责人联系调控人员，获得许可后，按照下述步骤使得联络电缆投入运行。 合上××线 FXK02 分支箱 3 号间隔开关。 检查 FXK02－HK01 环网柜 1 号间隔带电指示装置，确认联络运行正常。 合上 FXK02－HK01 环网柜 1 号间隔开关。 1）倒闸操作应由两人进行，一人操作，一人监护，并认真执行唱票、复诵制。发布指令和复诵指令都应严肃认真，使用规范的操作术语，准确清晰，按操作票顺序逐项操作，每操作完一项，应检查无误后，做一个"√"记号。 2）操作人员应戴绝缘手套

续表

✓	序号	作业内容	步骤及要求
	11	旁路设备回收	1）拆除旁路电缆终端、中间接头、旁路负荷开关；旁路设备回收。 2）旁路系统拆除前，检查旁路线路确已无电压。 3）注意对旁路电缆线路进行放电

6. 工作结束

✓	序号	作业内容	步骤及要求
	1	工作负责人组织班组成员清理工具和现场	工作负责人组织班组成员整理工具、材料。将工器具清洁后放入专用的箱（袋）中。清理现场，做到"工完、料尽、场地清"
	2	工作负责人召开收工会	工作负责人组织召开现场收工会，做工作总结和点评工作： 1）正确点评本项工作的施工质量； 2）点评班组成员在作业中的安全措施的落实情况； 3）点评班组成员对规程的执行情况
	3	办理工作终结手续	工作负责人向调度汇报工作结束，并终结工作票

7. 验收记录

记录检修中发现的问题	
存在问题及处理意见	

8. 现场标准化作业指导书执行情况评估

评估内容	符合性	优		可操作项	
		良		不可操作项	
	可操作性	优		修改项	
		良		遗漏项	
存在问题					
改进意见					

第五节 旁路作业检修环网箱

036 旁路作业检修环网箱

1. 范围

本现场标准化作业指导书针对严重缺陷的"10kV ××线 HKD 环网柜"利用相邻的环网柜 HKCZ 与环网柜 HK01 备用间隔，使用旁路作业法对 10kV ××线 HKD 环网柜进行短时停电检修的工作编写而成，仅适用于该项工作。

2. 人员组合

本项目需要 15 人。

2.1 作业人员要求

√	序号	责任人	资质	人数
	1	工作负责人	应具有 3 年以上的配电带电作业实际工作经验，熟悉设备状况，具有一定组织能力和事故处理能力，并经工作负责人的专门培训，考试合格	1
	2	操作电工（1 号和 2 号）	应通过配网不停电作业专项培训，考试合格并持有上岗证	3
	3	地面电工	应通过 10kV 配电线路专项培训，考试合格并持有上岗证	8
	4	专责监护人	应具有 3 年以上的配电带电作业实际工作经验，熟悉设备状况，具有一定组织能力和事故处理能力，并经专责监护人的专门培训，考试合格	3

2.2 作业人员分工

√	序号	责任人	分工	责任人签名
	1		工作负责人（监护人）	
	2		1 号操作电工	
	3		2 号操作电工	
	4		3 号操作电工	
	5		1 号地面电工	
	6		2 号地面电工	
	7		3 号地面电工	
	8		4 号地面电工	
	9		5 号地面电工	
	10		6 号地面电工	
	11		7 号地面电工	
	12		8 号地面电工	
	13		1 号专责监护人	
	14		2 号专责监护人	
	15		3 号专责监护人	

3．工器具

领用绝缘工器具应核对工器具的使用电压等级和试验周期，并应检查外观完好无损。

工器具运输，应存放在专用的工具袋、工具箱或工具车内；金属工具和绝缘工器具应分开装运。

3.1　装备

√	序号	名称	规格/编号	单位	数量	备注
	1	旁路自动放线车	LTZFL－01	辆	1	
	2	旁路式移动箱变抢修车	YBMPCZ－12	辆	1	
	3	旁路柔性电缆	ERF－8.7/15 1×50mm²	m	300	黄绿红三相，每相 50m
	4	旁路辅助电缆	HCV8.7/15	m	21	黄绿红三相，每相 7m，一端携带
	5	低压柔性电缆		m	120	每盘 30m
	6	旁路负荷开关		台	1	
	7	肘形接头	ZT－15/200	套	1	
	8	柔性电缆保护盒	CH01	套	30	
	9	电缆过街碾压保护板	CH02－20	套	15	

3.2　个人安全防护用具

√	序号	名称	规格/编号	单位	数量	备注
	1	安全帽		顶	17	
	2	棉纱手套		副	17	
	3	一次性塑胶手套		副	12	

3.3　绝缘工具

√	序号	名称	规格/编号	单位	数量	备注
	1	绝缘手套	10kV	副	2	
	2	高压验电器	10kV	支	1	

3.4　其他工具

√	序号	名称	规格/编号	单位	数量	备注
	1	绝缘电阻表或绝缘测试仪	10000V	套	1	
	2	钳形电流表		支	1	
	3	万用表		支	1	

√	序号	名称	规格/编号	单位	数量	备注
	4	温、湿度计		只	1	
	5	个人工具		套	2	
	6	对讲机		套	若干	根据情况决定是否使用
	7	安全围栏		套	20	
	8	安全标示牌		块	8	
	9	绝缘硅脂		管	6	
	10	酒精		瓶	1	
	11	专用清洁布		块	20	
	12	专用清洁工具		个	3	

4. 危险点分析及安全控制措施

√	序号	危险点	安全控制措施	备注
	1	人身触电	1）作业人员必须穿戴齐全合格的个人绝缘防护用具（绝缘手套、绝缘安全帽、绝缘鞋、护目镜等），使用合格适当的绝缘工器具。 2）严格按照不停电作业操作规程中的遮蔽顺序（由近至远、由低到高、先带电体后接地体）进行遮蔽，绝缘遮蔽组合应保持不少于 0.2m 的重叠。 3）人体对带电体应有足够安全距离，斗臂车金属臂回转升降过程中与带电体间的安全距离不应小于 1.1m，安全距离不足应有绝缘隔离措施，斗臂车的伸缩式绝缘臂有效长度不小于 1.1m。 4）斗臂车、吊车需可靠接地。 5）斗内作业人员严禁同时接触不同电位物体	
	2	高空坠落、物体打击	1）斗内作业人员必须系好绝缘安全带，戴好绝缘安全帽。 2）使用的工具、材料等应用绝缘绳索传递或装在工具袋内，禁止乱扔、乱放。 3）现场除指定人员外，禁止其他人员进入工作区域，地面电工在传递工具、材料不要在作业点正下方，防止掉物伤人。 4）执行《带电作业绝缘斗臂车使用管理办法》。 5）作业现场按标准设置防护围栏，加强监护，禁止行人入内。 6）斗臂车绝缘斗升降过程中注意避开带电体、接地体及障碍物。绝缘斗升降、移动时应防止绝缘臂被过往车辆刮碰，绝缘斗位置固定后绝缘臂应在围栏保护范围内	

5. 作业程序

5.1 开工准备

√	序号	作业内容	作业步骤及要求
	1	现场复勘	工作负责人核对工作线路 10kV ××线 HKD 环网柜、环网柜 HKCZ、环网柜 HK01 双重名称无误
			工作负责人检查环境是否符合旁路作业要求
			工作负责人检查线路装置是否具备旁路作业条件
			检查气象条件： 1）天气良好，无雪、雹、雨、雾等。 2）气温：宜为−5～35℃。 3）风力：≤5 级；湿度：≤80%
			检查工作票所列安全措施是否齐全，必要时在工作票上补充安全技术措施
	2	履行工作许可制度	工作负责人与调控人员联系，确认待检修环网柜主线电缆负荷电流小于旁路系统额定电流，并获得调控人员工作许可
	3	召开开工会	工作负责人检查工作班成员的精神状态，交代工作任务，进行危险点告知、交代安全措施和技术措施
			确认班组成员对工作任务分工、安全措施和技术措施都已知晓
			班组成员在工作票和作业指导书上签名确认
	4	布置工作现场	旁路自动放线车停放在最佳工作位置
			工作现场设置安全护栏、作业标志及相关警示标志。 1）作业现场和旁路自动放线车两侧，应根据道路情况设置安全围栏、警告标志或路障，防止外人进入工作区域。 2）如在车辆繁忙地段还应与交通管理部门取得联系，以取得配合
			摆放安全用具、绝缘工具及辅助工器具。 1）安全用具、绝缘工具应摆放在防潮垫上，防潮垫应清洁、干燥不得随意踩踏。 2）绝缘工具不能与金属工具、材料混放
	5	安全用具、绝缘工器具、专用设备检查、检测	安全用具、绝缘工具外观检查。 1）检查安全用具绝缘部分有无裂纹、老化、绝缘层脱落、严重伤痕，固定连接部分有无松动、锈蚀、断裂等现象。 2）检查确认绝缘工具没有损坏、受潮、变形、失灵，否则禁止使用。 3）绝缘手套在使用前要压入空气，检查有无针孔缺陷。 4）检查人员应戴清洁、干燥的棉线手套
			对绝缘工具进行绝缘检测。 用 5000V 及以上绝缘电阻表或绝缘检测仪进行分段绝缘检测，电阻值应不低于 700MΩ

5.2 作业过程

√	序号	作业内容	作业步骤及标准
	1	旁路电缆敷设	根据勘察路径,铺设柔性电缆保护盒,在过街路口铺设电缆过街碾压保护板,在中间接头、T型接头、终端头连接位置布置防潮垫。 沿电缆保护盒路径,敷设旁路辅助电缆、旁路柔性电缆、低压柔性电缆;并按照预留位置,设置旁路中间接头、旁路负荷开关。 沿敷设路径设置警示标志,并派专人监护。 沿电缆敷设路径,设置安全围栏,道口派专人看守。 敷设时专人指挥。 整体敷设,防止电缆与地面摩擦,避免碰撞。 敷设完成后,应检查旁路电缆的外护套是否有机械损伤。 柔性电缆装设在电缆槽盒中,特殊部位采取措施,防止电缆损伤。 旁路中间接头、旁路负荷开关应置在防潮垫上
	2	验电	在工作负责人的监护下,使用验电器确认作业现场无漏电现象。应注意: 1)验电时,必须戴绝缘手套,验电顺序应为由近及远。 2)验电前,应验电器进行自检,确认是否合格(在保证安全距离的情况下也可在带电体上进行)。 3)验电时,电工应与邻近的构件、导体保持足够的距离。 4)如横担等接地构件有电,不应继续进行
	3	旁路作业设备连接	对旁路作业设备进行外观检查。 清洁中间接头、终端接头、肘型接头及旁路负荷开关套管。 连接旁路作业设备。 对旁路负荷开关进行有效接地。 1)旁路连接器保持清洁,连接可靠;连接前,利用专用清洁器具仔细清理电缆插头、插座,并按规定要求涂导电脂。 2)旁路系统绝缘良好,并将旁路电缆接头、旁路负荷开关外壳可靠接地,检测接地电阻不超过10Ω,且有防止接地线松脱的措施。 3)对旁路负荷开关进行试分、合操作与通断状况检测,检查旁路负荷开关在断开位置并闭锁好。 4)检查确认电缆中间接头连接牢固,并加装旁路中间接头保护盒
	4	待检修环网柜退出运行,原电缆线路定相	记录待检修 10kV ××线 HKD 环网柜间隔开关状态,记录环网柜 HKCZ、环网柜 HK01 与环网柜 HKD 的电缆连接状态。 工作负责人联系调控人员,取得调控人员停电许可后,按照下述程序将待检修环网柜 HKD 退出运行。 拉开环网柜 HKCZ-2 号间隔开关。 拉开环网柜 HK01-1 号间隔开关。 合上环网柜 HKCZ-2 号、环网柜 HK01-1 号间隔接地刀闸,联络电缆退出环网柜 HKCZ-2 号间隔、环网柜 HK01-1 号间隔。待检修环网柜 HKD 退出运行。 利用万用表对环网柜 HKCZ、HKD、环网柜 HK01 之间联络电缆进行定相,并做好记录。 根据定相相序,确定旁路电缆系统与环网柜的连接相序。 1)倒闸操作应由两人进行,一人操作,一人监护,并认真执行唱票、复诵制。发布指令和复诵指令都应严肃认真,使用规范的操作术语,准确清晰,按操作票顺序逐项操作,每操作完一项,应检查无误后,做一个"√"记号。操作人员应戴绝缘手套。 2)定相应在停电状态下进行

续表

√	序号	作业内容	作业步骤及标准
	5	旁路系统绝缘检测和旁路系统接入环网柜 HKCZ、环网柜 HK01	将旁路电缆系统接入环网柜 HK01-1 号间隔。 合上旁路负荷开关。 拉开环网柜 HK01 联络间隔接地刀闸。 在旁路系统与环网柜 HKCZ 连接处，通过预置式肘型接头的柱螺栓利用绝缘电阻表对旁路系统进行绝缘电阻检测。 绝缘检测合格后，对旁路电缆充分放电，拉开旁路负荷开关。 合上环网柜 HKCZ-2 号间隔接地刀闸。 将旁路系统接入环网柜 HKCZ-2 号间隔。 1）在预置式肘型接头安装时，电缆铠装、金属屏蔽层应用接地线分别引出，并应接地良好。 2）利用 5000V 及以上绝缘电阻表或绝缘检测仪逐相电缆进行绝缘检测，并记录在册。 3）电缆耐压试验前，应先对柔性充分放电。 4）电缆试验过程中，更换试验引线时，应先对设备充分放电。 5）操作过程中作业人员应戴好绝缘手套。 6）电缆试验结束，应对被试电缆系统进行充分放电。 7）旁路系统绝缘电阻检测值应大于 700MΩ
	6	旁路系统投入运行	拉开环网柜 HKCZ-2 号间隔接地刀闸；检查确认旁路负荷开关，环网柜 HKCZ-2 号间隔、环网柜 HK01-1 号间隔开关均处于分位，且均有闭锁。 旁路系统符合送电条件后，工作负责人汇报调控人员。 送旁路时按照下述逐级送电的方式，使旁路系统投入运行： 合上环网柜 HKCZ-2 号间隔开关。 合上旁路负荷开关。 合上环网柜 HK01-1 号间隔开关。 1）检测旁路电缆通流状况，确保高压柔性电缆均在额定电流范围内，且电流平衡。 2）倒闸操作应由两人进行，一人操作，一人监护，并认真执行唱票、复诵制。发布指令和复诵指令时应严肃认真，使用规范的操作术语，准确清晰，按操作票顺序逐项操作，每操作完一项，应检查无误后，做一个"√"记号。 3）操作人员应戴绝缘手套。 4）用钳形电流表检测旁路电缆是否通流正常，正常后将负荷开关插上闭锁销，并每隔 30min 记录检查电流数据
	7	进行缺陷环网柜检修	按照环网柜检修作业指导书，检修缺陷环网柜。 检修缺陷环网柜期间，应加强对旁路系统的巡视及测流工作
	8	环网柜 HKD 修复后投入前准备	完成环网柜检修，确定环网柜满足送电要求
	9	拆除旁路电缆	缺陷环网柜修复后，按照下述顺序使旁路系统退出运行： 拉开环网柜 HKCZ-2 号间隔开关。 拉开旁路负荷开关。 拉开环网柜 HK01-1 号间隔开关。 合上环网柜 HKCZ-2 号间隔接地刀闸。 合上环网柜 HK01-1 号间隔接地刀闸。 拆开两侧肘型电缆终端，旁路电缆退出运行。

√	序号	作业内容	作业步骤及标准
	9	拆除旁路电缆	1）旁路作业工作负责人接到调度许可命令后方可开始拆除旁路电缆设备工作。 2）按照标准化操作程序进行，专人监护。操作完毕检查设备运行情况。 3）注意检查恢复线路通流正常。 4）检查旁路段线路确已不带负荷，线路上确已无人员。 5）注意对旁路电缆线路进行放电
	10	环网柜 HKD 投入运行	1）按照原相序将原联络电缆连接至环网柜 HKCZ－2 号间隔、环网柜 HK01－1 号间隔。 2）拉开环网柜 HKCZ－2 号间隔、HK01－1 号间隔接地刀闸。 3）检查确认环网柜 HKD－1 号、2 号、3 号、备用间隔开关处于分位，符合送电条件，工作负责人联系调度，获得许可后，按照下述步骤使得环网柜 HKD 投入运行： ① 合上环网柜 HKCZ－2 号间隔开关。 ② 合上 HKD－1 号间隔开关。 ③ 依据步骤 3 中记录的设备状态，恢复环网柜 HKD－2 号、3 号间隔检修前间隔开关。（定相状态） ④ 检查环网柜 HKD 带电指示装置，确认环网柜 HKD 运行正常。 ⑤ 合上环网柜 HK01－1 号间隔开关。 ⑥ 检查环网柜 HK01 带电指示装置，确认环网柜 HK01 运行正常
	11	旁路设备回收	拆除旁路电缆终端、中间接头、旁路负荷开关。 旁路设备回收。 旁路系统拆除前，检查旁路线路已确无电压。 注意对旁路电缆线路进行放电

6. 工作结束

√	序号	作业内容	作业步骤及要求
	1	清理工具和现场	工作负责人组织班组成员清点与整理清点整理工具、材料，将工器具清洁后放入专用的箱（袋）中。清理现场，做到"工完、料尽、场地清"
	2	办理工作终结手续	工作负责人向调控人员（工作许可人）汇报工作结束，恢复重合闸。终结工作票
	3	召开收工会	工作负责人组织召开现场收工会，做工作总结和点评工作。 1）正确点评本项工作的施工质量。 2）点评班组成员在作业中的安全措施的落实情况。 3）点评班组成员对规程的执行情况
	4	作业人员撤离现场	

7. 验收记录

记录检修中发现的问题	
存在问题及处理意见	

8. 现场标准化作业指导书执行情况评估

评估内容	符合性	优		可操作项	
		良		不可操作项	
	可操作性	优		修改项	
		良		遗漏项	
存在问题					
改进意见					

第六节　从环网箱（架空线路）等设备临时取电 给环网箱、移动箱变供电

037　从环网箱临时取电给移动箱变供电

1. 范围

本现场标准化作业指导书针对"10kV ××线 FXK02–HK02 环网柜"使用旁路作业法"临时取电给移动箱变供电"的工作编写而成，仅适用于该项工作。

2. 人员组合

本项目需要 15 人。

2.1　作业人员要求

√	序号	责任人	资质	人数
	1	工作负责人	应具有 3 年以上的配电带电作业实际工作经验，熟悉设备状况，具有一定组织能力和事故处理能力，并经工作负责人的专门培训，考试合格	1
	2	操作电工（1 号和 2 号）	应通过配网不停电作业专项培训，考试合格并持有上岗证	2
	3	地面电工	应通过 10kV 配电线路专项培训，考试合格并持有上岗证	10
	4	专责监护人	应具有 3 年以上的配电带电作业实际工作经验，熟悉设备状况，具有一定组织能力和事故处理能力，并经专责监护人的专门培训，考试合格	2

2.2　作业人员分工

√	序号	责任人	分工	责任人签名
	1		工作负责人（监护人）	
	2		1 号操作电工	

续表

√	序号	责任人	分工	责任人签名
	3		2 号操作电工	
	4		1 号地面电工	
	5		2 号地面电工	
	6		3 号地面电工	
	7		4 号地面电工	
	8		5 号地面电工	
	9		6 号地面电工	
	10		7 号地面电工	
	11		8 号地面电工	
	12		9 号地面电工	
	13		10 号地面电工	
	14		1 号专责监护人	
	15		2 号专责监护人	

3. 工器具

领用绝缘工器具应核对工器具的使用电压等级和试验周期，并应检查外观完好无损。

工器具运输，应存放在专用的工具袋、工具箱或工具车内；金属工具和绝缘工器具应分开装运。

3.1 装备

√	序号	名称	规格/编号	单位	数量	备注
	1	旁路施放车	LTZFL－01	辆	1	
	2	旁路移动箱变车	YBMPCZ－12	辆	1	
	3	旁路柔性电缆	ERF－8.7/15 1×50mm²	m	150	黄绿红三相，每相 50m
	4	旁路辅助电缆	HCV8.7/15	m	21	黄绿红三相，每相 7m，一端携带
	5	低压柔性电缆		m	120	每盘 30m
	6	旁路负荷开关		台	1	
	7	肘形接头	ZT－15/200	套	1	
	8	柔性电缆保护盒	CH01	套	30	
	9	电缆过街碾压保护板	CH02－20	套	15	

3.2 个人安全防护用具

√	序号	名称	规格/编号	单位	数量	备注
	1	安全帽		顶	17	
	2	棉纱手套		副	17	
	3	一次性塑胶手套		副	12	

3.3 绝缘工具

√	序号	名称	规格/编号	单位	数量	备注
	1	绝缘手套	10kV	副	2	
	2	高压验电器	10kV	支	1	

3.4 其他工具

√	序号	名称	规格/编号	单位	数量	备注
	1	绝缘电阻表或绝缘测试仪	10000V	套	1	
	2	钳形电流表		支	1	
	3	万用表		支	1	
	4	温、湿度计		只	1	
	5	个人工具		套	2	
	6	对讲机		套	若干	根据情况决定是否使用
	7	安全围栏		套	20	
	8	安全标示牌		块	8	
	9	绝缘硅脂		管	6	
	10	酒精		瓶	1	
	11	专用清洁布		块	20	
	12	专用清洁工具		个	3	

4. 危险点分析及安全控制措施

√	序号	危险点	安全控制措施	备注
	1	人身触电	1）作业人员必须穿戴齐全合格的个人绝缘防护用具（绝缘手套、绝缘安全帽、绝缘鞋、护目镜等），使用合格适当的绝缘工器具。 2）严格按照不停电作业操作规程中的遮蔽顺序（由近至远、由低到高、先带电体后接地体）进行遮蔽，绝缘遮蔽组合应保持不少于 0.2m 的重叠。	

续表

√	序号	危险点	安全控制措施	备注
	1	人身触电	3）人体对带电体应有足够安全距离，斗臂车金属臂回转升降过程中与带电体间的安全距离不应小于 1.1m，安全距离不足应有绝缘隔离措施，斗臂车的伸缩式绝缘臂有效长度不小于1.1m。 4）斗臂车、吊车需可靠接地。 5）斗内作业人员严禁同时接触不同电位物体	
	2	高空坠落、物体打击	1）斗内作业人员必须系好绝缘安全带，戴好绝缘安全帽。 2）使用的工具、材料等应用绝缘绳索传递或装在工具袋内，禁止乱扔、乱放。 3）现场除指定人员外，禁止其他人员进入工作区域，地面电工在传递工具、材料不要在作业点正下方，防止掉物伤人。 4）执行《带电作业绝缘斗臂车使用管理办法》。 5）作业现场按标准设置防护围栏，加强监护，禁止行人入内。 6）斗臂车绝缘斗升降过程中注意避开带电体、接地体及障碍物。绝缘斗升降、移动时应防止绝缘臂被过往车辆剐碰，绝缘斗位置固定后绝缘臂应在围栏保护范围内	

5. 作业程序

5.1 开工准备

√	序号	作业内容	步骤及要求	备注
	1	现场复勘	工作负责人核对环网柜双重名称、杆号	
			检查气象条件： 1）天气良好，无雪、雹、雨、雾等。 2）气温：宜为 −5～35℃。 3）风力：≤5 级；湿度：≤80%	
			工作负责人检查工作票所列安全措施,必要时在工作票上补充安全技术措施	
	2	执行工作许可制度	工作负责人与调度联系，确认许可工作	
			工作负责人在工作票上签字	
	3	召开现场站班会	工作负责人宣读工作票	
			工作负责人检查工作班组成员精神状态、交代工作任务进行分工、交代工作中的安全措施和技术措施	
			工作负责人检查班组各成员对工作任务分工、安全措施和技术措施是否明确	
			班组各成员在工作票和作业指导书上签名确认后，工作负责人发布开始工作的命令	
	4	停放负荷转移车	驾驶员将负荷转移车停放到适当位置： 停放的位置应便于搭接高、低压柔性电缆和负荷转移车接地装置接地	

续表

√	序号	作业内容	步骤及要求	备注
	5	布置工作现场	工作负责人组织班组成员设置工作现场的安全围栏、安全警示标志。 　　安全围栏的范围应考虑作业中高空坠落和高空落物的影响以及道路交通，必要时联系交通部门	
			班组成员按要求将绝缘工器具分类放在防潮苫布上,绝缘工器具不能与金属工具、材料混放	
	6	工作负责人组织班组成员检查工器具	班组成员逐件对工器具及旁路作业设备进行外观检查： 　　1）检查人员应戴清洁、干燥的手套。 　　2）工器具表面不应磨损、变形损坏，操作应灵活。 　　3）个人安全防护用具和遮蔽、隔离用具应无针孔、砂眼、裂纹。 　　4）检查斗内专用绝缘安全带外观，并作冲击试验。 　　5）检查旁路电缆的外护套应无机械性损伤、连接部位完好	
			班组成员使用绝缘电阻检测仪分段检测绝缘工具的表面绝缘电阻值： 　　1）测量电极应符合规程要求（极宽 2cm、极间距 2cm）。 　　2）正确使用（自检、测量）绝缘电阻检测仪（应采用点测的方法，不应使电极在绝缘工具表面滑动，避免刮伤绝缘工具表面）。 　　3）绝缘电阻值不得低于 700MΩ	
			绝缘工器具检查完毕，向工作负责人汇报检查结果	

5.2　作业过程

√	序号	作业内容	作业步骤及标准
	1	旁路电缆敷设	铺设柔性电缆保护盒，在过街路口铺设电缆过街碾压保护板。 　　在中间接头、终端头连接位置布置防潮垫。 　　沿电缆保护盒路径，敷设旁路辅助电缆、旁路柔性电缆、低压柔性电缆。 　　按照预留位置，设置旁路中间接头、旁路负荷开关。 　　沿敷设路径设置警示标志，并派专人监护。 　　沿电缆敷设路径，设置安全围栏，道口派专人看守。 　　敷设时专人指挥。 　　整体敷设，防止电缆与地面摩擦，避免碰撞。 　　敷设完成后，应检查旁路电缆的外护套是否有机械损伤。 　　柔性电缆装设在电缆槽盒中，特殊部位采取措施，防止电缆损伤。 　　旁路中间接头、旁路负荷开关应放置在防潮垫上
	2	验电	在工作负责人的监护下，使用验电器确认作业现场无漏电现象。应注意： 　　1）验电时，必须戴绝缘手套，验电顺序应为由近及远； 　　2）验电前，应验电器进行自检，确认是否合格（在保证安全距离的情况下也可在带电体上进行）； 　　3）验电时，电工应与邻近的构件、导体保持足够的距离； 　　4）接地构件有电，不应继续进行

续表

√	序号	作业内容	作业步骤及标准
	3	旁路作业设备连接	对旁路作业设备进行外观检查。 清洁中间接头、终端接头、肘形接头及旁路负荷开关套管。 连接旁路作业设备。 对旁路负荷开关进行有效接地。 1）旁路连接器保持清洁，连接可靠；连接前，利用专用清洁器具仔细清理电缆插头、插座，并按规定要求涂导电脂。 2）旁路系统绝缘良好，并将旁路电缆接头、旁路负荷开关外壳可靠接地，检测接地电阻不超过 10Ω，且有防止接地线松脱的措施。 3）对旁路负荷开关进行试分、合操作与通断状况检测，检查旁路负荷开关在断开位置并闭锁好。 4）检查确认电缆中间接头连接牢固，并加装旁路中间接头保护盒
	4	定相	按照旁路移动箱变车高压进线侧和 10kV ××线 FXK02－HK02 环网柜 4 号间隔标注相序，确定旁路电缆相序。 定相应在停电状态下进行
	5	环网柜与移动箱变车连接	1）检查并确认 10kV ××线 FXK02－HK02 环网柜 4 号间隔和旁路式移动箱变抢修车环网柜 1 号、2 号、3 号间隔开关、旁路负荷开关、移动箱变车低压负荷开关处于断开位置，并有闭锁，观察带电显示器，必要时进行验电。 2）按照定相确定的相序，在 10kV ××线 FXK02－HK02 环网柜 4 号间隔安装预置式肘形终端接头、移动箱变车 1 号高压进线处安装旁路终端接头。 3）检查确认低压侧线路已连接正确。 验电前对验电器自检。 保持对带电体的安全距离。 肘形接头安装前应确认 10kV ××线 FXK02－HK02 环网柜 4 号间隔接地刀闸处于合位。 4）在预置式肘形接头安装时，电缆铠装、金属屏蔽层应用接地线分别引出，并应接地良好。 5）终端应安装牢固，防止运行过程中松脱
	6	旁路系统绝缘检测	拉开 10kV ××线 FXK02－HK02 环网柜 4 号间隔接地刀闸。 合上旁路负荷开关。 1）合上旁路移动箱变车环网柜 1 号、2 号间隔开关；检查 3 号间隔开关处于分位。 2）移动箱变车 2 号高压进线处利用绝缘电阻表对旁路系统进行绝缘电阻检测。 3）绝缘检测结束，充分放电后，拉开旁路负荷开关；拉开旁路移动箱变车环网柜 1 号、2 号间隔开关，合上 2 号间隔接地刀闸。 4）利用 5000V 及以上绝缘电阻表或绝缘检测仪逐相进行绝缘检测，并记录在册。 5）电缆耐压试验前，应先对柔性充分放电。 6）电缆试验过程中，更换试验引线时，应先对设备充分放电。 7）操作过程中作业人员应戴好绝缘手套。 8）电缆试验结束，应对被试电缆系统进行充分放电。 9）旁路系统绝缘电阻值应大于 700MΩ

续表

√	序号	作业内容	作业步骤及标准
	7	旁路送电运行	1）工作负责人检查并确认 10kV ××线 FXK02-HK02 环网柜 4 号间隔开关、旁路负荷开关、旁路移动箱变车环网柜 1 号、2 号、3 号间隔开关、移动箱变车低压负荷开关均处于断开位置，旁路移动箱变车环网柜 2 号间隔接地刀闸处于合位，并均有闭锁。 2）符合送电条件后，工作负责人与调控人员联系，取得许可后，按照下述顺序逐级送电的方式，使旁路系统投入运行： 合上 10kV ××线 FXK02-HK02 环网柜 4 号间隔开关。 合上旁路负荷开关。 合上旁路式移动箱变抢修车环网柜 1 号、3 号间隔开关。 合上移动箱变车 1 号低压负荷开关。 检测旁路电缆通流状况，确保高压柔性电缆、低压柔性电缆负荷电流均在额定电流范围内，且电流平衡。 倒闸操作应由两人进行，一人操作，一人监护，并认真执行唱票、复诵制。发布指令和复诵指令都应严肃认真，使用规范的操作术语，准确清晰，按操作票顺序逐项操作，每操作完一项，应检查无误后，做一个"√"记号。 操作人员应戴绝缘手套。 3）用钳形电流表检测旁路电缆是否通流正常，正常后将负荷开关插上闭锁销，并每隔 30min 记录检查电流数据
	8	拆除旁路系统	故障箱变修复后，按照下述顺序使旁路系统退出运行： 拉开移动箱变车 1 号低压负荷开关。 依次拉开旁路移动箱变车环网柜 3 号、1 号间隔开关。 拉开旁路负荷开关。 拉开 10kV ××线 FXK02-HK02 环网柜备用间隔开关。 合上 10kV ××线 FXK02-HK02 环网柜备用间隔接地刀闸。 合上旁路移动箱变车环网柜 1 号间隔接地刀闸；旁路系统退出运行。 拆开旁路电缆终端、肘形电缆终端、中间接头，旁路电缆退出运行；旁路设备回收。 旁路作业工作负责人接到调度许可命令后方可开始拆除旁路电缆设备工作。 倒闸操作按照标准化操作程序进行，操作人员应戴绝缘手套。 旁路系统拆除前，检查旁路线路确已无电压。 注意对旁路电缆线路进行放电

6. 工作结束

√	序号	作业内容	作业步骤及要求
	1	清理工具和现场	工作负责人组织班组成员清点与整理清点整理工具、材料，将工器具清洁后放入专用的箱（袋）中。清理现场，做到"工完、料尽、场地清"
	2	办理工作终结手续	工作负责人向调控人员（工作许可人）汇报工作结束，恢复重合闸。终结工作票
	3	召开收工会	工作负责人组织召开现场收工会，做工作总结和点评工作。 1）正确点评本项工作的施工质量。 2）点评班组成员在作业中的安全措施的落实情况。 3）点评班组成员对规程的执行情况
	4	作业人员撤离现场	

7. 验收记录

记录检修中发现的问题	
存在问题及处理意见	

8. 现场标准化作业指导书执行情况评估

评估内容	符合性	优		可操作项	
		良		不可操作项	
	可操作性	优		修改项	
		良		遗漏项	
存在问题					
改进意见					

038 从架空线路设备临时取电给环网柜供电

1. 范围

本现场标准化作业指导书针对"10kV××线至××环网柜电缆线路"使用综合不停电作业法"从 10kV 架空线路临时取电给环网柜供电"的工作编写而成，仅适用于该项工作。

2. 人员组合

本项目需要 15 人。

2.1 作业人员要求

√	序号	责任人	资质	人数
	1	工作负责人	应具有 3 年以上的配电带电作业实际工作经验，熟悉设备状况，具有一定组织能力和事故处理能力，并经工作负责人的专门培训，考试合格	1
	2	操作电工（1 号和 2 号）	应通过配网不停电作业专项培训，考试合格并持有上岗证	2
	3	地面电工	应通过 10kV 配电线路专项培训，考试合格并持有上岗证	7
	4	专责监护人	应具有 3 年以上的配电带电作业实际工作经验，熟悉设备状况，具有一定组织能力和事故处理能力，并经专责监护人的专门培训，考试合格	3
	5	斗内电工	应通过配网不停电作业专项培训，考试合格并持有上岗证	2

2.2　作业人员分工

√	序号	责任人	分工	责任人签名
	1		工作负责人（监护人）	
	2		1号操作电工	
	3		2号操作电工	
	4		1号地面电工	
	5		2号地面电工	
	6		3号地面电工	
	7		4号地面电工	
	8		5号地面电工	
	9		6号地面电工	
	10		7号地面电工	
	11		1号专责监护人	
	12		2号专责监护人	
	13		3号专责监护人	
	14		1号斗内电工	
	15		2号斗内电工	

3. 工器具

领用绝缘工器具应核对工器具的使用电压等级和试验周期，并应检查外观完好无损。

工器具运输，应存放在专用的工具袋、工具箱或工具车内；金属工具和绝缘工器具应分开装运。

3.1　车辆装备

√	序号	名称	规格/编号	单位	数量	备注
	1	移动箱变车		辆	1	
	2	绝缘斗臂车		辆	1	
	3	电缆施放车		辆	1	根据现场实际情况确定

3.2　绝缘防护用具

√	序号	名称	规格/编号	单位	数量	备注
	1	绝缘服（绝缘披肩）	10kV	件	2	
	2	绝缘手套	10kV	副	4	
	3	绝缘裤	10kV	条	2	

续表

√	序号	名称	规格/编号	单位	数量	备注
	4	绝缘靴（套鞋）	10kV	双	2	
	5	绝缘安全帽	10kV	顶	2	
	6	安全带	10kV	副	2	
	7	护目镜	10kV	副	2	
	8	防护手套	10kV	双	2	
	9	普通安全帽	10kV	顶	13	

3.3 绝缘工具

√	序号	名称	规格/编号	单位	数量	备注
	1	绝缘电杆及接地线		根	1	旁路电缆试验以及使用以后，放电用
	2	绝缘操作杆	10kV	根	1	操作跌落式熔断器、隔离刀闸
	3	绝缘绳		m	25	带绝缘滑车、绝缘扣子
	4	绝缘绑扎绳		m	1×8	作为柔性电缆的防坠绳使用
	5	高压绝缘横担		副	1	
	6	低压绝缘横担		副	1	

3.4 绝缘遮蔽工具

√	序号	名称	规格/编号	单位	数量	备注
	1	绝缘毯	10kV	块	若干	根据实际情况配置
	2	绝缘毯夹	10kV	只	若干	根据实际情况配置
	3	导线遮蔽罩	10kV	根	若干	根据实际情况配置
	4	引流线遮蔽罩	0.4kV	根	若干	根据实际情况配置

3.5 旁路设备

√	序号	名称	规格/编号	单位	数量	备注
	1	旁路电缆（柔性电缆）	10kV	m	20m×3	根据现场实际长度配置（带跨接头）
	2	旁路电缆（柔性电缆）	0.4kV	m	30m×4	根据现场实际长度配置（带接线端子）
	3	快速插拔旁路电缆连接器	0.4kV	套	1	根据现场实际情况确定
	4	防护垫布等		块	若干	地面敷设，根据现场电缆实际长度配置

3.6 其他工具

√	序号	名称	规格/编号	单位	数量	备注
	1	电动扳手		台	1	带成套的工具头
	2	个人工具		套	若干	
	3	围栏、安全警示牌等			若干	根据现场实际情况确定

3.7 检测工具

√	序号	名称	规格/编号	单位	数量	备注
	1	绝缘电阻检测仪	10000V	台	1	
	2	核相仪	10kV	台	1	
	3	围栏、安全警示牌等	0.4kV	台	1	
	4	验电器	10kV	支	1	
	5	验电器	0.4kV	支	1	
	6	电流表	0.4kV	台	1	
	7	湿度表		台	1	
	8	风速仪	AVM－1/ AVM－3	块	1	

3.8 材料

√	序号	名称	规格/编号	单位	数量	备注
	1	清洗剂	DL－01	袋	若干	清洁电缆及环网柜接口用
	2	绝缘硅脂	DL－02	袋	若干	加强电缆绝缘层表面绝缘性能，方便附件安装
	3	旁路电缆与低压端子连接用螺栓	M12	个	4	

4. 危险点分析及安全控制措施

√	序号	危险点	安全控制措施	备注
	1	人身触电	1）作业人员必须穿戴齐全合格的个人绝缘防护用具（绝缘手套、绝缘安全帽、绝缘鞋、护目镜等），使用合格适当的绝缘工器具。 2）严格按照不停电作业操作规程中的遮蔽顺序（由近至远、由低到高、先带电体后接地体）进行遮蔽，绝缘遮蔽组合应保持不少于 0.2m 的重叠。 3）人体对带电体应有足够安全距离，斗臂车金属臂回转升降过程中与带电体间的安全距离不应小于 1.1m，安全距离不足应有绝缘隔离措施，斗臂车的伸缩式绝缘臂有效长度不小于 1.1m。 4）斗臂车、吊车需可靠接地。 5）斗内作业人员严禁同时接触不同电位物体	

续表

√	序号	危险点	安全控制措施	备注
	2	高空坠落、物体打击	1）斗内作业人员必须系好绝缘安全带，戴好绝缘安全帽。 2）使用的工具、材料等应用绝缘绳索传递或装在工具袋内，禁止乱扔、乱放。 3）现场除指定人员外，禁止其他人员进入工作区域，地面电工在传递工具、材料不要在作业点正下方，防止掉物伤人。 4）执行《带电作业绝缘斗臂车使用管理办法》。 5）作业现场按标准设置防护围栏，加强监护，禁止行人入内。 6）斗臂车绝缘斗升降过程中注意避开带电体、接地体及障碍物。绝缘斗升降、移动时应防止绝缘臂被过往车辆刮碰，绝缘斗位置固定后绝缘臂应在围栏保护范围内	

5. 作业程序

5.1 开工准备

√	序号	作业内容	作业步骤及要求
	1	现场复勘	工作负责人核对工作线路及环网柜双重名称、杆号。 现场检查和确认电杆埋深、杆身质量、交叉跨越、线路装置、作业环境等具备不停电作业条件
			检查气象条件： 1）天气良好，无雪、雹、雨、雾等。 2）气温：宜为 −5～35℃。 3）风力：≤5 级；湿度：≤80%
			工作负责人检查工作票所列安全措施是否齐全，必要时在工作票上补充安全技术措施
	2	执行工作许可制度	工作负责人与调度联系，确认许可工作
			工作负责人在工作票上签字
	3	召开现场会	工作负责人宣读工作票
			工作负责人检查工作班成员精神状态，宣读工作票，交代工作任务，进行危险点告知、交代安全措施和技术措施
			工作负责人检查班组成员对工作任务分工、安全措施和技术措施是否明确
			班组成员在工作票和作业指导书上签名确认
	4	停放绝缘斗臂车	斗臂车操作人员支放绝缘斗臂车支腿： 1）不应支放在沟道盖板上。 2）软土地面应使用垫块或枕木。 3）支腿顺序应正确（"H"型支腿的车型，应先伸出水平支腿，再伸出垂直支腿；在坡地停放，应先支"前支腿"，后支"后支腿"）。 4）支撑应到位。车辆前后、左右呈水平
			斗臂车操作人员将绝缘斗臂车可靠接地： 1）接地线应采用有透明护套的不小于 16mm² 的多股软铜线。 2）临时接地体埋深应不少于 0.6m

√	序号	作业内容	作业步骤及要求
	5	布置工作现场	工作现场设置安全护栏、作业标志及相关警示标志。 1）安全围栏的范围应考虑作业中高空坠落和高空落物的影响以及道路交通，必要时联系交通部门。 2）围栏的出入口应设置合理。 3）警示标示应包括"从此进入""施工现场"等，道路两侧应有"车辆慢行"或"车辆绕行"标示和路障
			按要求将绝缘工器具放在防潮布上。 1）防潮垫应清洁、干燥不得随意踩踏。 2）工器具应按定置管理要求分类摆放。 3）绝缘工器具不能与金属工具、材料混放
	6	检查绝缘工器具	班组成员使用干燥毛巾对绝缘工器具逐件进行擦拭并进行外观检查。 1）检查人员应戴清洁、干燥的棉线手套。 2）检查确认绝缘工具没有损坏、受潮、变形、失灵，否则禁止使用。 3）检查安全用具绝缘部分有无裂纹、老化、绝缘层脱落、严重伤痕，固定连接部分有无松动、锈蚀、断裂等现象。 4）绝缘手套和绝缘靴在使用前要压入空气，检查有无针孔缺陷；绝缘服使用前应检查有无刺孔、划破等缺陷，若存在上述缺陷应退出使用
			使用5000V及以上绝缘电阻表或绝缘检测仪进行分段绝缘检测，电阻值应不低于700MΩ
	7	检查绝缘斗臂车	检查绝缘斗臂车表面状况，绝缘斗、绝缘臂应清洁，无裂纹、损伤
			空斗试操作绝缘斗臂车。 试操作应充分，确认液压传动、回转、升降、伸缩系统工作正常、操作灵活，制动装置可靠
			绝缘斗臂车检查和试操作完毕，斗内电工向工作负责人汇报检查结果
	8	斗内电工进入斗臂车工作斗	斗内电工穿戴好全套绝缘防护用具。 1）绝缘防护用具包括绝缘安全帽、绝缘服、绝缘手套、绝缘鞋等。 2）工作负责人应检查斗内电工绝缘防护用具的穿戴是否正确
			斗内电工携带工器具进入绝缘斗。 1）工器具应分类放入工具袋中。 2）工器具的金属部分不准超出绝缘斗沿面。 3）工器具和人员总质量不得超过绝缘斗额定载荷
			斗内电工将绝缘安全带系挂在斗内专用挂钩上

5.2　作业过程

√	序号	作业内容	作业步骤及标准
	1	旁路电缆敷设	铺设旁路柔性电缆保护盒，在过街路口铺设电缆过街碾压保护板； 沿保护盒路径，敷设旁路柔性电缆；并按照预留位置，设置旁路中间接头、负荷开关。 设置围栏或警示标志。 1）核实待检修电缆正常运行电流，确认负荷电流小于旁路系统额定电流。

√	序号	作业内容	作业步骤及标准
	1	旁路电缆敷设	2）沿电缆敷设路径，设置安全围栏，道口派专人看守。 3）敷设时设专人指挥。 4）整体敷设，防止电缆与地面摩擦，避免碰撞。 5）敷设完成后，应检查旁路电缆的外护套是否有机械损伤。 6）柔性电缆装设在电缆槽盒中，特殊部位采取措施,防止电缆损伤。 旁路中间接头应放置在专用防护盒内
	2	验电	在工作负责人的监护下，使用验电器确认作业现场无漏电现象。应注意： 1）验电时，必须戴绝缘手套，验电顺序应为由近及远。 2）验电前，应验电器进行自检，确认是否合格（在保证安全距离的情况下也可在带电体上进行）。 3）验电时，电工应与邻近的构件、导体保持足够的距离。 4）接地构件有电，不应继续进行
	3	旁路作业设备连接	对旁路作业设备进行外观检查。 清洁中间接头、终端接头、肘型接头及旁路负荷开关套管。 连接旁路作业设备。 对旁路负荷开关、中间接头保护盒进行有效接地。 1）旁路连接器保持清洁，连接可靠；连接前，利用专用清洁器具，仔细清理电缆插头、插座，并按规定要求涂绝缘脂。 2）旁路系统绝缘良好，并将旁路电缆接头、旁路负荷开关外壳可靠接地，检测接地电阻不超过 10Ω，且有防止接地线松脱的措施。 3）对旁路负荷开关进行试分、合操作与通断状况检测，检查旁路负荷开关在断开位置并闭锁好。 4）检查确认电缆中间接头连接牢固，并加装旁路中间接头保护盒
	4	旁路系统绝缘检测	对旁路电缆、开关、引线等设备进行绝缘电阻检测。 绝缘检测应做记录，完毕后应进行放电
	5	环网柜（分支箱）连接	检查并确认环网柜（分支箱）备用间隔开关及旁路开关已断开，必要时进行验电。 将旁路高压转换电缆终端与备用间隔开关进行连接。 1）验电前对验电器自检。 2）终端安装时要求固定措施，防止运行过程中松脱
	6	斗臂车作业人员对设备验电	斗臂车作业人员操作斗臂车至适当位置依次对带电体等设备验电
	7	对架空线路进行遮蔽	分别对三相导线设置绝缘遮蔽措施。 对三相导线引流连接位置进行绝缘层剥切。 去除氧化层
	8	搭接引下线电缆	使用消弧器分别将旁路高压引下电缆搭接到主导线上并合上消弧器，送电到负荷开关。 1）必须使用消弧器。 2）注意检查高压引下电缆受力情况。 3）用检流仪检测高压引下电缆电流并记录。 4）核实相序。 搭接时保证安全距离

续表

√	序号	作业内容	作业步骤及标准
	9	送电	合上环网柜备用间隔开关,送电至旁路负荷开关。 检查旁路负荷开关自动核相功能,是否同相序。 合上旁路负荷开关,进行核相,确认相序。 拉开环网柜备用间隔开关,拉开环网柜进线侧开关,拆除检修电缆,进行检修。 合上消弧器开关,合上环网柜备用间隔开关。 检测旁路电缆通流状况。 1)合闸人员应穿戴绝缘鞋和绝缘手套进行操作。 2)用检流仪检查旁路电缆通流正常后将负荷开关插上闭锁销。记录数据
	10	拆除电缆	断开出线开关。 断开进线开关。 断开旁路负荷开关。 拆开旁路引下电缆,旁路电缆退出运行。 1)旁路作业工作负责人接到调控人员许可命令后方可开始拆除旁路电缆设备工作。 2)注意对旁路电缆线路进行放电
	11		对旁路电缆进行放电,回收旁路电缆和设备

6. 工作结束

√	序号	作业内容	作业步骤及要求
	1	清理工具和现场	工作负责人组织班组成员清点与整理清点整理工具、材料,将工器具清洁后放入专用的箱(袋)中。清理现场,做到"工完、料尽、场地清"
	2	办理工作终结手续	工作负责人向调控人员(工作许可人)汇报工作结束,恢复重合闸。终结工作票
	3	召开收工会	工作负责人组织召开现场收工会,做工作总结和点评工作。 1)正确点评本项工作的施工质量。 2)点评班组成员在作业中的安全措施的落实情况。 3)点评班组成员对规程的执行情况
	4	作业人员撤离现场	

7. 验收记录

记录检修中发现的问题	
存在问题及处理意见	

8. 现场标准化作业指导书执行情况评估

评估内容	符合性	优		可操作项	
		良		不可操作项	
	可操作性	优		修改项	
		良		遗漏项	
存在问题					
改进意见					

附录　配网不停电作业常用表格及模板

配网不停电区域协同作业方案（模板）

国网××供电公司

（××年××月××日）

一、工作内容

二、现场勘查情况

三、计划作业时间安排

四、技术方案

五、作业人员及装备情况

六、安全措施

国网××供电公司配网不停电区域协同作业月计划表

（××年××月）

序号	变电站	工作线路或设备名称	工作内容	作业类别	计划工作时间	需求单位			区域作业中心		
						单位名称	联系人	联系电话	济南/潍坊/烟台/临沂	联系人	联系电话
1					×月×日 0:00～0:00						
2											
3											

国网××供电公司配网不停电作业现场勘察单

需求单位名称		需求作业时间	
工作线路及设备名称			
工作内容			
工程类别	□配网、农网工程　　□用户业扩工程　　□小区配套工程 □计量装置改造　　□智能配网改造　　□运行检修 □缺陷处理		
联系人		联系电话	

需求单位签名并盖章：

　　　　　　　　　　　　　　　　　　　　　　　　　　　　签名：　　　　年　　月　　日

设备管理单位签名并盖章：

　　　　　　　　　　　　　　　　　　　　　　　　　　　　签名：　　　　年　　月　　日

带电作业人员现场勘察内容：
□交叉电力线路　　　□临近电力线路　　　□同杆并架电力线路　　□现场不具备车辆停放条件
□负荷侧多电源接入　□民事阻挠　　　　　□其他
勘察意见：
　　　　　　　　　　　　　　　　　　　　　　　　　　　　签名：　　　　年　　月　　日

项目类别	
带电作业方式	□地电位作业方式　　□中间电位作业方式　　是否停用重合闸　　□是　□否

附现场照片：

带电作业室意见：

　　　　　　　　　　　　　　　　　　　　　　　　　　　　签名：　　　　年　　月　　日

配网不停电作业标准化作业流程

节点	步骤	作业标准	注意事项
1	接受不停电作业任务	带电作业班长收到不停电作业命令后，按工作类型填写班组工作记录、工作日志	（1）不准凭记忆记录带电作业任务单。 （2）填写班组作业记录应分类填写，录入工作日志应及时
2	指定工作负责人，交代不停电作业任务	工作负责人、专责监护人应有不停电作业资格及不停电作业实践经验。作业班长向工作负责人交代具体工作内容	（1）作业人员应具备配网不停电作业资质，禁止无证上岗。 （2）工作负责人应详细记录作业任务类型、时间、地点及注意事项
3	现场勘查及风险分析	对危险性、复杂性和困难程度较大的作业项目，应进行现场勘查。根据勘查结果做出能否带电作业判断，确定作业方法、所需材料、工具及应采取的安全措施	（1）现场勘察必须工作负责人亲自参加，不准代替。 （2）作业方式、方法正确，风险防范措施到位
4	填写带电作业工作票	工作负责人根据工作任务和现场勘查结果，填写带电作业工作票。需要停用重合闸时，应注明线路的双重名称	（1）禁止非工作负责人填写带电作业工作票。 （2）带电作业工作票应符合《安规》要求
5	编写作业指导书	作业指导书应详细写明引用规范、标准、所用器具、材料，标准作业步骤及本次工作的风险防范措施等	（1）作业指导书不准形式化，生搬硬套。 （2）作业指导书应规范作业人员的作业行为，使作业过程处于"可控能控在控"状态
6	签发带电作业工作票	工作票签发人应根据不停电作业任务和勘查记录审核带电作业工作票和标准作业指导书，确认必要性和安全性，并履行签字手续	（1）禁止工作票签发人不审查就履行签字手续或他人代签。 （2）恶劣天气或高危复杂的带电抢修报生产总工程师批准
7	确认工器具、材料合格齐备	带电作业用绝缘器具及绝缘斗臂车应检验合格，履行库房管理制度，严格执行出入库规定。不停电作业工器具运输中应分类放置在工具袋、箱内，防止损坏、受潮。不停电作业人员应根据任务领取所需材料，执行部门物资管理规定，检查、确认材料合格、齐备	（1）带电作业工器具应在试验合格期内，并有试验标签。 （2）绝缘斗臂车禁止无证人员操作驾驶。 （3）禁止携带不合格的电气设备和材料
8	向调度值班员申请调度指令	工作负责人向调度值班员申请带电作业许可，得到工作许可人开工命令后，方可开始带电作业工作	（1）工作负责人应使用正规的技术用语，在未得到许可人许可命令前，禁止开工。 （2）禁止约时停用或恢复重合闸
9	开工会，宣读工作票	工作负责人向工作班成员进行危险点告知，交代安全措施和技术措施，督促、监护作业人员严格按照标准作业指导书进行	（1）带电作业应设专责监护人，监护人不准直接操作。 （2）禁止作业人员不履行签字确认手续
10	作业现场天气、环境检测	带电作业应在良好天气下进行，作业人员到达现场后，进行测量。风力大于5级，或湿度大于80%时，不宜进行带电作业。杆塔及杆塔拉线应良好	（1）雷电、雪、雹、雨、雾等恶劣天气，禁止进行带电作业。 （2）必须在恶劣天气下开展的带电抢修报生产总工程师批准

续表

节点	步骤	作业标准	注意事项
11	绝缘工器具现场检测	绝缘工器具及安全防护用品应放置在防潮帆布或绝缘垫上,使用前应进行电气性能和机械性能检测,确认没有损坏、受潮、失灵	禁止使用超过试验周期和未进行现场检测的绝缘工器具和安全防护用具
12	绝缘斗臂车使用前的空斗试验	绝缘斗臂车工作位置应选择适当,支撑稳固,接地可靠。使用前在预定位置空斗是操作一次,确认性能良好。小吊操作控制灵活	(1)禁止在使用中违规操作和发动机熄火。 (2)绝缘臂最小有效长度符合《安规》要求。 (3)绝缘小吊禁止超负荷使用
13	申请进入作业位置	不停电作业人员戴绝缘安全帽,穿全套绝缘衣(披肩)、绝缘靴、戴绝缘手套,系好安全带进入作业位置,工作开始前应得到工作负责人的许可。必要时戴防护眼镜	(1)作业过程中禁止摘下绝缘防护用具。 (2)使用的安全带、安全帽应有良好的绝缘性能。 (3)作业人员保持与带电体、接地体安全距离
14	不停电作业过程中的绝缘遮蔽与隔离	作业区域内的带电导线、绝缘子等应采取相间、相对地的绝缘遮蔽、隔离措施,结合处应有20cm重合,范围应大于人体活动的0.6m以上。按照先带电体后接地体的原则,顺序为先近后远,先下后上,依次逐相进行	(1)绝缘导线应视为带电体进行绝缘遮蔽。 (2)作业人员调整工位前应得的工作负责人或专责监护人的同意。 (3)带电作业过程中如遇设备突然停电,作业人员应视为仍然带电
15	带电检修作业	严格按照标准化作业指导书与风险辨识卡的要求,开展带电检修作业	(1)禁止带负荷断、接引线。 (2)禁止同时接触两相导线
16	不停电作业过程中的拆除绝缘遮蔽与隔离	拆除遮蔽、隔离用具应从带电体下方或侧方开始,按照先接地体后接带电的原则,顺序为由远及近,从上到下,依次逐相进行	(1)禁止同时拆除带电体和地电位的绝缘隔离措施。 (2)作业人员调整工位前应得的工作负责人或专责监护人的同意
17	收工会,现场带电任务完成	工作负责人应时刻掌握作业进展情况。作业人员在工作完成后,应检查杆塔、横担上无遗留物,设备运行良好,得到工作负责人许可后,退出作业位置	作业人员作业完成,检查无误后,应向工作负责人汇报工作结束
18	汇报调度工作结束	工作负责人再次确认检查无误后,向调度值班员汇报带电作业工作结束	汇报应简明扼要,汇报使用专业技术术语
19	绝缘工器具、材料入库	作业人员将工器具整理后,分类放置在工具袋、箱内,防止损坏、受潮。工器具、绝缘斗臂车、材料放置库房内,严格执行入库手续	(1)禁止绝缘工器具与材料混放。 (2)禁止用高压水枪冲洗绝缘斗、臂等。 (3)绝缘衣(披肩)等应分类清理后,及时放置在专用工器具库房内
20	不停电作业全过程评价	工作负责人办理工作票结束工作,展开对带电作业全过程进行安全技术评价,主要评价工作票执行、作业指导书技术规范、现场安全措施等,对作业方法、步骤、环节是否合理或有改进之处	(1)工作票终结,按要求填写带电作业记录,现场照片留档。 (2)评价应客观,遵循专业导则及标准进行。 (3)评价工作应列入班组基础管理,做好记录

国网××供电公司配网不停电作业人员信息台账

序号	单位名称	县（市、区）名称	姓名	出生年月	身份证号码	从事带电作业工作时间	人员分工	用工性质	技能等级	职称等级	10kV 架空配电线路带电作业证书编号	10kV 电缆线路不停电作业证书编号	能力评估等级	备注
1														
2														
3														

注：人员分工包括管理人员、作业人员；

用工性质包括长期在岗、劳务派遣、外部人员；

技能等级包括初级工、中级工、高级工、技师、高级技师；

职称等级包括助理工程师、工程师、高级工程师；

能力评估等级是指具备几类项目作业能力，分 A、B、C 三级。其中 A 级为具备 10kV 架空配电线路第四类及 10kV 电缆线路第二、三类项目作业能力；B 级为具备 10kV 架空配电线路第三类及 10kV 电缆线路第一类项目作业能力；C 级为具备 10kV 架空配电线路第一、二类项目作业能力。

国网××供电公司配网不停电作业工器具信息台账

序号	单位名称	县（市、区）名称	工器具名称	生产厂家	型号规格	数量	购置日期	上次试验日期	试验单位	备注
1			绝缘绳		$\phi12mm\times15m$					
2			绝缘操作杆		10kV					
3			线夹安装工具		楔型					
4			绝缘电阻检测仪		2500V 及以上					

国网××供电公司配网不停电作业车辆信息台账

序号	单位名称	县(市、区)名称	生产厂家	型号	上装号	底盘编号	车牌号	工作斗最大作业高度(m)	支腿型式(A型/H型)	骨架型式(折叠/伸缩/混合)	出厂时间	投运时间	资产原值(万元)	车辆状况(良好/故障/停用)	上次维护保养日期	维护保养单位	上次电气试验日期	委托试验单位	备注
1																			
2																			

说明：带电作业车辆含绝缘斗臂车、带电作业专用工具车和现场勘查用车。

10kV 架空配电线路第一类作业项目主要装备配置

（以作业小组为单位配置）

序号	名称	用途	单位	数量	备注
1	绝缘手套	作业人员手部绝缘防护	副	6	
2	防护手套	保护绝缘手套不受机械损伤	副	6	
3	绝缘靴或绝缘套鞋	作业人员足部绝缘防护	双	3	
4	安全带	杆塔作业防坠落保护	根	3	
5	绝缘安全帽	作业人员头部绝缘防护	顶	3	
6	护目镜	作业人员眼部防护	副	3	
7	绝缘绳索	传递或承力	根	2	
8	绝缘遮蔽用具	各类设备绝缘遮蔽	套	1	
9	绝缘滑车及滑车组	传递工器具或紧放线用	套	1	
10	绝缘毯夹钳	绝缘杆作业时夹持导线或其他物体	根	2	
11	通用绝缘操作杆	可连接各类绝缘杆附件进行作业	根	4	
12	各类绝缘杆附件	可连接通用绝缘操作杆的作业小工具	套	1	
13	绝缘剪切工具	切断各类软质、硬质导地线	把	1	
14	绝缘压接工具	压接各类软质、硬质导地线	把	1	
15	绝缘测试仪	检测绝缘杆绝缘用	台	1	
16	温湿度计	测试作业环境温湿度	只	1	
17	验电器	检测电压用	只	1	
18	核相仪	检查相位和电压	台	1	

10kV 架空配电线路第二类作业项目主要装备配置

（以作业小组为单位配置）

序号	名称	用途	单位	数量	备注
1	绝缘工作平台	作业人员进入配电线路简易绝缘介质	套	1	
2	带电作业用绝缘斗臂车	作业人员进入配电线路机械绝缘介质	辆	1	
3	绝缘手套	作业人员手部绝缘防护	副	6	
4	防护手套	保护绝缘手套不受机械损伤	副	6	
5	绝缘靴或绝缘套鞋	作业人员足部绝缘防护	双	3	
6	绝缘披肩或绝缘衣（披肩）	作业人员躯干绝缘防护	件	3	
7	安全带	杆塔作业防坠落保护	根	2	
8	斗内安全带	绝缘斗臂车斗内防坠落保护	副	2	
9	绝缘安全帽	作业人员头部绝缘防护	顶	3	
10	护目镜	作业人员眼部防护	副	3	
11	绝缘绳索	传递或承力	根	2	
12	绝缘滑车及滑车组	传递工器具或紧放线用	套	1	
13	绝缘遮蔽工具	各类设备绝缘遮蔽	套	1	
14	绝缘毯	软质绝缘遮蔽用具	块	若干	
15	绝缘毯夹	绝缘毯固定用具	个	若干	
16	导线遮蔽罩	各类导线绝缘遮蔽用具	个	若干	
17	电杆遮蔽罩	各类电杆绝缘遮蔽用具	套	1	
18	绝缘毯夹钳	绝缘杆作业时夹持导线或其他物体	根	1	
19	绝缘操作杆	跌落式熔断器及隔离开关操作用	根	1	
20	绝缘支撑杆	直线杆塔支撑或吊持导线	根	3	
21	绝缘耐张紧线装置	更换耐张绝缘子串紧放线用	套	4	
22	绝缘剥线工具	各类绝缘线及电缆绝缘层剥除	把	3	
23	电动绝缘剪切工具	切断各类软质、硬质导地线	套	1	
24	电动绝缘压接工具	压接各类软质、硬质导地线	套	1	
25	电流检测仪	检测载流情况	台	1	
26	绝缘测试仪	检测绝缘用	台	1	
27	温湿度计	测试作业环境温湿度	只	1	
28	核相仪	检查相位和电压	台	1	

10kV 架空配电线路第三类及 10kV 电缆线路第一类作业项目主要装备配置

（以作业小组为单位配置）

序号	名称	用途	单位	数量	备注
1	绝缘引流线	临时跨接各类载流导线或导体	根	5	
2	引流线绝缘支撑架	各类绝缘引流线临时支撑	副	1	
3	带电作业用消弧开关	断、接空载电缆引线时消弧	套	2	
4	绝缘斗臂车	作业人员进入配电线路机械绝缘介质	辆	1	架空线路选用

10kV 架空配电线路第四类及 10kV 电缆线路第二、三类作业项目主要装备配置

（以作业小组为单位配置）

序号	名称	用途	单位	数量	备注
1	旁路作业设备	临时输送电能到工作区域用户的设备	套	1	
2	绝缘斗臂车	作业人员进入配电线路机械绝缘介质	辆	1	架空线路选用
3	旁路电缆车	旁路电缆施放	辆	1	选配
4	发电车	临时发送电能到工作区域用户的设备	辆	1	选配
5	移动箱变车	临时发送电能到工作区域用户的设备	辆	1	选配
6	旁路电缆敷设及防护工具	旁路电缆架空敷设或地面敷设用	套	1	选配